流体力学基础（第3版）

王惠民　编著

U0227889

清华大学出版社
北　京

内容简介

本书为少学时流体力学教材，是1991年版《流体力学基础》的第3版。全书共7章，包括绪论、流体静力学、流体运动学、流体动力学微分形式的基本方程、恒定平面势流、边界层理论基础、流体动力学积分形式的基本方程。每章后有思考题与习题。附录中给出矢量及其运算和正交曲线坐标系中的基本方程，以方便读者查阅。

本书可作为高等工科院校水利、土木类专业及其他相关专业本科生和工程硕士专业学位研究生的流体力学教材，还可供水利、土木、海洋、环境、机械、化工、石油、气象等专业有关教学、科研及工程技术人员参考。

版权所有，侵权必究。举报：010-62782989，beiqinquan@tup.tsinghua.edu.cn。

图书在版编目（CIP）数据

流体力学基础/王惠民编著.—3版.—北京：清华大学出版社，2013(2025.2重印)

ISBN 978-7-302-32978-7

Ⅰ.①流… Ⅱ.①王… Ⅲ.①流体力学－高等学校－教材 Ⅳ.①O35

中国版本图书馆CIP数据核字(2013)第147752号

责任编辑：佟丽霞
封面设计：傅瑞学
责任校对：赵丽敏
责任印制：刘海龙

出版发行：清华大学出版社
网　　址：https://www.tup.com.cn，https://www.wqxuetang.com
地　　址：北京清华大学学研大厦A座　　**邮　　编**：100084
社 总 机：010-83470000　　**邮　　购**：010-62786544
投稿与读者服务：010-62776969，c-service@tup.tsinghua.edu.cn
质量反馈：010-62772015，zhiliang@tup.tsinghua.edu.cn
印 装 者：北京建宏印刷有限公司
经　　销：全国新华书店
开　　本：175mm×245mm　　**印　　张**：11.75　　**字　　数**：230千字
版　　次：1991年7月第1版　2013年8月第3版　　**印　　次**：2025年2月第10次印刷
定　　价：35.00元

产品编号：048161-04

前 言

本书自1991年7月由河海大学出版社出版以来，主要作为本科生和工程硕士专业学位研究生的流体力学教材，也作为研究生流体力学入学考试的主要参考书。《流体力学基础》(第2版)于2005年9月由清华大学出版社出版，至2011年8月已4次印刷，印数达9000册。通过多年教学实践，进一步修改及完善，将出版《流体力学基础》(第3版)。

本书在写法上做了新的尝试，主要体现在：(1)将“连续介质模型”的理念贯穿于物理量的定义及微分方程的推导中，做到前后呼应；(2)将“流体静力学”单独设章，做到“流体静力学、流体运动学、流体动力学”体系完整；(3)在“流体的粘性与粘度”、“流体运动的基本形式”及“流体动力学基本方程”等部分均增加了新内容，使读者更容易理解有关概念；(4)通过求解二维明渠和圆管的恒定层流精确解，得出流速分布和断面平均流速，进而导出明渠和圆管的沿程水头损失公式，从而将流体力学的二维流动与一维流动有机地结合起来，使篇幅大为减少，且顺理成章；(5)在附录中增加了正交曲线坐标系中的基本方程，方便读者查阅。

本书修订过程中，得到河海大学左东启教授、陈玉璞教授、陈凤兰教授的大力支持与帮助。本书再版过程中，得到清华大学出版社的大力支持与帮助。在此一并感谢。

本书可作为高等工科学校水利、土木类专业及其他有关专业的本科生和工程硕士专业学位研究生的流体力学教材，还可供水利、土木、海洋、环境、机械、化工、石油、气象等专业有关教学、科研及工程技术人员参考。

限于编者水平，书中会有不妥之处，敬请批评和指正。

王惠民

2012年12月

第1版序

近年来问世的流体力学、水力学教科书、参考书很多，这是学术发展、出版事业兴旺的表现。这些书籍内容丰富，各有专长，但大多卷帙浩繁，学生不易细读全书、切实消化。现在越来越多的工科专业开设流体力学课程，但学时有限，又不能不讲授各专业所需的专门应用内容，对基本理论部分难以安排足够的篇幅和时间，特别是不少专业加设了流体力学选修课，常感到缺少适宜的教材。本书在这方面填补了空白。

编写这类教材往往遇到一些难以解决的矛盾：既要成一系统，又不能内容庞杂；篇幅很少，又不能浓缩挤压；要简捷通俗，又必须概念严谨。本书妥当地处理了这些问题，选材精当，处处可看出编者曾对若干较经典的流体力学教科书进行过较深的钻研、比较和选择。首先简要讲述了流体的基本特性和研究流体运动的基本理论模型，然后逐步导出流体运动的基本方程，再以实例说明应用求解的方法，循序渐进，不枝不蔓，前后照应，避免重复。

本书重视学生的基本训练，在推出方程后，接着讲述求解的方法。在第3章“积分形式的基本方程”中介绍了“系统”的概念，在第2章和第4章中采用了矢量和张量，帮助读者熟悉更有力的数学表达方式和运算工具。在每章附有大量习题，如果读者按章完成这些练习，将能正确掌握流体力学的基本理论，而为今后进一步深入学习研究各种专门流体力学打下坚实的基础。

总之，这是一本切合需要的、具有特色的教科书和参考书。

希望这本书能很快地修订再版，进一步提高；也希望能有更多的正确阐述基本理论的简明短小的教材不断出版。

左东启

1990年7月28日

第1版前言

现有的流体力学教科书大都适用于多学时的教学，对少学时的教学则不便使用。针对这一实际情况，作者曾编写了少学时的流体力学基础讲义，并在两个不同专业使用多次。为了适应当前的教学需要，在上述讲义基础上，经改写而成此书。

本书可作为高等工业院校水利类专业及其他有关专业的少学时(18～36 学时)流体力学基础教材，也可作为大专相近专业的教学参考书，还可供水利、土木、环保、机械、化工、石油、气象等专业有关工程技术人员参考。

全书共 6 章，包括绪论、流体运动学、积分形式的基本方程、微分形式的基本方程、恒定平面势流以及边界层理论初步，并有习题和附录。本书 1、2、4 章为必学部分，其余 3 章可根据不同专业，不同讲课学时酌情取舍。

本书编写过程中，得到河海大学左东启教授的悉心指导、陈玉璞教授的热情帮助，以及何定达副教授的大力支持，特此一并致谢。

限于编者水平，书中尚有许多不足之处，缺点和错误在所难免，敬请批评和指正。

王惠民

1990 年 6 月

目录

第1章
绪　论

作为流体力学的基础，本章介绍了一些基本概念，包括：流体的定义，流体力学的任务，连续介质模型，流体的流动性、粘性与压缩性等；给出了流体主要物理性质的定义；阐明了流体的四种分类：牛顿流体与非牛顿流体，均质流体与非均质流体，不可压缩流体与可压缩流体，粘性流体与理想流体。本章还强调指出，连续介质模型前提下的物理量定义有别于通常的定义。

1.1　流体的定义及流体力学的任务

流体是液体与气体的总称。液体与气体的种类繁多，例如水、油和空气就是常见的流体。流体涉及面很广，**流体力学**的应用范围也很广。

流体力学作为力学的一个分支，研究在各种力的作用下，流体处于静止和宏观运动状态时的规律以及流体与固体边界间发生相对运动时的相互作用。主要包括：①管道、明渠中的流体运动，例如，管、渠中的水流，输油管中油的运动，排气管中气的运动等。研究流体与管壁、渠壁之间的相互作用问题，计算过流量及壁面阻力等。②物体在流体中的运动以及流体绕过物体的运动，例如，船在水中航行，飞机在天空中飞行，水流绕过桥墩和风绕过建筑物运动等。研究流体与物体之间的相互作用问题，计算阻力和速度等。③水的动力作用，例如，水力冲刷问题，波浪作用问题等。④水力机械，例如，水轮机和水泵等。当然，除运动情形外，还要研究处于静止状态下的流体与固体边界间的相互作用问题，例如，为水工、港工等建筑物的设计提供水压力载荷。

可见，只要涉及流体运动、流体与固体边界间的相互作用问题，就要以流体力学为基础。正因为如此，流体力学在航空、航海、水利、土木、石油、气象和环境等方面得到了广泛的应用。

1.2 连续介质模型

物质是由分子组成的，流体也不例外。分子之间存在间距，且分子不停地作不规则运动。如果我们着眼于研究每个分子的**微观运动**，并通过它们来研究整个流体的运动，那将是极其复杂、极其困难的，且无此必要，因为流体力学研究流体的宏观运动。

究竟应该怎样研究流体的运动？欧拉（Euler L.）于1753年提出了**连续介质模型**，从而解决了这一问题。欧拉把微观上由无数分子组成的流体，在宏观上视作由大量**流体质点**组成的连续介质。连续介质模型示意图如图1-1所示。a为流体质点的长度尺度。流体质点具有宏观小、微观大的特点。一方面，从宏观上看，流体质点的长度尺度a充分小，远远小于所论问题的特征长度尺度（如圆管直径、明渠水深等），研究流体力学问题时，可忽略流体质点的尺度，将该流体质点视作没有大小的几何点，这样可与确定的空间点坐标相对应，从而使问题简化；另一方面，但从微观上看，流体质点的长度尺度a又充分大，远远大于分子间距（对于液体$l_L=10^{-8}$cm，对于气体$l_G=10^{-7}$cm）及气体分子平均自由程（$l_M=10^{-6}$cm）。若将l_L，l_G，l_M统一记作l，作为分子间距的一个长度尺度，则有$a \gg l$。这表明流体质点内包含众多的分子。因此，该流体质点的宏观性质，可用其包含的众多分子微观性质的统计平均值来描述。由于流体质点连续分布在给定的流动空间，则**流体性质**（如密度、压强等）也逐点连续分布在该流动空间。于是，可用连续函数描述流体的运动，用高等数学原理和方法来求解流体力学问题。

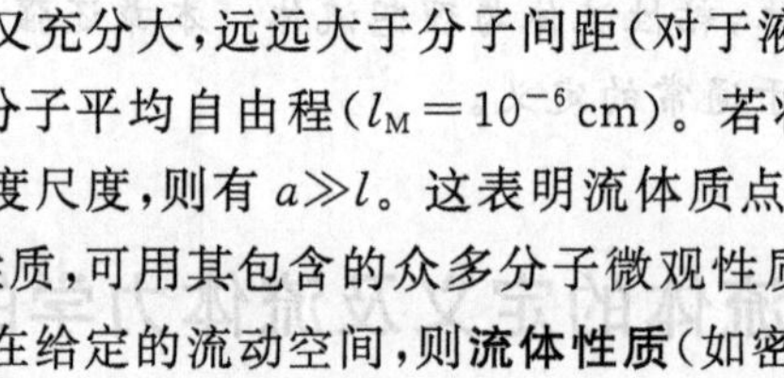

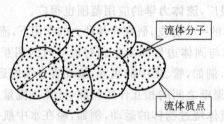

图1-1 连续介质模型示意图

为了给出连续介质模型下流体密度ρ的定义表达式，在流体内部取一流体单元（简称流体元），**流体元**是由很多流体质点组成的，其形状可视所论问题而选取，如四

面体、六面体、立方体等，这里选取任意形状的流体元。依据连续介质模型概念，可将**流体密度** ρ 定义为

$$\rho = \lim_{\Delta V \to V^*} \frac{\Delta m}{\Delta V} \tag{1-1}$$

式中：ΔV 为流体元的体积；Δm 为该流体元的质量；V^* 为流体质点的体积。必须指出，取过大或过小的 V^* 或 a，如 $a>10\text{cm}$ 或 $a<10^{-6}\text{cm}$，所得出的 ρ 并不能反映流体该处的密度值。因为过大的 V^*，会导致该处的 ρ 受到周围密度变化的影响；过小的 V^*，会导致 V^* 内分子太少(例如，$a=10^{-6}\text{cm}$ 时，V^* 内仅有 27 个分子)，分子的随机运动会引起该处 ρ 的脉动。通常取 a 为某一中间值，例如取 $a=10^{-3}\text{cm}$，对于立方体形状的流体元 $V^*=10^{-9}\text{cm}^3$，在标准状态下 V^* 内约含 2.7×10^{10} 个气体分子或约含 3×10^{13} 个水分子，在这种情况下，可以得出该处确定的统计平均密度值。平均密度 $\bar{\rho}$ 随 V^* 的变化如图 1-2 所示。可见式(1-1)所定义的密度 ρ 是有意义的。还应进一步指出，流体力学着眼于研究流体的宏观运动。从宏观角度，可忽略流体质点的体积 V^*。因为当 $a=10^{-3}\text{cm}$ 时，$V^*=10^{-9}\text{cm}^3$，显然宏观上 V^* 已足够小(同时还应记得 V^* 微观上又足够大)。于是，可将式(1-1)改写为

$$\rho = \lim_{\Delta V \to 0} \frac{\Delta m}{\Delta V} = \frac{\mathrm{d}m}{\mathrm{d}V} \tag{1-2}$$

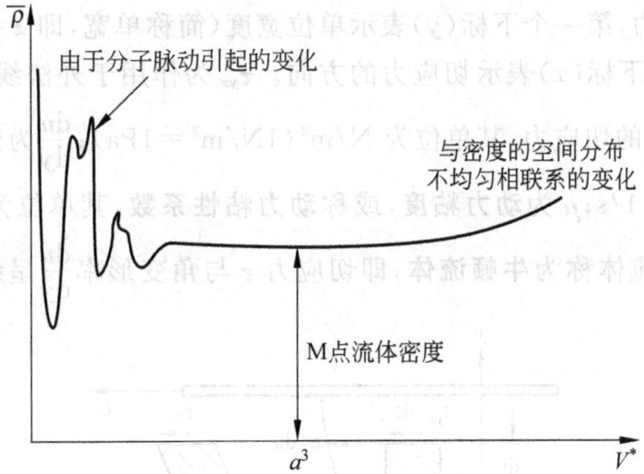

图 1-2 平均密度 $\bar{\rho}$ 随 V^* 的变化

连续介质模型是流体力学根本性的假定。依据这一假定，可将微观问题化为宏观问题来处理。对一般的流体力学问题，连续介质模型均能成立。然而，对于某些特殊问题，例如稀薄气体动力学，由于分子间距很大，可与物体的特征长度相比拟，此时连续介质模型已不再适用。

1.3 流体的流动性、粘性与压缩性

1. 流动性

静止流体在切应力作用下,发生连续变形的特性称为**流动性**。只要受到切应力作用,无论切应力多么小,静止流体都会连续地变形,即流体的一部分相对另一部分运动,或称为流体运动。而固体静止时仍可承受切应力。因此,流动性是流体与固体的主要区别标志,也是液体和气体被统称为流体的重要依据。

2. 粘性与粘度

静止流体不能承受切应力,如果受到切应力作用,流体就会连续变形,表现出流动性;而流体一旦运动,流体内部就具有抵抗剪切变形的特性,以内摩擦力形式抗拒流层之间的相对运动,这就是**粘性**。流体的粘性可通过**牛顿(Newton)内摩擦定律**予以定义(见图 1-3),其表达式为

$$\tau_{yx}=\mu\frac{\mathrm{d}u}{\mathrm{d}y} \tag{1-3}$$

式中:τ_{yx}为**切应力**,第一个下标(y)表示单位宽度(简称单宽,即 $z=1\text{m}$)作用面的外法线方向,第二个下标(x)表示切应力的方向。τ_{yx}为作用于外法线为 y 方向的单宽平面上、沿 x 方向的切应力,其单位为 N/m^2($1\text{N/m}^2=1\text{Pa}$);$\frac{\mathrm{d}u}{\mathrm{d}y}$为**速度梯度**,也称**角变形率**,其单位为 1/s;μ 为**动力粘度**,或称**动力粘性系数**,其单位为 Pa·s。满足牛顿内摩擦定律的流体称为**牛顿流体**,即切应力 τ 与角变形率$\frac{\mathrm{d}u}{\mathrm{d}y}$呈线性关系;而切应

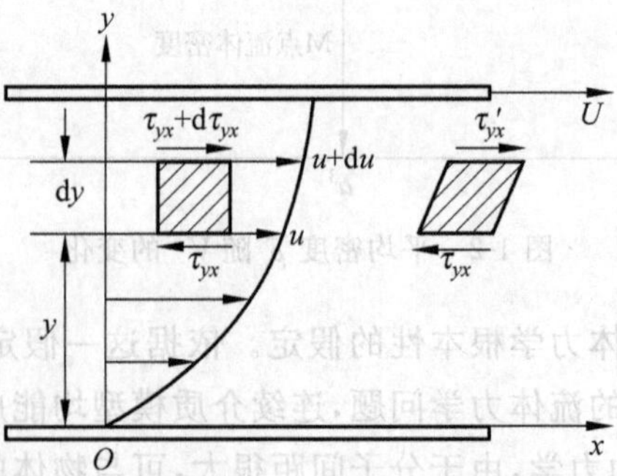

图 1-3 平行平板间的抛物线速度分布及正的切应力引起矩形流体元的变形

力 τ 与角变形率 $\frac{\mathrm{d}u}{\mathrm{d}y}$ 呈非线性关系的流体称为**非牛顿流体**，如图 1-4 所示。

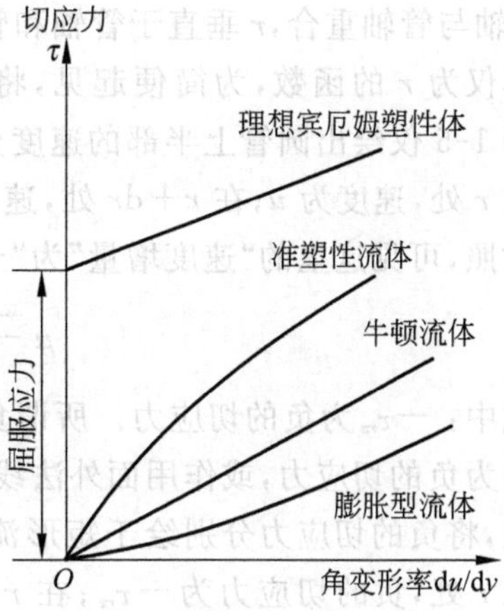

图 1-4 牛顿流体与非牛顿流体

下面对图 1-3 作进一步说明。图中示出平行平板间的粘性流体平行流动的速度分布，呈抛物线分布（参见 4.4 节中平行平板间二维恒定层流运动）。采用直角坐标系，因为仅有 x 方向的速度分量 u_x，且其仅为 y 的函数，为简便起见，将其写成 $u_x=u=u(y)$。将 y 轴取作单宽过流断面，在 y 处速度为 u；在 $y+\mathrm{d}y$ 处，利用泰勒(Taylor)级数展开式并略去二阶以上的高阶小量，得出速度为 $u+\frac{\mathrm{d}u}{\mathrm{d}y}\mathrm{d}y=u+\mathrm{d}u$。由图可见，$\mathrm{d}u>0$，即 $\mathrm{d}u$ 为正值。由于 μ 和 $\mathrm{d}y$ 均为正值，则由式(1-3)求得的切应力 τ_{yx} 也为正值。这表明 τ_{yx} 为正的切应力。所谓**正的切应力**是指作用面外法线方向为正、切应力方向也为正的切应力，或作用面外法线方向为负、切应力方向也为负的切应力。根据这一规定，将正的切应力分别绘于矩形流体元上、下两个单宽作用面上，形成一对正的切应力。在 y 处，正的切应力为 τ_{yx}；在 $y+\mathrm{d}y$ 处，同理利用泰勒级数展开式得出正的切应力为 $\tau'_{yx}=\tau_{yx}+\frac{\mathrm{d}\tau_{yx}}{\mathrm{d}y}\mathrm{d}y=\tau_{yx}+\mathrm{d}\tau_{yx}$。由于速度呈抛物线分布，属于**非线性分布**，$\tau'_{yx}\neq\tau_{yx}$（顺便指出：当速度呈三角形分布时，属于**线性分布**，$\tau'_{yx}=\tau_{yx}$）。在 τ_{yx} 和 τ'_{yx} 一对正的切应力作用下，图中矩形流体元会产生如图 1-3 所示的剪切变形。

现对负的切应力作一说明。图 1-5 示出圆管中粘性流体平行流动的速度分布，呈回转抛物面分布（参见本书 4.4 等直径圆管恒定层流运动）。采用圆柱坐标系，取

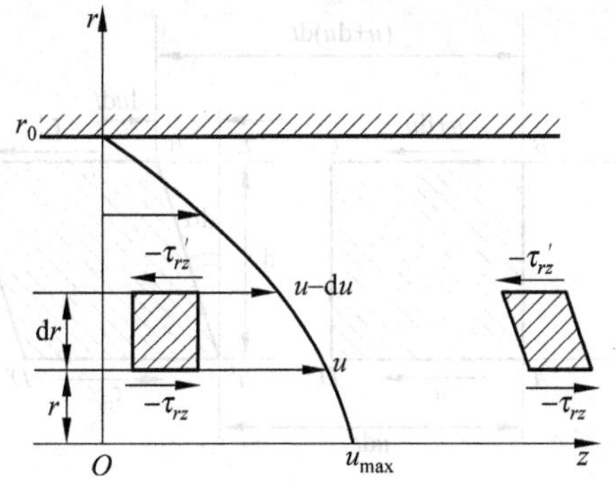

图 1-5 圆管上半部回转抛物面速度分布及负的切应力引起矩形流体元的变形

z 轴与管轴重合，r 垂直于管轴和管壁，θ 沿周向。因为仅有 z 方向的速度分量 u_z，且其仅为 r 的函数，为简便起见，将其写成 $u_z=u=u(r)$。由于这是轴对称流动，在图 1-5 仅绘出圆管上半部的速度分布。在管轴：$r=0, u=u_{\max}$；在管壁：$r=r_0, u=0$。在 r 处，速度为 u；在 $r+\mathrm{d}r$ 处，速度为 $u-\mathrm{d}u$(注意：将 $\mathrm{d}u$ 看作 $|\mathrm{d}u|$)。与图 1-3 相对照，可见这里的"速度增量"为"$-\mathrm{d}u$"，而 μ 和 $\mathrm{d}r$ 均为正值，则得出

$$\mu\frac{-\mathrm{d}u}{\mathrm{d}r}=-\mu\frac{\mathrm{d}u}{\mathrm{d}r}=-\tau_{rz}$$

式中：$-\tau_{rz}$ 为负的切应力。所谓**负的切应力**是指作用面外法线方向为正、切应力方向为负的切应力，或作用面外法线方向为负、切应力方向为正的切应力。根据这一规定，将负的切应力分别绘于矩形流体元上、下两个作用面上，形成一对负的切应力。在 r 处，负的切应力为 $-\tau_{rz}$；在 $r+\mathrm{d}r$ 处，利用泰勒级数展开式得出负的切应力为 $-\tau'_{rz}=-\tau_{rz}+\dfrac{\mathrm{d}(-\tau_{rz})}{\mathrm{d}r}\mathrm{d}r=-\tau_{rz}-\mathrm{d}\tau_{rz}=-(\tau_{rz}+\mathrm{d}\tau_{rz})$。由于回转抛物面为非线性速度分布，则 $-\tau'_{rz}\neq-\tau_{rz}$。在这对负的切应力作用下，矩形流体元发生了如图 1-5 所示的剪切变形，显然与图 1-3 的剪切变形相反。

为了说明 $\dfrac{\mathrm{d}u}{\mathrm{d}y}$ 的含义，再对图 1-3 中的矩形流体元 $ABCD$ 的运动作一分析。由于该流体元上、下单宽表面的流体质点具有不同的速度，在 $\mathrm{d}t$ 时段后，流体元 $ABCD$ 发生变形，成为 $A'B'C'D'$，如图 1-6 所示。显然 $BB'=(u+\mathrm{d}u)\mathrm{d}t$ 表示具有 $(u+\mathrm{d}u)$ 速度的 B 点在 $\mathrm{d}t$ 时段内的位移；$AA'=u\mathrm{d}t$ 表示具有 u 速度的 A 点在 $\mathrm{d}t$ 时段内的位移；$EB'=BB'-AA'=\mathrm{d}u\mathrm{d}t$。于是，由直角三角形 $A'EB'$ 得出

$$\frac{EB'}{A'E}=\frac{\mathrm{d}u\mathrm{d}t}{\mathrm{d}y}=\tan(\mathrm{d}\alpha)\approx\mathrm{d}\alpha$$

则 $\dfrac{\mathrm{d}u}{\mathrm{d}y}=\dfrac{\mathrm{d}\alpha}{\mathrm{d}t}$ 表示单位时间的角变形，即为角变形率。

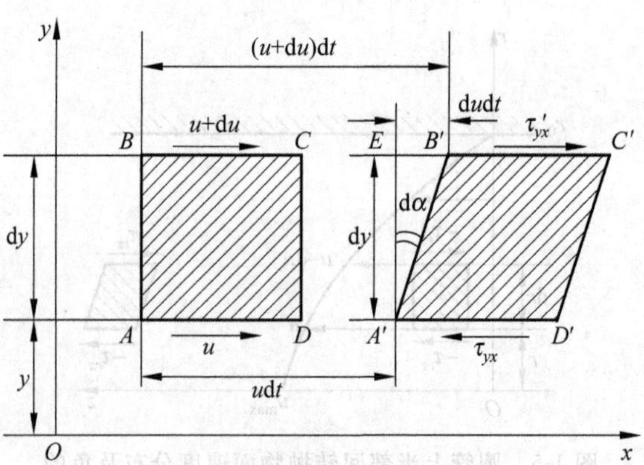

图 1-6　角变形率定义图

需要指出，动力粘度 μ 是流体的主要物理性质之一，它与流体所处的运动状态无关。实验表明，μ 是温度 T 和压强 p 的函数。除气压很高的情形外，一般 p 的影响很小，μ 主要与温度 T 有关。实验进一步表明，液体 μ 值随温度 T 的升高而减小；气体 μ 值则随 T 的升高而增大，如图 1-7 所示。产生这一差别的原因主要是由于液体和气体动力粘度 μ 的微观起因不同：液体的 μ 主要取决于液体分子间的相互吸引，吸引力越大则 μ 值越大。当温度升高时，液体分子的动量加大，使液体分子间的相互吸引力降低，从而导致液体 μ 值随温度升高而减小；而气体的 μ 值主要取决于气体分子间的动量交换，动量交换越激烈则 μ 值越大。当温度升高时，气体分子的运动速度加快，使气体分子间的动量交换更加激烈，从而导致气体 μ 值随 T 的升高而增大。

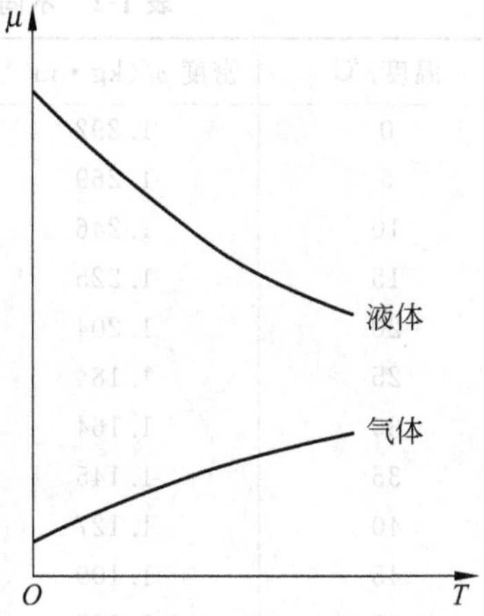

图 1-7　液体和气体的动力粘度 μ 随温度 T 变化示意图

此外，温度对液体 μ 值的影响要比气体更为明显。表 1-1 和表 1-2 分别列出不同温度时水和空气的主要物理性质。由表中数据可见，当温度从 15℃升高到 50℃时，水的 μ 值从 1.139×10^{-3} Pa·s 减小到 0.547×10^{-3} Pa·s，相对减小值约为 52%；而空气的 μ 值从 1.802×10^{-5} Pa·s 增大到 1.963×10^{-5} Pa·s，相对增大值约为 9%。

表 1-1　不同温度时水的主要物理性质数值表

温度/℃	容重 $\rho g/(\mathrm{kN\cdot m^{-3}})$	密度 $\rho/(\mathrm{kg\cdot m^{-3}})$	动力粘度 $\mu/(10^{-3}\,\mathrm{Pa\cdot s})$	运动粘度 $\nu/(10^{-6}\,\mathrm{m^2\cdot s^{-1}})$	体积模量 $K/(10^9\,\mathrm{Pa})$
0	9.805	999.8	1.781	1.785	2.02
5	9.807	1000.0	1.518	1.519	2.06
10	9.804	999.7	1.307	1.306	2.10
15	9.798	999.1	1.139	1.139	2.15
20	9.789	998.2	1.002	1.003	2.18
25	9.777	997.0	0.890	0.893	2.22
30	9.764	995.7	0.798	0.800	2.25
40	9.730	992.2	0.653	0.658	2.28
50	9.689	988.0	0.547	0.553	2.29
60	9.642	983.2	0.466	0.474	2.28
70	9.589	977.8	0.404	0.413	2.25
80	9.530	971.8	0.354	0.364	2.20
90	9.466	965.3	0.315	0.326	2.14
100	9.399	958.4	0.282	0.294	2.07

表 1-2 不同温度时空气的主要物理性质数值表

温度/℃	密度 $\rho/(\mathrm{kg\cdot m^{-3}})$	动力粘度 $\mu/(10^{-5}\,\mathrm{Pa\cdot s})$	运动粘度 $\nu/(10^{-5}\,\mathrm{m^2\cdot s^{-1}})$
0	1.292	1.729	1.338
5	1.269	1.754	1.382
10	1.246	1.778	1.426
15	1.225	1.802	1.470
20	1.204	1.825	1.516
25	1.184	1.849	1.562
30	1.164	1.872	1.608
35	1.145	1.895	1.655
40	1.127	1.918	1.702
45	1.109	1.941	1.750
50	1.092	1.963	1.798
60	1.059	2.008	1.896
70	1.028	2.052	1.995
80	0.9994	2.096	2.097
90	0.9718	2.139	2.201
100	0.9458	2.181	2.306

将动力粘度 μ 与密度 ρ 之比定义为运动粘度，或称**运动粘性系数**，因它具有运动学量纲而得名，其表达式为

$$\nu=\frac{\mu}{\rho} \tag{1-4}$$

式中：ν 为运动粘度，单位为 $\mathrm{m^2/s}$。

3. 压缩性与体积压缩率

流体不能承受拉力，可以承受压力。流体受到压力作用后体积或密度发生变化的特性称为**压缩性**。

通常采用**体积压缩率** K_T 表示流体的压缩性。如图 1-8 所示，当体积为 V 的流体受到压强增量 $\mathrm{d}p$ 作用后，流体体积被压缩变为 V'，则流体体积的压缩值为 $\mathrm{d}V=V'-V<0$，相对压缩值为 $\mathrm{d}V/V<0$。为此，将体积压缩率定义为流体体积的相对压缩值与压强增量之比：

$$K_T=-\frac{\mathrm{d}V/V}{\mathrm{d}p} \tag{1-5}$$

由于 $\mathrm{d}V/V$ 与 $\mathrm{d}p$ 符号相反，故上式带有“－”号。K_T 值越大，表示流体越容易压缩。K_T 的单位为 $\mathrm{m^2/N}$，$\mathrm{d}p$ 的单位为 $\mathrm{N/m^2}$。

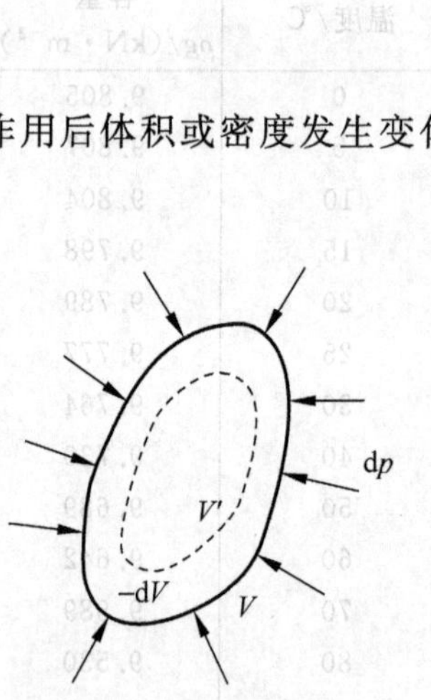

图 1-8 压缩性示意图

将 K_T 的倒数定义为流体的体积模量

$$K=\frac{1}{K_T}=-\frac{\mathrm{d}p}{\mathrm{d}V/V} \tag{1-6}$$

K 值越大，表明流体越不容易压缩。K 的单位为 Pa。

不同温度时水的体积模量 K 值列于表 1-1。当温度从 0℃升至 100℃时，水的 K 值变化不大，一般取 $K=2.1\times10^9$ Pa。通常将水作为**不可压缩流体**来处理，但对于水击等特殊问题则必须考虑水的压缩性；对于气体，通常将其作为**可压缩流体**来处理。如果压力差较小、运动速度较小、又无很大温度差时，可将气体作为不可压缩流体来处理。压缩将导致流体的体积减小，从而引起流体的密度增大，可见考虑压缩性要比不考虑压缩性复杂。

1.4 流体的分类

根据不同的方式，可对流体进行分类。

(1) 根据切应力 τ 与角变形率 $\mathrm{d}u/\mathrm{d}y$ 是否为线性关系分为牛顿流体与非牛顿流体。例如，水、空气、水银等为牛顿流体；胶体、润滑剂、聚合溶液、泥浆等则属于非牛顿流体。

(2) 根据流体的组成分为**均质流体与非均质流体**。例如，单一水流或气流为均质流体；而水和气的混合流体、挟沙水流等则为非均质流体。

(3) 根据压缩性分为不可压缩流体与可压缩流体。气体多属于可压缩流体，但在一定的条件下，亦可视为不可压缩流体；一般情形下的液体则属于不可压缩流体。

(4) 根据是否考虑流体的粘性分为**粘性流体与无粘性流体**。粘性流体即**实际流体**，无粘性流体即**理想流体**。

思考题与习题

1-1 在连续介质模型前提下，写出流体压强的定义式，并说明各量的含义。

1-2 流体质点具有何种特点？引入“流体质点”的意义是什么？

1-3 从受力角度，阐明流体的流动性、粘性及压缩性。

1-4 试述流体的分类。

1-5 圆管水流流速呈回转抛物面分布，如图 1-9 所示，管轴方向为 z 向，半径方向为 r 向，水的动力粘度为 μ。(1)写出切应力 τ_{rz} 的表达式；(2)在流体元 A, B 的上、下平面上绘出切应力的方向，并写出切应力的表达式。

1-6 同心圆筒间的液体如图 1-10 所示，已知液体深度 $h=300\text{mm}$，内筒外径 $r_1=100\text{mm}$，外筒内径 $r_2=105\text{mm}$，当外筒不动而内筒转速为 60r/min 时，转矩为 $M=0.12\text{N}\cdot\text{m}$，若忽略筒底切应力，试求此种液体的动力粘度 μ。

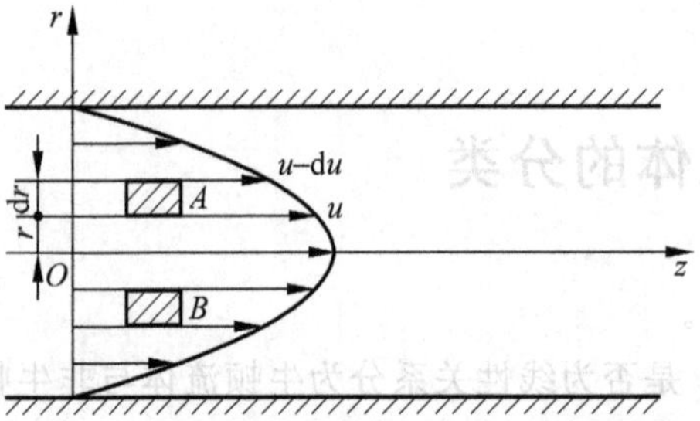

图 1-9 题 1-5 图

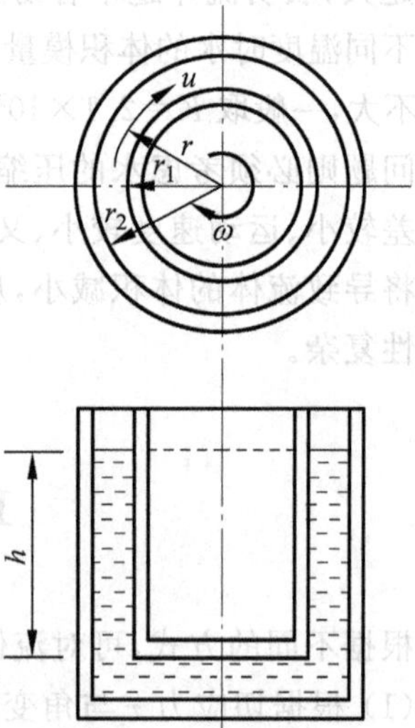

图 1-10 题 1-6 图

1-7 动力粘度 $\mu=5\times10^{-2}\text{Pa}\cdot\text{s}$ 的粘性流体，其流速分布为 $u=a-C(b-y)^2$，式中：C 为待定常数，$a=100\text{m/s}$，$b=5.0\text{m}$，试求切应力分布及最大切应力 $\tau_{\max}$。

1-8 已知轴承的轴转速为 $n=1500\text{r/min}$，轴承长 $l=40\text{mm}$，轴径 $D=30\text{mm}$，轴承径向间隙 $\delta=0.01\text{mm}$，润滑油的动力粘度 $\mu=0.06\text{Pa}\cdot\text{s}$，试求油粘性引起的力矩 M。

1-9 将绝对压强 $p_1=1.0\text{atm}$(大气压)，温度 $t_1=20℃$的水密封在体积 $V=1.0\text{m}^3$ 的高压容器内进行压水试验，若压水期间容器形状不变、水温不变，试计算将容器内水压提高到 $p_2=20\text{atm}$ 时，应向容器注入水的体积。

1-10 将体积 $V=1000\text{cm}^3$，初始压强 $p_1=1.0\times10^5\text{N/m}^2$ 的水加压到 $p_2=2.1\times10^6\text{N/m}^2$ 时，水的体积减少了 1.0cm^3，若容器形状不变，试求水的体积模量 K。

1-11 某电站引水压力钢管阀门突然关闭，管中水压强由 $p_1=150\text{N/cm}^2$ 剧增至 $p_2=240\text{N/cm}^2$，若管中平均水温为 10℃，试利用表 1-1 计算水体积的相对压缩值 $\text{d}V/V$。

1-12 充满石油的油库内压强 $p_1=5.0\text{atm}$，当从油库放出重为 392N 的石油后，库内压强降至 $p_2=1.0\text{atm}$，已知石油密度 $\rho=880\text{kg/m}^3$，石油的体积模量 $K=1.32\times10^9\text{N/m}^2$，试求该油库的总体积。

第 2 章 流体静力学

本章讨论了静止流体之间、静止流体与固壁之间的相互作用问题。介绍了流体静力学中的一些基本概念，包括：静止流体中一点处的应力状态，流体静压强及其特性，绝对压强与相对压强，负压、真空与真空度等；导出流体静力学基本方程，对流体静力学问题进行了求解；最后，给出静水压强分布，并对作用于平面和曲面上的静水总压力的计算方法进行了分析。

首先介绍流体中的作用力。根据力的作用方式不同，可分为**质量力**和**表面力**。质量力作用于每个流体质点且与流体的质量成正比，例如**重力**和**惯性力**等。单位质量力是对单位质量流体而言的；表面力则作用于流体表面且与作用面的面积成正比。一般情形下，表面力与作用面成任意角度，因此，可将其分解为**法向力**和**切向力**。单位表面力称为**应力**，包括**正应力**和切应力。

2.1 静止流体中一点处的应力状态

处于静止状态下的流体，无切应力，仅有正应力。为探明这一应力状态，首先在静止流体内部选取四面体形状的流体元，如图 2-1 所示，沿坐标轴的边长分别为 Δx，Δy 和 Δz。采用右手直角坐标系并将流体元各面上的正应力沿作用面的外法向标出，σ_x，σ_y，σ_z 代表特定方向的正应力，σ_n 代表任意面上的正应力，它与 x，y，z 轴的夹

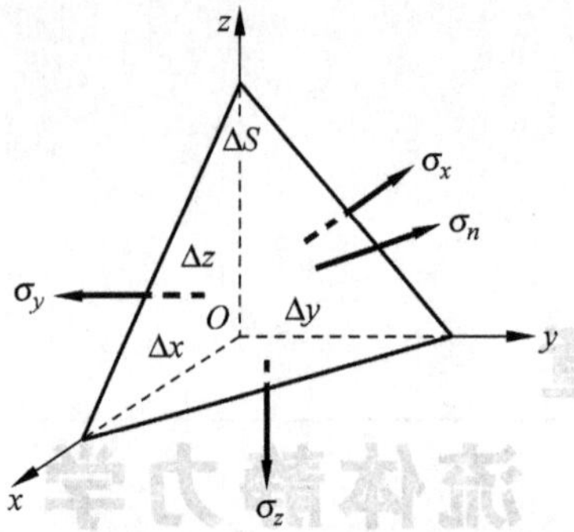

图 2-1 四面体流体元在表面力和质量力作用下的平衡

角分别为 α,β,θ，倾斜面的面积为 ΔS。考虑该流体元在表面力和质量力作用下的平衡，取沿坐标轴方向的力为正力，则平衡方程为

$$\left.\begin{aligned}&-\sigma_x\left(\frac{1}{2}\Delta y\Delta z\right)+(\sigma_n\Delta S)\cos\alpha=0\\&-\sigma_y\left(\frac{1}{2}\Delta z\Delta x\right)+(\sigma_n\Delta S)\cos\beta=0\\&-\sigma_z\left(\frac{1}{2}\Delta x\Delta y\right)+(\sigma_n\Delta S)\cos\theta-\rho g\left(\frac{1}{6}\Delta x\Delta y\Delta z\right)=0\end{aligned}\right\}\tag{2-1}$$

式中：ρ 为流体的密度；g 为重力加速度。由于 $\Delta S\cos\alpha=\frac{1}{2}\Delta y\Delta z$，$\Delta S\cos\beta=\frac{1}{2}\Delta z\Delta x$，$\Delta S\cos\theta=\frac{1}{2}\Delta x\Delta y$，则式(2-1)化为

$$\left.\begin{aligned}&-\sigma_x+\sigma_n=0\\&-\sigma_y+\sigma_n=0\\&-\sigma_z+\sigma_n-\frac{1}{3}\rho g\Delta z=0\end{aligned}\right\}\tag{2-2}$$

令 $\Delta x\to 0,\Delta y\to 0,\Delta z\to 0$，取极限(将四面体流体元缩小成一个流体质点，且忽略流体质点的尺度)，则得出

$$\sigma_x=\sigma_y=\sigma_z=\sigma_n\tag{2-3}$$

该式表明，静止流体中一点处的**应力状态**与方向无关。必须指出，当流体处于运动状态时，一般来说，一点处各方向上的正应力并不相等，详见第 4 章。

2.2 流体静压强及其特性

流体不能承受拉力，静止时又不存在切应力，因此处于静止状态时的流体与流体之间以及流体与边界之间的相互作用，只有压应力，通常称之为**流体静压强**。流体静压强的特性是：同一点处不同方向上的流体静压强大小相等，且始终沿着作用面的内法向垂直指向作用面。显然，对于静止流体，一点处的正应力 σ 与该点处的流体静压强 p 有如下关系：

$$\sigma=-p \tag{2-4}$$

压强 p 的单位是 Pa，即帕[斯卡]，1Pa＝1N/m²。当压强值很大时，可采用 kPa，即 kN/m²。气象中常采用 100Pa，即百帕，作为气压单位。

2.3 流体静力学基本方程

1. 重力场中流体的平衡

为推导流体静力学基本方程，现考察正六面体形状的流体元在重力（质量力）和压力（表面力）作用下的平衡，如图 2-2 所示。同样采用右手直角坐标系，取 z 轴与铅直轴 h 相重合，六面体边长分别为 $\Delta x,\Delta y,\Delta z$。若六面体流体元中心 M 点的坐标为 x,y,z，压强为 p，在 M 点的邻域内作泰勒级数展开并略去二阶以上的高阶小量，则可求出各作用面中心点处的压强，进而将该压强作为该作用面上的平均压强。于是，可列出该流体元在重力 G 和压力作用下的平衡方程

$$\left.\begin{aligned}&\left(p-\frac{\partial p}{\partial x}\frac{\Delta x}{2}\right)\Delta y\Delta z-\left(p+\frac{\partial p}{\partial x}\frac{\Delta x}{2}\right)\Delta y\Delta z=0\\&\left(p-\frac{\partial p}{\partial y}\frac{\Delta y}{2}\right)\Delta z\Delta x-\left(p+\frac{\partial p}{\partial y}\frac{\Delta y}{2}\right)\Delta z\Delta x=0\\&\left(p-\frac{\partial p}{\partial z}\frac{\Delta z}{2}\right)\Delta x\Delta y-\left(p+\frac{\partial p}{\partial z}\frac{\Delta z}{2}\right)\Delta x\Delta y-\rho g\Delta x\Delta y\Delta z=0\end{aligned}\right\} \tag{2-5}$$

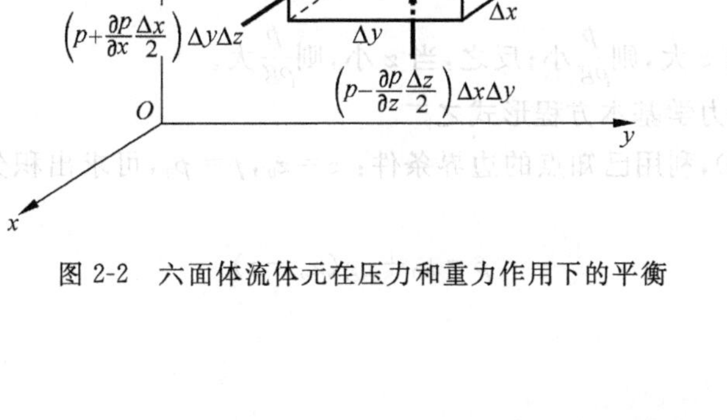

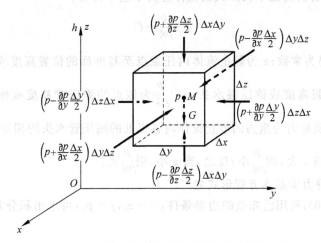

图 2-2 六面体流体元在压力和重力作用下的平衡

令 $\Delta x\to 0,\Delta y\to 0,\Delta z\to 0$，取极限(将六面体流体元缩小成一个流体质点，且忽略流体质点的尺度)，则得出偏微分方程组

$$\left.\begin{aligned}\frac{\partial p}{\partial x}&=0\\ \frac{\partial p}{\partial y}&=0\\ \frac{\partial p}{\partial z}&=-\rho g\end{aligned}\right\}\tag{2-6}$$

式(2-6)表明，在图2-2所示的直角坐标系下，重力场中的流体静压强 p 与 x,y 无关，仅为 z 的函数。为求解这一偏微分方程组，将式(2-6)中的三式两端分别乘以 $\mathrm{d}x,\mathrm{d}y,\mathrm{d}z$，然后相加，得出

$$\frac{\partial p}{\partial x}\mathrm{d}x+\frac{\partial p}{\partial y}\mathrm{d}y+\frac{\partial p}{\partial z}\mathrm{d}z=-\rho g\mathrm{d}z$$

由于该式左端三项和为全微分 $\mathrm{d}p$，则有

$$\mathrm{d}p=-\rho g\mathrm{d}z\tag{2-7}$$

对于均质不可压缩流体，$\rho=$ 常数。对式(2-7)积分，得出

$$p=-\rho gz+C_1\tag{2-8}$$

式中：C_1 为积分常数。利用已知的边界条件，可将 C_1 求出。该式表明，对于重力场中的静止流体，p 仅与 z 有关，呈线性分布。从式(2-8)出发，可求得**流体静力学基本方程**。

2. 流体静力学基本方程

(1) 流体静力学基本方程形式之一

由式(2-8)容易得出下列形式的流体静力学基本方程：

$$z+\frac{p}{\rho g}=C\tag{2-9}$$

式中：$C=\frac{C_1}{\rho g}$ 仍为常数；z 为静止流体内任意点至基准面的位置高度或称**位置水头**；$\frac{p}{\rho g}$ 为该点的**压强高度**或称**压强水头**；$z+\frac{p}{\rho g}$ 为该点的**测压管高度**或称**测压管水头**。式(2-9)表明，质量力为重力的静止流体内各点处的测压管水头均相等。由于 $z+\frac{p}{\rho g}$ 为常数，显然，当 z 大，则 $\frac{p}{\rho g}$ 小；反之，当 z 小，则 $\frac{p}{\rho g}$ 大。

(2) 流体静力学基本方程形式之二

依据式(2-8)，利用已知点的边界条件：$z=z_0$，$p=p_0$，可求出积分常数 $C_1=p_0+\rho gz_0$，于是得出

$$p=p_0+\rho g(z_0-z)\tag{2-10}$$

式中：p 为任意点压强；p_0 为已知点压强；z_0 为已知点位置高度；z 为任意点位置高度。

令 $h=z_0-z$ 表示已知点与任意点的位置高差。当 $z_0>z$ 时，h 为垂直深度，则得出另一种形式的流体静力学基本方程

$$p=p_0+\rho gh \tag{2-11}$$

利用式(2-11)可求出任意点的压强 p，式(2-11)为最常用的流体静压强计算公式。

例 2-1 如图 2-3 所示，已知 ρ,p_0,h_A 和 p_C,h_{BC}，求 A 点和 B 点的压强。

解 利用式(2-11)，求得

$$p_A=p_0+\rho gh_A \quad (p_A>p_0)$$
$$p_B=p_C-\rho gh_{BC} \quad (p_B<p_C)$$

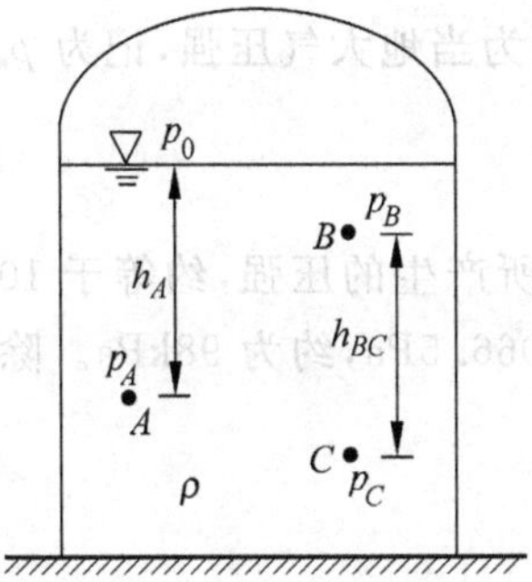

图 2-3 例 2-1 图

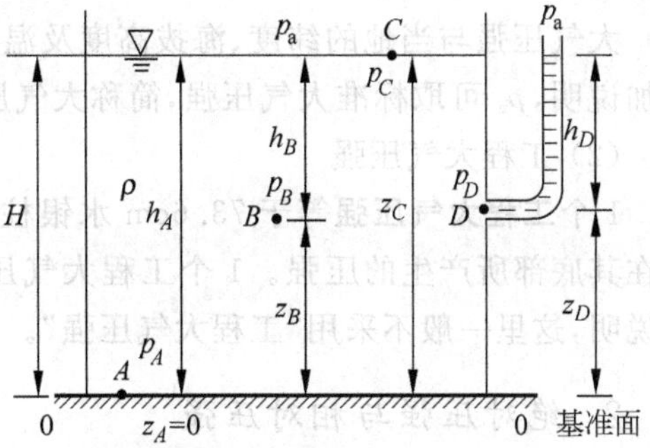

图 2-4 例 2-2 图

例 2-2 写出图 2-4 中 A,B,C,D 各点测压管水头的表达式。

解 取容器底面为基准面 0—0，由于液面压强为大气压强 p_a，且已知各点的位置高度及水深，则得出

$$z_A+\frac{p_A}{\rho g}=0+\frac{p_a+\rho gh_A}{\rho g}=\frac{p_a}{\rho g}+h_A=\frac{p_a}{\rho g}+H$$

$$z_B+\frac{p_B}{\rho g}=z_B+\frac{p_a+\rho gh_B}{\rho g}=\frac{p_a}{\rho g}+(z_B+h_B)=\frac{p_a}{\rho g}+H$$

$$z_C+\frac{p_C}{\rho g}=z_C+\frac{p_a}{\rho g}=\frac{p_a}{\rho g}+H$$

$$z_D+\frac{p_D}{\rho g}=z_D+\frac{p_a+\rho gh_D}{\rho g}=\frac{p_a}{\rho g}+H$$

显然，有

$$z_A+\frac{p_A}{\rho g}=z_B+\frac{p_B}{\rho g}=z_C+\frac{p_C}{\rho g}=z_D+\frac{p_D}{\rho g}=\frac{p_a}{\rho g}+H=\text{const}$$

2.4 若干概念

1. 标准大气压强与工程大气压强

(1) 标准大气压强

1 个**标准大气压强**等于 76cm 水银柱在其底部所产生的压强，约等于 10.332m 水柱在其底部所产生的压强。水银的密度 $\rho_m = 13.6 \times 10^3 \text{kg/m}^3$，则 $\rho_m g h_m = 101\ 325\text{Pa}$；水的密度 $\rho_w = 1 \times 10^3 \text{kg/m}^3$，则 $\rho_w g h_w = 101\ 325\text{Pa}$。可见，1 个标准大气压强约为 101.3kPa。

大气压强与当地的纬度、海拔高度及温度有关，称为当地大气压强，记为 p_a。若未加说明，p_a 可取标准大气压强，简称大气压强。

(2) 工程大气压强

1 个**工程大气压强**等于 73.6cm 水银柱在其底部所产生的压强，约等于 10m 水柱在其底部所产生的压强。1 个工程大气压强为 98 066.5Pa，约为 98kPa。除非特殊说明，这里一般不采用“工程大气压强”。

2. 绝对压强与相对压强

(1) 绝对压强

从绝对真空算起的压强，称为**绝对压强**，以 p_{abs} 表示。若液面压强为大气绝对压强 $p_{a\,abs}$，简记为 p_a，则有

$$p_{abs} = p_a + \rho g h \tag{2-12}$$

由该式描述的绝对压强 p_{abs} 在闸门上的分布，如图 2-5(a)所示。

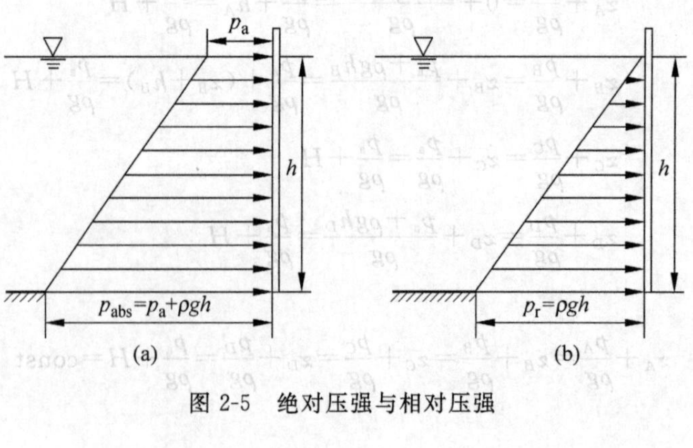

图 2-5 绝对压强与相对压强

(2) 相对压强

从当地大气压强 p_a 算起的压强,称为**相对压强**,以 p_r 表示。则

$$p_r = p_{abs} - p_a \tag{2-13}$$

将式(2-12)代入,得出

$$p_r = \rho g h \tag{2-14}$$

由该式描述的相对压强 p_r 在闸门上的分布,如图 2-5(b)所示。

需要指出,除专门说明外,通常都习惯采用相对压强,且以 p 表示。在实际应用中,用压力表测得的压强即为相对压强。因此,相对压强又称表压强或计示压强。

3. 负压、真空与真空度

如果液体中某点处的绝对压强 p_{abs} 小于大气压强 p_a,则该点存在着**真空**。该点的相对压强 p_r 必为负值,即该点存在**负压**。因此,可以说有真空必有负压,反之亦然。

通常将**真空度** p_v 定义为大气压强 p_a 与该点绝对压强 p_{abs} 的差值,即

$$p_v = p_a - p_{abs} \tag{2-15}$$

由于 $p_{abs} < p_a$,则 p_v 为正值。

当绝对压强 p_{abs} 为零时,称为绝对真空。显然,绝对真空也意味着绝对压强为零,即绝对零点,这也是绝对压强基准面的条件。M,N 点处的绝对压强与相对压强,以及 M 点处的负压与真空度,如图 2-6 所示,该图有助于理解负压与真空度等概念。

4. 重力场中的等压面——水平面

(1) 单一液体

由 $p = \rho g h = \text{const}$ 可知,当 $\rho = \text{const}$ 时,$h = \text{const}$。这表明单一液体的**等压面**为一系列等水深的水平面,如图 2-7 所示。

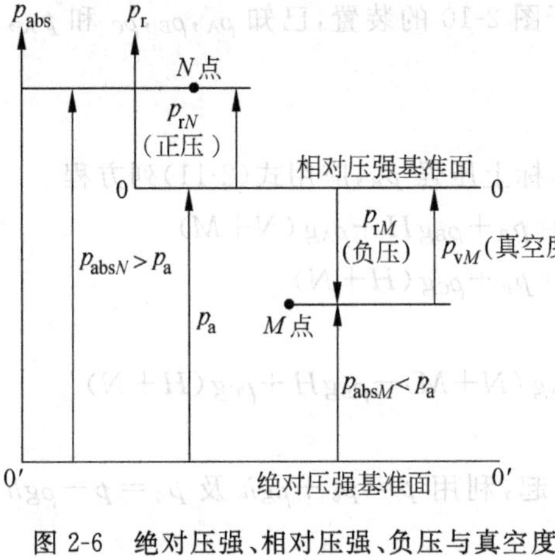

图 2-6 绝对压强、相对压强、负压与真空度

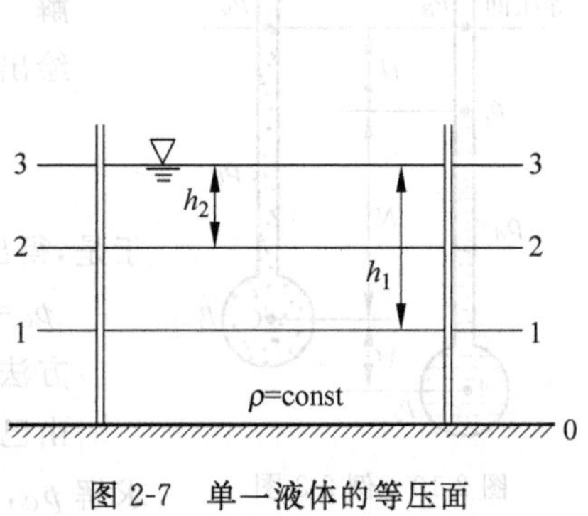

图 2-7 单一液体的等压面

(2) 多种液体

图 2-8 为装有 ρ_1,ρ_2,ρ_3 三种液体的 U 形管。若 $\rho_2>\rho_1>\rho_3$，选取 0—0，1—1，2—2，3—3 四个水平面及面上各点，由式(2-11)得出

$$\begin{cases} p_B+\rho_2 ga=p_A=p_C+\rho_2 ga \\ p_D+\rho_2 g(a+b)=p_A=p_E+\rho_2 g(a+b) \\ p_F+\rho_1 gc+\rho_2 g(a+b)=p_A=p_G+\rho_2 gc+\rho_2 g(a+b) \end{cases}$$

即

$$\begin{cases} p_B=p_C \\ p_D=p_E \\ p_F+\rho_1 gc=p_G+\rho_2 gc \end{cases}$$

显然，1—1，2—2 为等压面，由于 $\rho_2>\rho_1$，则 $p_F>p_G$，故 3—3 不是等压面。

对于不同的水平面，通常采用“管中连线”的方法来判别。若 ρ 不变，则为等压面；若 ρ 改变则不是等压面，如图 2-9 所示。

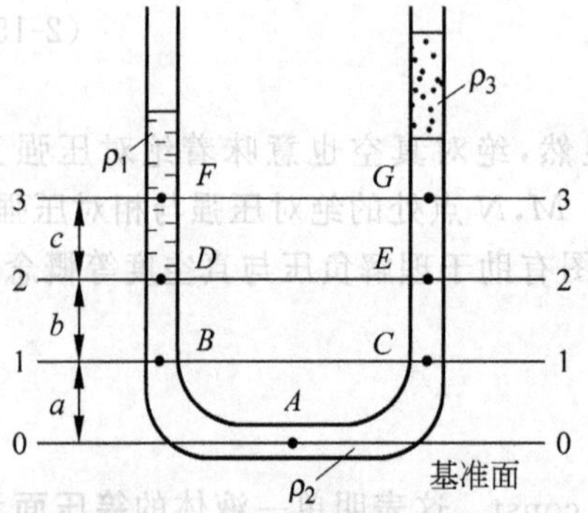

图 2-8 多种液体的等压面

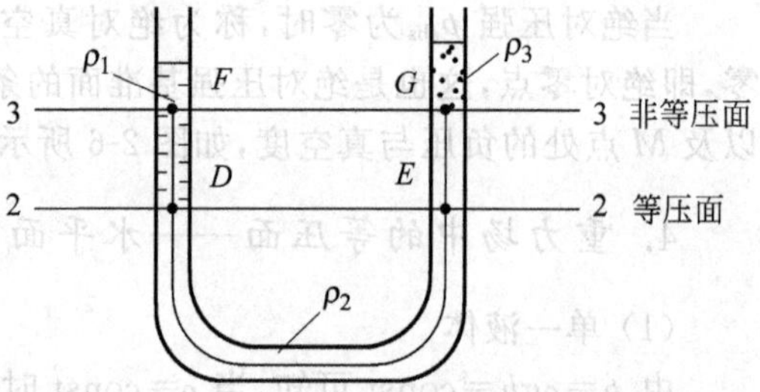

图 2-9 采用管中连线法确定等压面

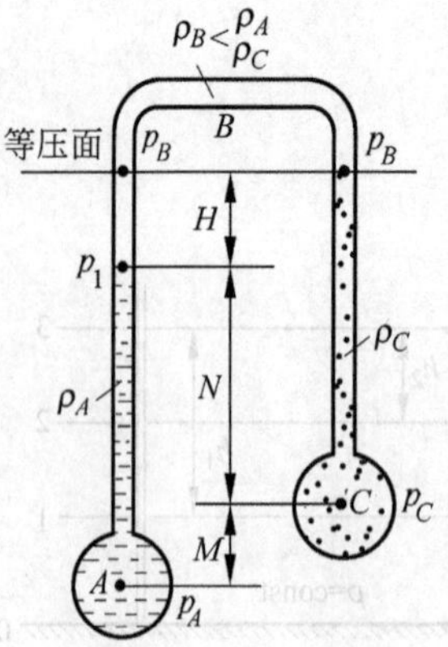

图 2-10 例 2-3 图

例 2-3 对于图 2-10 的装置，已知 ρ_A,ρ_B,ρ_C 和 p_A，求 p_C。

解 方法一

绘出等压面，标上压强 p_B，应用式(2-11)列方程

$$\begin{cases} p_A=p_B+\rho_B gH+\rho_A g(N+M) \\ p_C=p_B+\rho_C g(H+N) \end{cases}$$

于是，得出

$$p_C=p_A-\rho_A g(N+M)-\rho_B gH+\rho_C g(H+N)$$

方法二

由已知点 A 起，利用 $p=p_0+\rho gh$ 及 $p_0=p-\rho gh$ 求解 p_C，得出

$$p_C = \underbrace{\underbrace{\underbrace{p_A - \rho_A g(N+M)}_{p_1} - \rho_B g H}_{p_B} + \rho_C g(H+N)}_{p_C}$$

2.5 静水压强分布及静水总压力的计算

1. 静水压强分布

平板闸门上、下游**静水压强分布**如图 2-11 所示。

深孔闸门静水压强分布如图 2-12 所示。

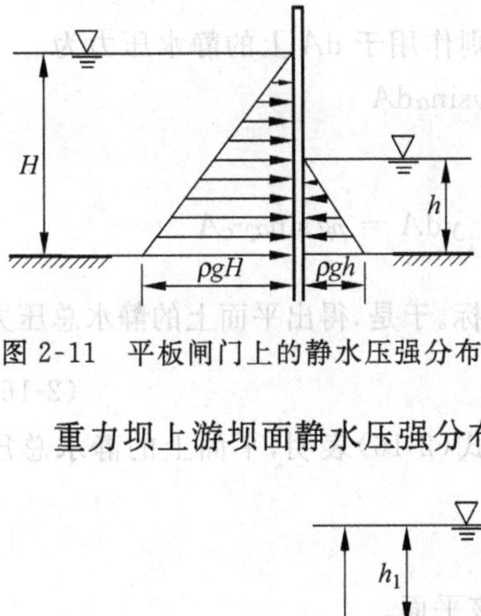

图 2-11 平板闸门上的静水压强分布

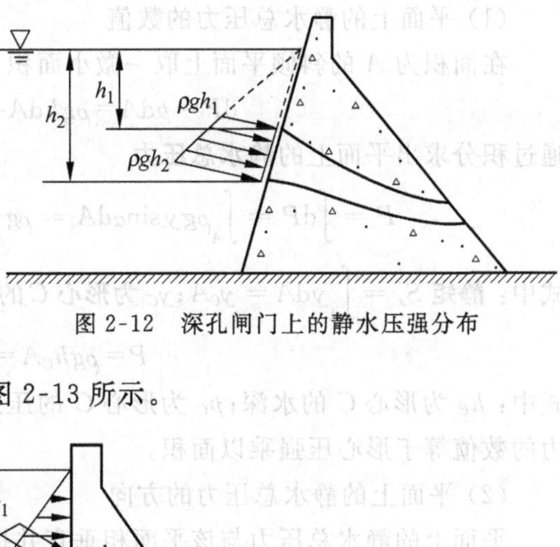

图 2-12 深孔闸门上的静水压强分布

重力坝上游坝面静水压强分布如图 2-13 所示。

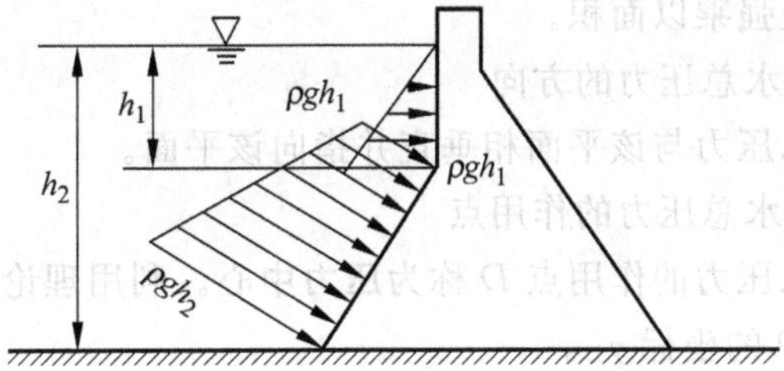

图 2-13 重力坝上游坝面的静水压强分布

2. 作用于平面上的静水总压力

在水面以下，有一垂直于纸面并与水面成 α 角的任意形状倾斜平面 EF。为方便推导起见，将该平面置于 Oxy 平面直角坐标系中并将其旋转到纸面上，该坐标系、平面形状及各量如图 2-14 所示。

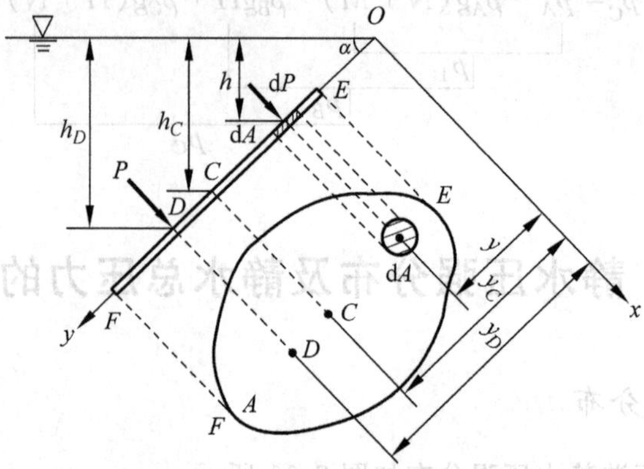

图 2-14 平面上的静水总压力

(1) 平面上的静水总压力的数值

在面积为 A 的斜倾平面上取一微小面积 $\mathrm{d}A$,则作用于 $\mathrm{d}A$ 上的静水压力为

$$\mathrm{d}P=p\mathrm{d}A=\rho gh\mathrm{d}A=\rho gy\sin\alpha\mathrm{d}A$$

通过积分求出平面上的**静水总压力**

$$P=\int\mathrm{d}P=\int_A\rho gy\sin\alpha\mathrm{d}A=\rho g\sin\alpha\int_A y\mathrm{d}A=\rho g\sin\alpha y_C A$$

式中:**静矩** $S_x=\int_A y\mathrm{d}A=y_C A$;$y_C$ 为**形心** C 的 y 坐标。于是,得出平面上的静水总压力

$$P=\rho gh_C A=p_C A \tag{2-16}$$

式中:h_C 为形心 C 的水深;p_C 为形心 C 的压强。式(2-16)表明,平面上的静水总压力的数值等于形心压强乘以面积。

(2) 平面上的静水总压力的方向

平面上的静水总压力与该平面相垂直并指向该平面。

(3) 平面上的静水总压力的作用点

平面上的静水总压力的作用点 D 称为**压力中心**。利用理论力学中的**力矩定理**,可以求出压力中心 D 的坐标 y_D。

由图 2-14 可知,分力 $\mathrm{d}P$ 对 Ox 轴的力矩为

$$y\mathrm{d}P=y\rho gy\sin\alpha\mathrm{d}A=\rho gy^2\sin\alpha\mathrm{d}A$$

通过积分,可求出各分力对 Ox 轴的力矩之和为

$$\int y\mathrm{d}P=\int_A\rho gy^2\sin\alpha\mathrm{d}A=\rho g\sin\alpha\int_A y^2\mathrm{d}A=\rho g\sin\alpha I_x$$

式中:**惯性矩** $I_x=\int_A y^2\mathrm{d}A$。

总压力 P 对 Ox 轴的力矩为

$$Py_D=\rho g\sin\alpha S_x y_D=\rho g\sin\alpha y_C A y_D$$

依据力矩定理："合力对任一轴的力矩等于各分力对同一轴力矩之和"，则有

$$Py_D=\int y\mathrm{d}P$$

即
$$\rho g\sin\alpha S_x y_D=\rho g\sin\alpha I_x$$

则
$$y_D=\frac{I_x}{S_x}=\frac{I_x}{y_C A}$$

利用理论力学中的"惯性矩的平行移轴定理"，则有

$$I_x=I_C+y_C^2 A$$

式中：I_C 为面积 A 对过形心 C 且平行于 Ox 的轴之惯性矩，于是得出

$$y_D=y_C+\frac{I_C}{y_C A} \tag{2-17}$$

式中：y_D 为压力中心 D 的 y 坐标；y_C 为形心 C 的 y 坐标。对于倾斜设置的平面，$y_D>y_C$。

几种常见图形的面积 A、形心坐标 y_C 及惯性矩 I_C 值见表 2-1。

表 2-1 常见图形的 A，y_C 及 I_C 值

几何图形		面积 A	形心纵坐标 y_C	对形心横轴的惯性矩 I_C
矩形	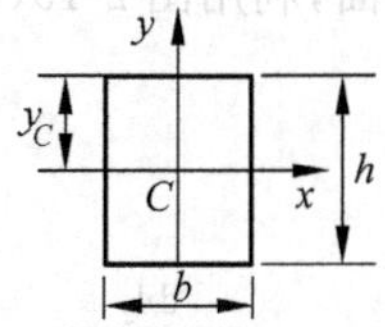	bh	$\frac{1}{2}h$	$\frac{1}{12}bh^3$
三角形	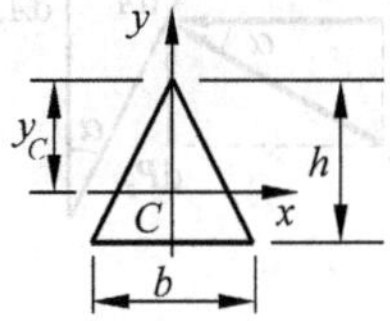	$\frac{1}{2}bh$	$\frac{2}{3}h$	$\frac{1}{36}bh^3$
梯形	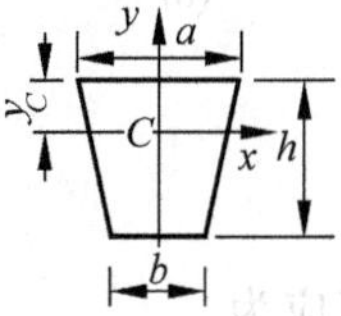	$\frac{1}{2}h(a+b)$	$\frac{h}{3}\left(\frac{a+2b}{a+b}\right)$	$\frac{1}{36}h^3\left(\frac{a^2+4ab+b^2}{a+b}\right)$

续表

几何图形		面积 A	形心纵坐标 y_C	对形心横轴的惯性矩 I_C
圆形	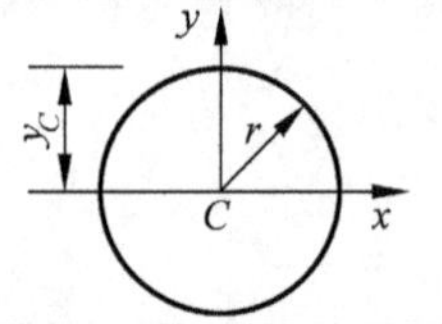	πr^2	r	$\frac{1}{4}\pi r^4$
半圆形	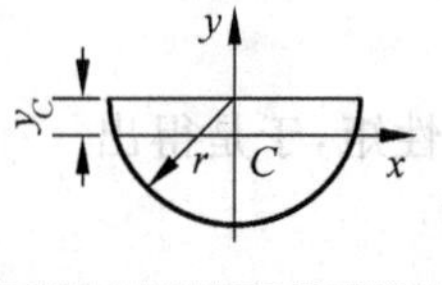	$\frac{1}{2}\pi r^2$	$\frac{4}{3}\frac{r}{\pi}$	$\frac{9\pi^2-64}{72\pi}r^4$

3. 作用于曲面上的静水总压力

在水面以下有一垂直于纸面的曲面 JK，如图 2-15(a)所示。为求出作用于曲面 JK 上的静水总压力，在曲面 JK 上任取微小面积 $\mathrm{d}A$，该微小面积的形心在水面以下的深度为 h，则有

$$\mathrm{d}P=|\mathrm{d}\boldsymbol{P}|=p\mathrm{d}A=\rho gh\mathrm{d}A$$

式中：$\mathrm{d}P$ 垂直于 $\mathrm{d}A$ 且与水平面成 α 角。由于 JK 为曲面，利用图 2-15(b)可分别求出 x,z 方向的分力值。

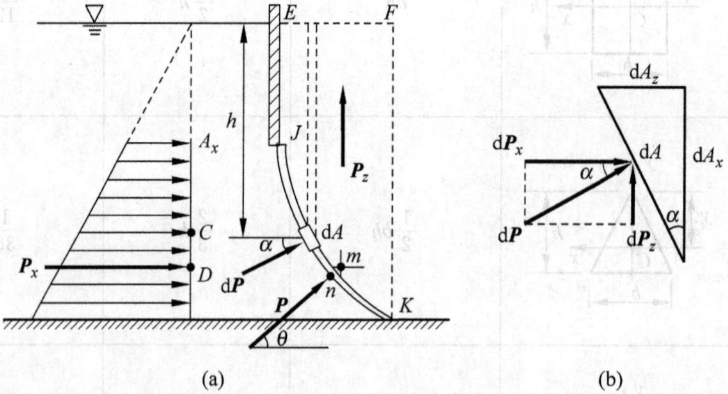

图 2-15 曲面上的静水总压力

(1) x 方向的分力

对于微小面积 $\mathrm{d}A$ 而言，合力值为 $\mathrm{d}P$，其 x 向分力值应为

$$\mathrm{d}P_x=\mathrm{d}P\cos\alpha=\rho gh\mathrm{d}A\cos\alpha=\rho gh\mathrm{d}A_x$$

通过积分，可得出作用于曲面 JK 上的 x 方向的分力值

$$P_x = \int \mathrm{d}P_x = \int_{A_x} \rho g h \,\mathrm{d}A_x = \rho g \int_{A_x} h \,\mathrm{d}A_x$$

式中：静矩 $\int_{A_x} h\,\mathrm{d}A_x = h_C A_x$；$A_x$ 为曲面 JK 在铅垂平面上的投影面积；h_C 为 A_x 的形心处的水深。则有

$$P_x = \rho g h_C A_x = p_C A_x \tag{2-18}$$

显然，式(2-18)的结果与式(2-16)完全一致，这是因为曲面 JK 在铅垂平面上的投影面积为平面。

(2) z 方向的分力

对于微小面积 $\mathrm{d}A$ 而言，合力值为 $\mathrm{d}P$，其 z 向分力值应为

$$\mathrm{d}P_z = \mathrm{d}P\sin\alpha = \rho g h \mathrm{d}A\sin\alpha = \rho g h \mathrm{d}A_z$$

通过积分，可得出作用于曲面 JK 上的 z 方向的分力值

$$P_z = \int \mathrm{d}P_z = \int_{A_z} \rho g h \,\mathrm{d}A_z = \rho g \int_{A_z} h \,\mathrm{d}A_z$$

式中：$\int_{A_z} h\,\mathrm{d}A_z = V$ 为压力体 $EJKF$ 的体积。则有

$$P_z = \rho g V \tag{2-19}$$

(3) 曲面上的静水总压力的数值

$$P = \sqrt{P_x^2 + P_z^2} \tag{2-20}$$

(4) 曲面上的静水总压力的方向

$$\tan\theta = \frac{P_z}{P_x} \quad 或 \quad \theta = \arctan\frac{P_z}{P_x} \tag{2-21}$$

(5) 曲面上的静水总压力的作用点

将 P_x 和 P_z 的作用线延长交于 m 点，过 m 点作与水平面成 θ 角的直线，则该直线与曲面的交点 n 为作用点。

思考题与习题

2-1 试述流体中的作用力。

2-2 给出静止流体中一点处的应力状态，并写出一点处的正应力 σ 与该点处流体静压强 p 的关系式。

2-3 试导出流体静力学基本方程，并说明“将流体元缩小成一个流体质点”的含义。

2-4 何为标准大气压强、工程大气压强、绝对压强、相对压强、负压、真空与真空度。

2-5 利用流体静力学基本方程导出等压面方程，并举例说明如何选取等压面。

2-6 两球形贮水器 A 和 B 的球心高差为 $\Delta z=2.0\text{m}$，已知 $p_A=27.4\text{kPa}$，$p_B=13.7\text{kPa}$，若两者以水银压差计相连，如图 2-16 所示，试求压差计读数 Δh。

2-7 用 U 形水银压差计测量水平管道两过水断面间的压差（p_1-p_2），如图 2-17 所示。已知管内流体的密度为 ρ，压差计内水银的密度为 ρ_m（$\rho_m>\rho$），测得压差计读数 Δh 及等压面 3—4 至管轴线的垂直距离 a，试给出压差的计算表达式。

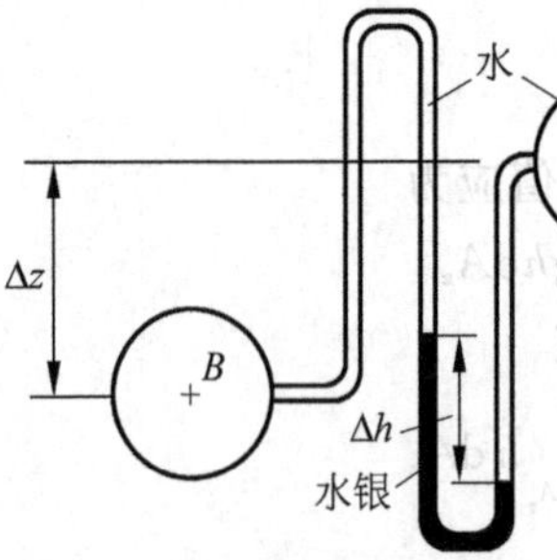

图 2-16 题 2-6 图

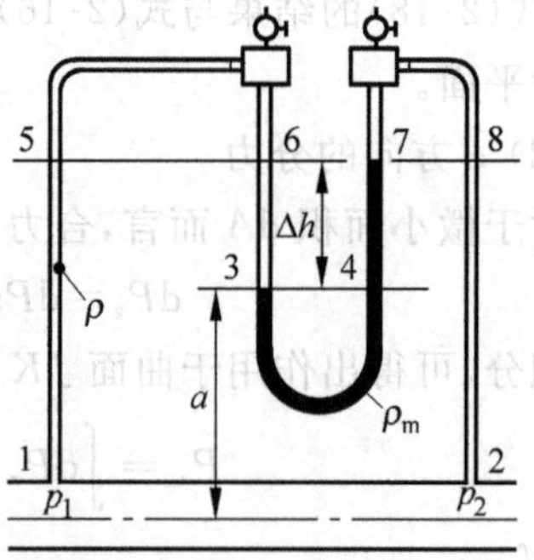

图 2-17 题 2-7 图

2-8 空气压差计如图 2-18 所示，倒 U 形管上部充以空气，下部两端用橡皮管连接到容器中需要量测的 1，2 两点。若测出 Δh 和 a，试求出 1，2 两点的压强差（容器中液体的密度 ρ 远大于空气的密度）。

2-9 水银压差计如图 2-19 所示，根据等压面原理及压差公式，利用测出的 Δh，z_A 和 z_B，求出 A，B 两点的压强差（容器中液体的密度为 ρ，水银的密度为 ρ_m）。

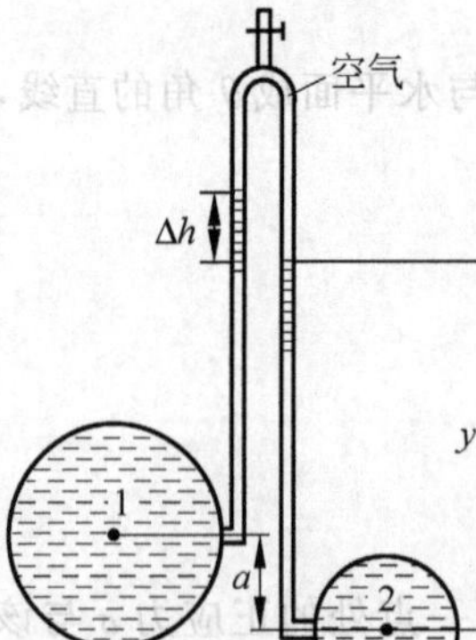

图 2-18 题 2-8 图

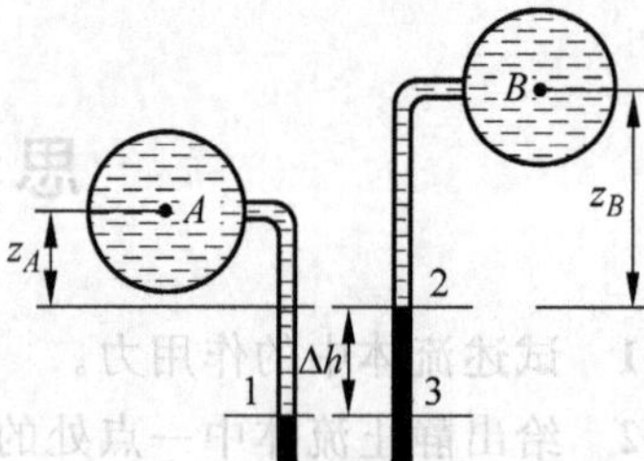

图 2-19 题 2-9 图

2-10 绘出图 2-20 挡水面 ABC 上的静水压强分布图(采用相对压强)。

2-11 绘出图 2-21 闸门 ABC 两侧的静水压强分布图(采用相对压强)。

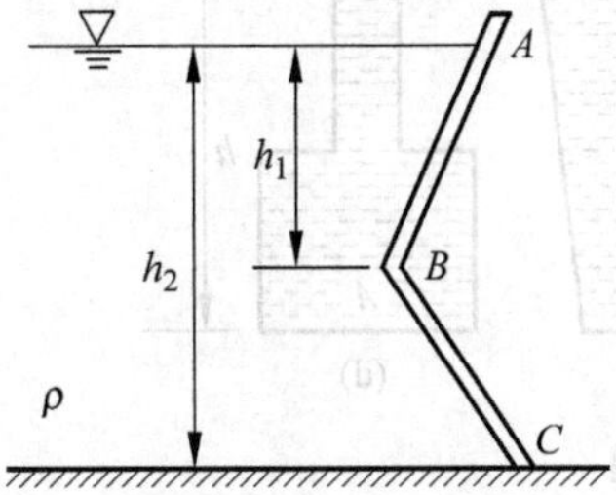

图 2-20 题 2-10 图

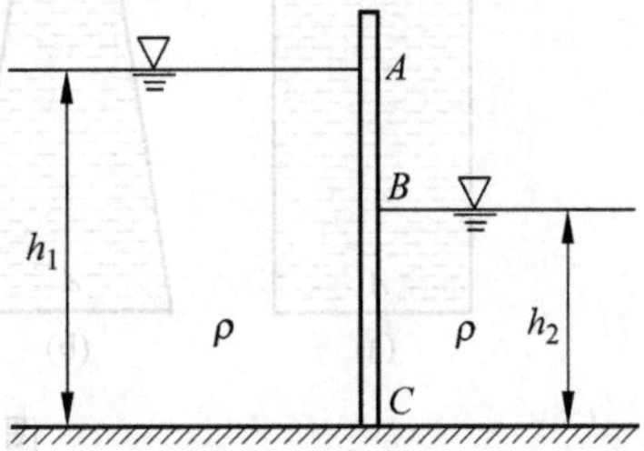

图 2-21 题 2-11 图

2-12 水池中装有两种不同密度的液体,如图 2-22 所示,绘出 ABC 壁面上的静水压强分布图($\rho_2>\rho_1$)。

2-13 简易水压机如图 2-23 所示,加重活塞与举重活塞直径之比为 1∶3,操纵杆的杆段 OA 与 OB 的长度之比为 1∶3.5,当在 B 点施加 $\boldsymbol{P}$ 力时,试求水压机可举起的物体重量。

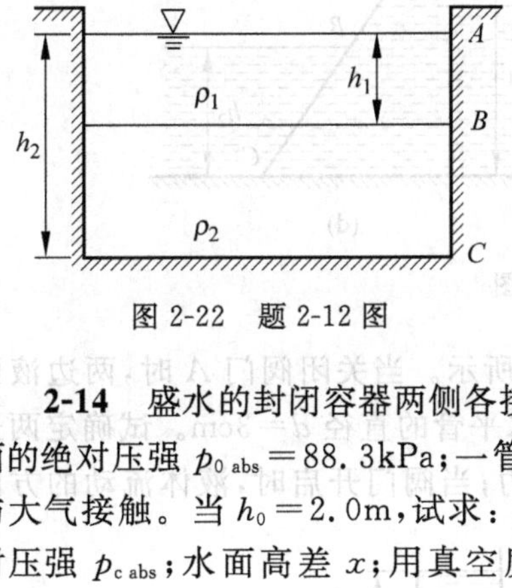

图 2-22 题 2-12 图

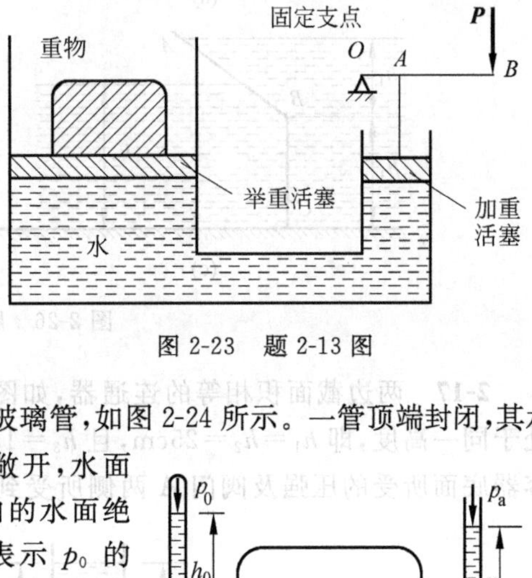

图 2-23 题 2-13 图

2-14 盛水的封闭容器两侧各接一根玻璃管,如图 2-24 所示。一管顶端封闭,其水面的绝对压强 $p_{0\,\text{abs}}=88.3\text{kPa}$;一管顶端敞开,水面与大气接触。当 $h_0=2.0\text{m}$,试求:容器内的水面绝对压强 $p_{\text{c abs}}$;水面高差 x;用真空度 p_{v} 表示 p_0 的大小。

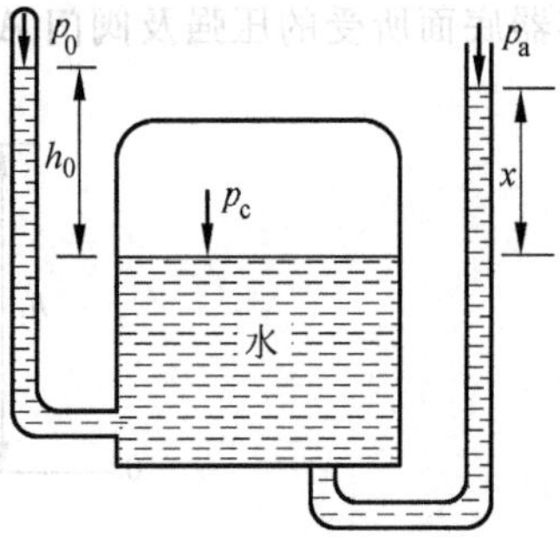

图 2-24 题 2-14 图

2-15 不同形状的盛水容器,如图 2-25 所示。容器的底面积 A 及水深 h 均相等。试说明:各容器底面所受的静水总压力是否相等?各容器底面的静水总压力与地面对容器的反力是否相等(不计容器的重量)?

2-16 绘出图 2-26 中注有字母的各挡水面上的

静水压强分布图。

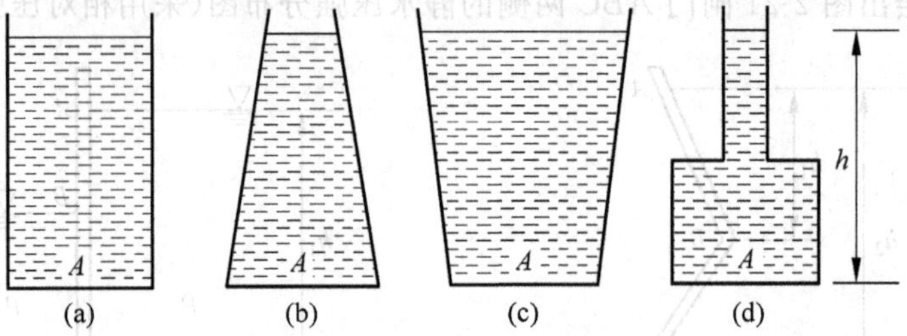

图 2-25 题 2-15 图

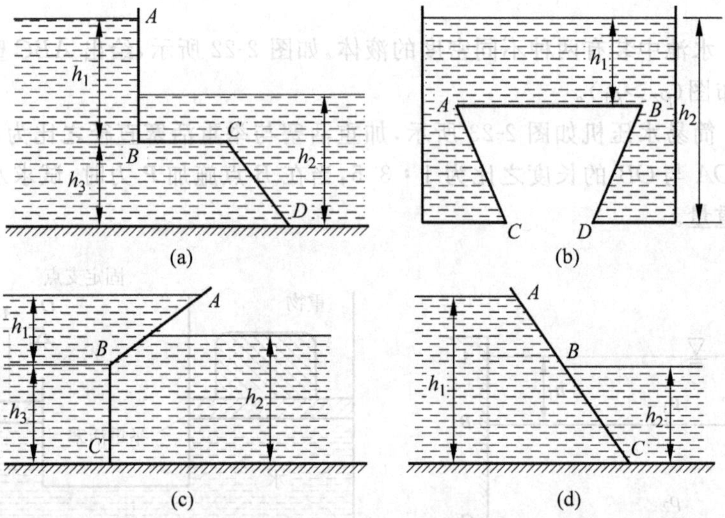

图 2-26 题 2-16 图

2-17 两边截面积相等的连通器,如图 2-27 所示。当关闭阀门 A 时,两边液面处于同一高度,即 $h_1=h_2=25\text{cm}$,且 $h_3=13\text{cm}$,水平管的直径 $d=3\text{cm}$。试确定两边容器底面所受的压强及阀门 A 两侧所受到的压力;当阀门开启时,液体流动的方向

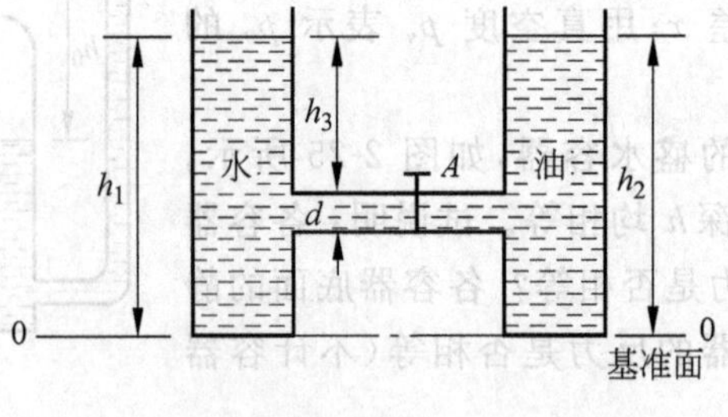

图 2-27 题 2-17 图

及当液体静止后两液面的高度差(油的密度为 $800kg/m^3$)。

2-18 铅垂设置的等边三角形挡水板,其底边水平,如图 2-28 所示。为使上、下两部分的静水总压力相等,试确定水平分划线 $x—x$ 至水面的距离 h_x。

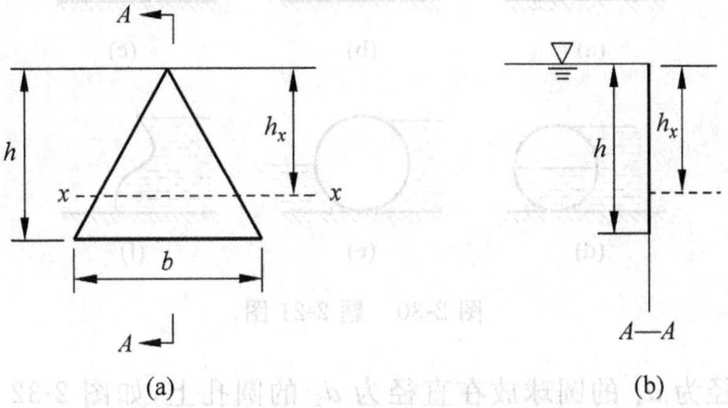

图 2-28　题 2-18 图

2-19 将上题中的三角形挡水板换成高度为 h,宽度为 b 的矩形挡水板,重复上题的求解。

2-20 将边长 $b=1.2m$ 的正方形挡水板铅垂设置于静水中,如图 2-29 所示。为使压力中心 D 低于形心 C 7.0cm,试求正方形顶边距水面的深度 h_x。

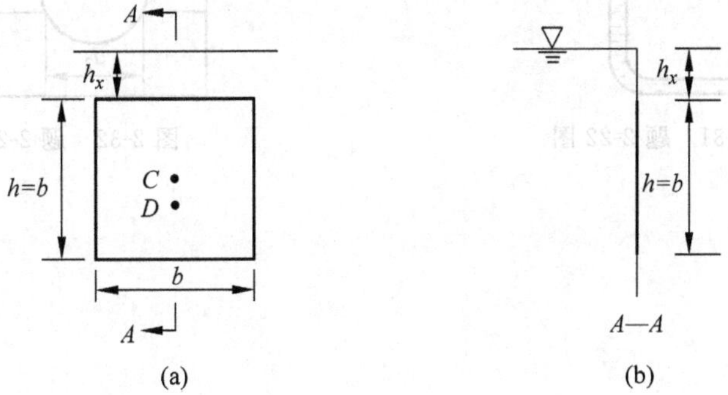

图 2-29　题 2-20 图

2-21 图 2-30 中给出 6 种二维曲面,试绘出用以确定铅垂水压力分量 P_z 的压力体以及用以确定水平水压力分量 P_x 的水平压强分布图。

2-22 直径为 d 的球形容器如图 2-31 所示,其上、下两个半球由 n 个铆钉连接。若作用水头为 H,上半球的重量为 G,试求作用于每个铆钉上的拉力。

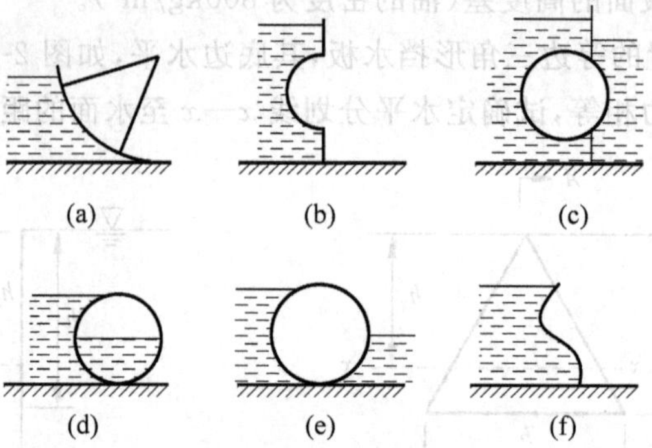

图 2-30　题 2-21 图

2-23　将直径为 d_1 的圆球放在直径为 d_2 的圆孔上，如图 2-32 所示。水的密度为 ρ，球的重量为 G，当水把圆球刚顶起时，试求水面差 h_x。

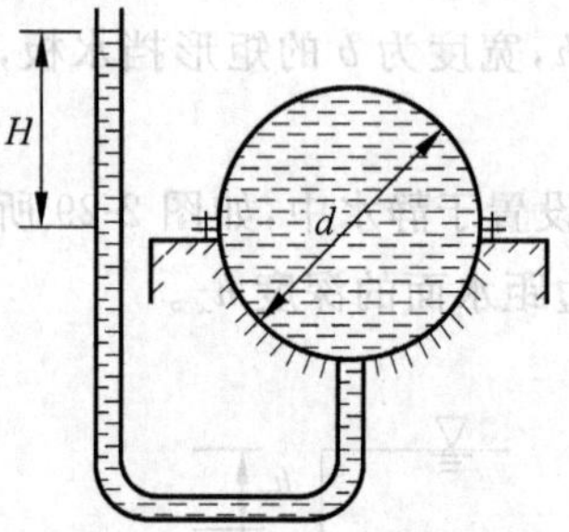

图 2-31　题 2-22 图

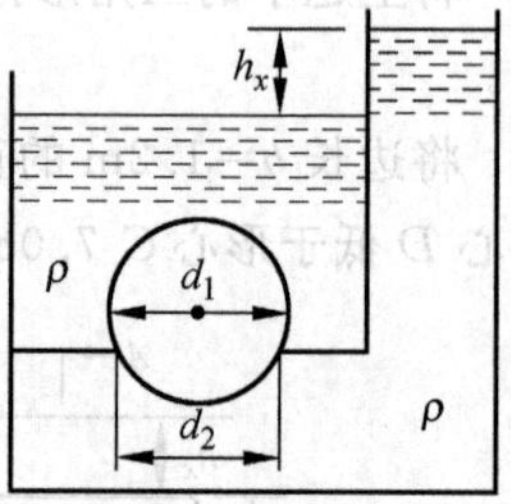

图 2-32　题 2-23 图

第3章 流体运动学

本章属于流体运动学。介绍了两种描述流体运动的方法，主要应用欧拉法；对速度、加速度、流线、迹线、旋度、涡量、环量等运动学量进行了分析与讨论；对照刚体运动，分析了流体运动的基本形式，给出流体运动的分类，并举例说明流体运动学量的求解方法。

3.1 两种描述流体运动的方法

有两种描述流体运动的方法，即拉格朗日(Lagrange)法和欧拉法，现分述如下。

1. 拉格朗日法

拉格朗日法，即**质点法**，从分析每个流体质点的运动入手来研究整个流体的运动。拉氏用 t_0 时刻流体质点的初始坐标(a,b,c)作为流体质点的标记。当赋予(a,b,c)某一组确定值时，即表示跟踪这一特定流体质点来考察其运动。显然，该流体质点以后所处的位置(x,y,z)与时间 t 有关；当改变(a,b,c)值时，意味着考察另一流体质点的运动。如此下去，可对整个流动作出描述。于是，得出拉格朗日法的**迹线方程**

$$\left.\begin{aligned} x&=x(a,b,c,t)\\ y&=y(a,b,c,t)\\ z&=z(a,b,c,t)\end{aligned}\right\} \tag{3-1}$$

式中：x,y,z 分别为 t 时刻流体质点的三个坐标；a,b,c,t 称为**拉格朗日变数**。当给定一组(a,b,c)值改变 t 时，则式(3-1)描绘出这一特定流体质点的运动轨迹；当给定 t 而改变 a,b,c 值时，则式(3-1)描述了某一特定时刻流体质点在空间的分布。

流体质点的速度可表示为流体质点的坐标对时间的一阶偏导数，因为它是对某一特定流体质点而言的，于是有

$$\left.\begin{aligned} u_x&=\frac{\partial x}{\partial t}=\frac{\partial x(a,b,c,t)}{\partial t}\\ u_y&=\frac{\partial y}{\partial t}=\frac{\partial y(a,b,c,t)}{\partial t}\\ u_z&=\frac{\partial z}{\partial t}=\frac{\partial z(a,b,c,t)}{\partial t}\end{aligned}\right\}\tag{3-2}$$

及

$$\boldsymbol{u}=u_x\boldsymbol{i}+u_y\boldsymbol{j}+u_z\boldsymbol{k}\tag{3-3}$$

式中：u_x,u_y,u_z 分别为 x,y,z 方向上的速度分量；$\boldsymbol{u}$ 为**速度矢量**；$\boldsymbol{i},\boldsymbol{j},\boldsymbol{k}$ 则为 x,y,z 方向上的单位矢量。

流体质点的加速度可表示为流体质点的坐标对时间的二阶偏导数，则

$$\left.\begin{aligned} a_x&=\frac{\partial^2 x}{\partial t^2}=\frac{\partial^2 x(a,b,c,t)}{\partial t^2}\\ a_y&=\frac{\partial^2 y}{\partial t^2}=\frac{\partial^2 y(a,b,c,t)}{\partial t^2}\\ a_z&=\frac{\partial^2 z}{\partial t^2}=\frac{\partial^2 z(a,b,c,t)}{\partial t^2}\end{aligned}\right\}\tag{3-4}$$

及

$$\boldsymbol{a}=a_x\boldsymbol{i}+a_y\boldsymbol{j}+a_z\boldsymbol{k}\tag{3-5}$$

式中：a_x,a_y,a_z 分别为 x,y,z 方向上的加速度分量；$\boldsymbol{a}$ 则为**加速度矢量**。

当赋予(a,b,c)一组不同数值时，就得出不同流体质点的速度和加速度。

拉格朗日法比较容易理解，但应用起来很繁琐，除少数情形例如波浪问题外，一般很少采用。然而，此法**跟踪流体质点**的概念非常重要。

2. 欧拉法

欧拉法，即**场**的方法，着眼于各空间点的流动特性。依据欧拉法，物理性质一律表示为空间点坐标(x,y,z)和时间 t 的函数。对于**速度场**，则有

$$\left.\begin{aligned} u_x&=u_x(x,y,z,t)\\ u_y&=u_y(x,y,z,t)\\ u_z&=u_z(x,y,z,t)\end{aligned}\right\}\tag{3-6}$$

及

$$\boldsymbol{u}=u_x\boldsymbol{i}+u_y\boldsymbol{j}+u_z\boldsymbol{k} \tag{3-7}$$

式中：x,y,z,t 为**欧拉变数**。上式描述了不同瞬时流场中的**速度分布**。

加速度场：用欧拉变数表示的加速度，形式上要比用拉格朗日变数表示的加速度复杂。加速度是速度的变化率，当速度分量既随时间、又随空间坐标变化时，由式(3-6)可知速度分量的全微分为

$$\left.\begin{aligned}
\mathrm{d}u_x&=\frac{\partial u_x}{\partial x}\mathrm{d}x+\frac{\partial u_x}{\partial y}\mathrm{d}y+\frac{\partial u_x}{\partial z}\mathrm{d}z+\frac{\partial u_x}{\partial t}\mathrm{d}t\\
\mathrm{d}u_y&=\frac{\partial u_y}{\partial x}\mathrm{d}x+\frac{\partial u_y}{\partial y}\mathrm{d}y+\frac{\partial u_y}{\partial z}\mathrm{d}z+\frac{\partial u_y}{\partial t}\mathrm{d}t\\
\mathrm{d}u_z&=\frac{\partial u_z}{\partial x}\mathrm{d}x+\frac{\partial u_z}{\partial y}\mathrm{d}y+\frac{\partial u_z}{\partial z}\mathrm{d}z+\frac{\partial u_z}{\partial t}\mathrm{d}t
\end{aligned}\right\} \tag{3-8}$$

用 $\mathrm{d}t$ 除以式(3-8)两边，则得出

$$\left.\begin{aligned}
\frac{\mathrm{d}u_x}{\mathrm{d}t}&=\frac{\partial u_x}{\partial t}+\frac{\partial u_x}{\partial x}\frac{\mathrm{d}x}{\mathrm{d}t}+\frac{\partial u_x}{\partial y}\frac{\mathrm{d}y}{\mathrm{d}t}+\frac{\partial u_x}{\partial z}\frac{\mathrm{d}z}{\mathrm{d}t}\\
\frac{\mathrm{d}u_y}{\mathrm{d}t}&=\frac{\partial u_y}{\partial t}+\frac{\partial u_y}{\partial x}\frac{\mathrm{d}x}{\mathrm{d}t}+\frac{\partial u_y}{\partial y}\frac{\mathrm{d}y}{\mathrm{d}t}+\frac{\partial u_y}{\partial z}\frac{\mathrm{d}z}{\mathrm{d}t}\\
\frac{\mathrm{d}u_z}{\mathrm{d}t}&=\frac{\partial u_z}{\partial t}+\frac{\partial u_z}{\partial x}\frac{\mathrm{d}x}{\mathrm{d}t}+\frac{\partial u_z}{\partial y}\frac{\mathrm{d}y}{\mathrm{d}t}+\frac{\partial u_z}{\partial z}\frac{\mathrm{d}z}{\mathrm{d}t}
\end{aligned}\right\} \tag{3-9}$$

式中：左边项分别为 x,y,z 方向速度的变化率即加速度分量，又分别包括当地变化率和迁移变化率；当地变化率(各式中右端第一项)是指固定地点因时间改变而引起的速度变化率；迁移变化率(各式中右端后三项，又称换位变化率)是指固定瞬时因地点改变而引起的速度变化率。显然，要理解这一变化率，必须跟踪流体质点，因为"换位"是通过流体质点的运动实现的，由于在 Δt 时段内流体质点在三个方向上分别移动 $\Delta x,\Delta y,\Delta z$ 的距离，则流体质点的速度分量分别为

$$\left.\begin{aligned}
u_x&=\lim_{\Delta t\to 0}\frac{\Delta x}{\Delta t}=\frac{\mathrm{d}x}{\mathrm{d}t}\\
u_y&=\lim_{\Delta t\to 0}\frac{\Delta y}{\Delta t}=\frac{\mathrm{d}y}{\mathrm{d}t}\\
u_z&=\lim_{\Delta t\to 0}\frac{\Delta z}{\Delta t}=\frac{\mathrm{d}z}{\mathrm{d}t}
\end{aligned}\right\} \tag{3-10}$$

将式(3-10)代入式(3-9)，便得出欧拉法中的加速度表达式

$$\left.\begin{aligned}
a_x&=\frac{\mathrm{d}u_x}{\mathrm{d}t}=\frac{\partial u_x}{\partial t}+u_x\frac{\partial u_x}{\partial x}+u_y\frac{\partial u_x}{\partial y}+u_z\frac{\partial u_x}{\partial z}\\
a_y&=\frac{\mathrm{d}u_y}{\mathrm{d}t}=\frac{\partial u_y}{\partial t}+u_x\frac{\partial u_y}{\partial x}+u_y\frac{\partial u_y}{\partial y}+u_z\frac{\partial u_y}{\partial z}\\
a_z&=\frac{\mathrm{d}u_z}{\mathrm{d}t}=\frac{\partial u_z}{\partial t}+u_x\frac{\partial u_z}{\partial x}+u_y\frac{\partial u_z}{\partial y}+u_z\frac{\partial u_z}{\partial z}
\end{aligned}\right\} \tag{3-11}$$

引入**哈密顿(Hamilton)算子**$\nabla = i\frac{\partial}{\partial x} + j\frac{\partial}{\partial y} + k\frac{\partial}{\partial z}$，则式(3-11)化为

$$\boldsymbol{a} = \frac{\mathrm{d}\boldsymbol{u}}{\mathrm{d}t} = \frac{\partial \boldsymbol{u}}{\partial t} + (\boldsymbol{u} \cdot \nabla)\boldsymbol{u} \tag{3-12}$$

即为欧拉法加速度矢量的表达式。式中，$\frac{\partial \boldsymbol{u}}{\partial t}$项称为**当地加速度**，或称**局部加速度**，它是由流场的非恒定性引起的。对于**恒定流动**$\frac{\partial \boldsymbol{u}}{\partial t}=\mathbf{0}$；$(\boldsymbol{u} \cdot \nabla)\boldsymbol{u}$ 项称为**迁移加速度**或**换位加速度**，是由流场的非均匀性引起的。对于**均匀流动**$(\boldsymbol{u} \cdot \nabla)\boldsymbol{u}=\mathbf{0}$；$\boldsymbol{a}=\frac{\mathrm{d}\boldsymbol{u}}{\mathrm{d}t}$称为**质点加速度**，或称**随体加速度**，或称**全加速度**，是由于流场的非恒定性和非均匀性共同引起的。从式(3-12)可以引出推求流体质点**随体导数**的算符

$$\frac{\mathrm{D}A}{\mathrm{D}t} = \frac{\partial A}{\partial t} + (\boldsymbol{u} \cdot \nabla)A \tag{3-13}$$

式中：A 代表某一特定物理量，例如速度 $\boldsymbol{u}$ 或密度 ρ 等；用$\frac{\mathrm{D}A}{\mathrm{D}t}$表示随体导数；同样，$\frac{\partial A}{\partial t}$描述了场的非恒定性；$(\boldsymbol{u} \cdot \nabla)A$ 则描述了场的非均匀性。

拉格朗日法和欧拉法只不过是描述流体运动的两种不同方法。对于同一流动问题，既可用拉格朗日法描述，也可以用欧拉法描述，但欧拉法的应用较为广泛。

3.2 流线与迹线

流线是某一瞬时在流场中绘出的曲线，线上各点的速度矢量均与该曲线相切，如图 3-1 所示。下面推导流线方程。

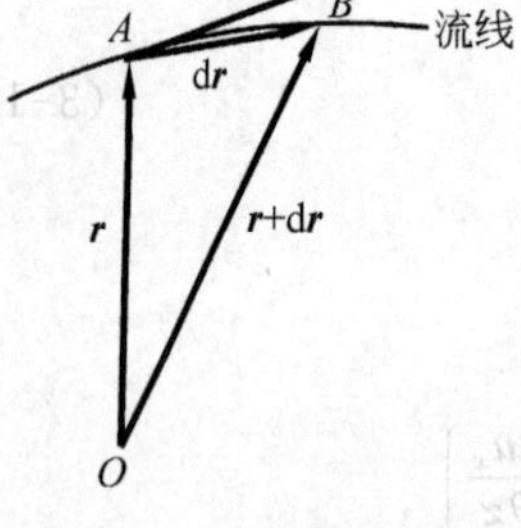

图 3-1 流线定义图

在图 3-1 中，矢径 $\boldsymbol{r}=x\boldsymbol{i}+y\boldsymbol{j}+z\boldsymbol{k}$，沿流线的微元长为 $\mathrm{d}\boldsymbol{r}=\mathrm{d}x\boldsymbol{i}+\mathrm{d}y\boldsymbol{j}+\mathrm{d}z\boldsymbol{k}$，$A$ 点处的速度矢量为 $\boldsymbol{u}$。当 $B \to A$ 时，$\mathrm{d}\boldsymbol{r}$ 必然与 $\boldsymbol{u}$ 重合，则

$$\boldsymbol{u} \times \mathrm{d}\boldsymbol{r} = \begin{vmatrix} \boldsymbol{i} & \boldsymbol{j} & \boldsymbol{k} \\ u_x & u_y & u_z \\ \mathrm{d}x & \mathrm{d}y & \mathrm{d}z \end{vmatrix} = \mathbf{0}$$

展开后则有 $u_y\mathrm{d}z - u_z\mathrm{d}y = 0$，$u_z\mathrm{d}x - u_x\mathrm{d}z = 0$，$u_x\mathrm{d}y - u_y\mathrm{d}x = 0$。于是得流线微分方程

$$\frac{\mathrm{d}x}{u_x(x,y,z,t)} = \frac{\mathrm{d}y}{u_y(x,y,z,t)} = \frac{\mathrm{d}z}{u_z(x,y,z,t)} \tag{3-14}$$

式中：$\mathrm{d}x,\mathrm{d}y,\mathrm{d}z$ 为流线的微元长 $\mathrm{d}\boldsymbol{r}$ 在坐标轴上的投影，即三个分量；u_x,u_y,u_z 为速

度分量。因为流线是对某一瞬时而言的，时间 t 为流线方程的参数，积分时可将 t 作为常数看待。

迹线是流体质点运动的轨迹，是对某一确定的流体质点而言的。所以要跟踪该流体质点，则有 $u_x=\frac{\mathrm{d}x}{\mathrm{d}t}, u_y=\frac{\mathrm{d}y}{\mathrm{d}t}, u_z=\frac{\mathrm{d}z}{\mathrm{d}t}$。于是得出迹线的微分方程

$$\frac{\mathrm{d}x}{u_x(x,y,z,t)}=\frac{\mathrm{d}y}{u_y(x,y,z,t)}=\frac{\mathrm{d}z}{u_z(x,y,z,t)}=\mathrm{d}t \tag{3-15}$$

式中：$\mathrm{d}x,\mathrm{d}y,\mathrm{d}z$ 为迹线的微元长 $\mathrm{d}\boldsymbol{r}$ 在坐标轴上的投影，即三个分量。因迹线是对确定流体质点而言的，时间 t 为自变量，x,y,z 均为 t 的函数。

注意：流线与迹线方程虽形式上有相似之处，但含义截然不同。而且，迹线方程中的 $\mathrm{d}t$ 不可去掉。对于恒定流动，流线与迹线重合；而对于非恒定流动，流线与迹线一般不重合。

例 3-1 用拉格朗日变数表示的某一流体运动的迹线方程为

$$\begin{cases}x=a\mathrm{e}^{kt}\\ y=b\mathrm{e}^{-kt} \quad (y\geqslant 0\text{，且 }k\text{ 为常数})\\ z=c\end{cases}$$

试分析该运动并求出流体质点的速度和加速度。

解 因为对于给定的流体质点，a,b,c 为定值，所以对于本问题流体质点均在 $z=c$ 的平面上运动。由 $xy=(a\mathrm{e}^{kt})(b\mathrm{e}^{-kt})=ab$ 可知，流体质点均在 $z=c$ 平面上作双曲线运动。一般来说，不同的流体质点有不同的迹线。但对于本例，凡具有相同 ab 乘积的流体质点，它们的迹线却为同一条双曲线。例如：$a=1$、$b=1$、$c=4$，$a=2$、$b=\frac{1}{2}$、$c=4$ 及 $a=3$、$b=\frac{1}{3}$、$c=4$ 三个流体质点的迹线均为 $c=4$ 平面上 $xy=1$ 的双曲线，如图 3-2 所示。

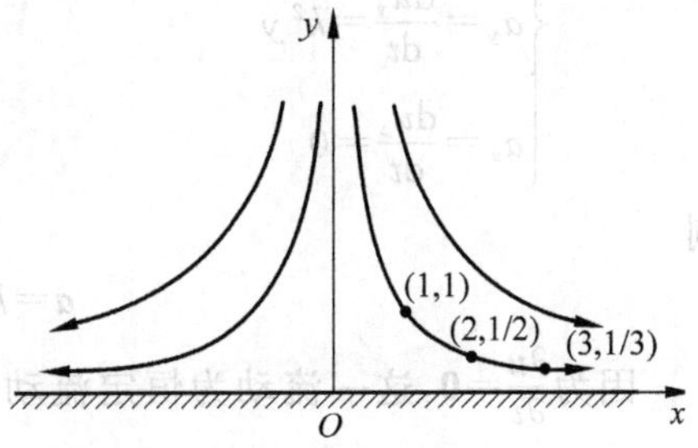

图 3-2 例 3-1 图

利用式(3-2)可求出流体质点的速度

$$\begin{cases}u_x=\dfrac{\partial x}{\partial t}=\dfrac{\partial}{\partial t}(a\mathrm{e}^{kt})=ak\mathrm{e}^{kt}\\[2ex] u_y=\dfrac{\partial y}{\partial t}=\dfrac{\partial}{\partial t}(b\mathrm{e}^{-kt})=-bk\mathrm{e}^{-kt}\\[2ex] u_z=\dfrac{\partial z}{\partial t}=\dfrac{\partial}{\partial t}(c)=0\end{cases}$$

则速度矢量为 $\boldsymbol{u}=ak\mathrm{e}^{kt}\boldsymbol{i}-bk\mathrm{e}^{-kt}\boldsymbol{j}$。

利用式(3-4)可求出流体质点的加速度

$$\begin{cases} a_x = \dfrac{\partial^2 x}{\partial t^2} = ak^2 e^{kt} \\ a_y = \dfrac{\partial^2 y}{\partial t^2} = bk^2 e^{-kt} \\ a_z = \dfrac{\partial^2 z}{\partial t^2} = 0 \end{cases}$$

则加速度矢量为

$$\boldsymbol{a} = ak^2 e^{kt} \boldsymbol{i} + bk^2 e^{-kt} \boldsymbol{j}$$

当赋予 a,b 不同值时，可得出不同流体质点的速度和加速度。对于坐标原点，因

$$\begin{cases} u_x = ake^{kt} = kx = 0 \\ u_y = bke^{-kt} = -ky = 0 \end{cases}$$

可见 O 点为驻点（即速度为零的点），因本题仅考虑 $y \geqslant 0$ 的情形，若把 xOz 平面看作固定平板，则这一流动相当于射向平板而被阻挡时的射流。

例 3-2 用欧拉变数表示的流体运动的速度分量为 $u_x = kx, u_y = -ky, u_z = 0$（$y \geqslant 0$，且 k 为常数），试求加速度、流线方程和迹线方程。

解 由式(3-11)求出加速度为

$$\begin{cases} a_x = \dfrac{\mathrm{d}u_x}{\mathrm{d}t} = \dfrac{\partial(kx)}{\partial t} + (kx)\dfrac{\partial(kx)}{\partial x} + (-ky)\dfrac{\partial(kx)}{\partial y} + (0)\dfrac{\partial(kx)}{\partial z} = k^2 x \\ a_y = \dfrac{\mathrm{d}u_y}{\mathrm{d}t} = k^2 y \\ a_z = \dfrac{\mathrm{d}u_z}{\mathrm{d}t} = 0 \end{cases}$$

则

$$\boldsymbol{a} = k^2 x \boldsymbol{i} + k^2 y \boldsymbol{j}$$

因为 $\dfrac{\partial \boldsymbol{u}}{\partial t} = \boldsymbol{0}$，这一流动为恒定流动；因 $(\boldsymbol{u} \cdot \boldsymbol{\nabla})\boldsymbol{u} = k^2 x \boldsymbol{i} + k^2 y \boldsymbol{j} \neq \boldsymbol{0}$，故为**非均匀流动**。

利用式(3-14)可求出流线方程，因

$$\frac{\mathrm{d}x}{kx} = \frac{\mathrm{d}y}{-ky} = \frac{\mathrm{d}z}{0}$$

则有

$$\begin{cases} \dfrac{\mathrm{d}x}{kx} = \dfrac{\mathrm{d}y}{-ky} \\ \dfrac{\mathrm{d}y}{-ky} = \dfrac{\mathrm{d}z}{0} \end{cases}$$

积分得到

$$\begin{cases} xy = C_1 \\ z = C_2 \end{cases}$$

显然，这一流动的流线为$z=C_2$平面上的双曲线族$xy=C_1$。

利用式(3-15)可求出迹线方程，因

$$\frac{dx}{kx}=\frac{dy}{-ky}=\frac{dz}{0}=dt$$

则有

$$\begin{cases}\dfrac{dx}{kx}=dt\\[2mm]\dfrac{dy}{-ky}=dt\\[2mm]\dfrac{dz}{0}=dt\end{cases}$$

积分得

$$\begin{cases}x=C_3e^{kt}\\y=C_4e^{-kt}\\z=C_5\end{cases}$$

即为迹线方程，或改写成

$$\begin{cases}xy=C_3C_4\overset{令}{=\!=}C_1\\z=C_3\overset{令}{=\!=}C_2\end{cases}$$

可见流线与迹线方程相同，说明这一流动的流线与迹线重合。因为流体作恒定流动，所以必然得到这样的结果。

比较上面两个例题，发现两题描述的是同一流动，只是描述的方法不同。下面举例说明两种方法的转换。

例 3-3 试将上述流动的拉格朗日法表达式$x=ae^{kt}$，$y=be^{-kt}$，$z=c$转换为欧拉法表达式。

解 利用已知条件求出拉氏变数$a=xe^{-kt}$，$b=ye^{kt}$，进而求出流体质点的速度分量

$$\begin{cases}u_x=\dfrac{\partial x}{\partial t}=ake^{kt}\\[2mm]u_y=\dfrac{\partial y}{\partial t}=-bke^{-kt}\\[2mm]u_z=0\end{cases}$$

将拉氏变数代入上式，则得

$$\begin{cases}u_x=kx\\u_y=-ky\\u_z=0\end{cases}$$

显然这一表达式已具有欧拉法速度表达式的形式。但应明确，拉氏法中的 u_x, u_y, u_z 代表某一确定流体质点的速度；而欧拉法中的 u_x, u_y, u_z 则代表流场内的速度分布。为了实现两种描述方法间的转换，须取两法中的对应分速相等。这可解释为：所论流体质点恰好位于某空间点，因而，此时这一空间点上将具有该流体质点的速度。于是，上述表达式即为该流动的欧拉法表达式。

最后还应指出，通过以上三例能对两种描述方法有所了解，并且知道两种表达式是可以相互转换的。但在具体转换时，常常会遇到数学上的困难，而很难实现转换。上面例题比较简单，才比较容易地求得转换表达式。

3.3 流体运动的基本形式

1. 流体的速度分解定理

刚体运动的基本形式是平移和转动。由于流体具有流动性，容易变形，因此不难理解流体运动的基本形式是**平移**、**旋转**和**变形**。为了得到具体形式，现考察流场中一点邻域内的速度变化。如图 3-3 所示，流场中的某一流体元内 M_0 点的速度矢量为 $\boldsymbol{u}_0$，与 M_0 点相距 $\mathrm{d}\boldsymbol{r}$ 的 M 点的速度矢量为 $\boldsymbol{u}$，显然有

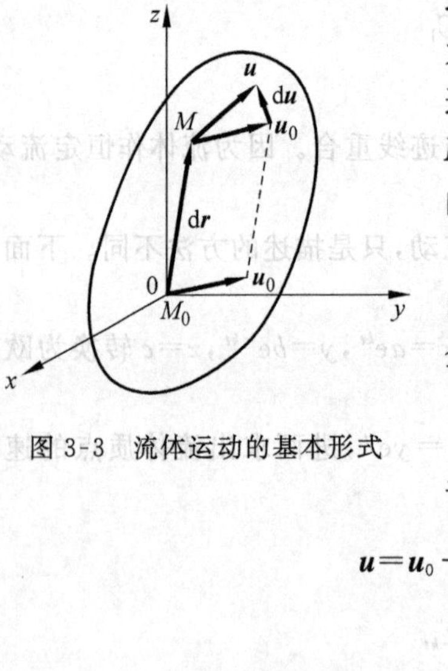

图 3-3 流体运动的基本形式

$$\boldsymbol{u}=\boldsymbol{u}_0+\mathrm{d}\boldsymbol{u} \tag{3-16}$$

由于此时仅考虑位置改变所引起的速度变化，则全微分为

$$\mathrm{d}\boldsymbol{u}=\frac{\partial \boldsymbol{u}}{\partial x}\mathrm{d}x+\frac{\partial \boldsymbol{u}}{\partial y}\mathrm{d}y+\frac{\partial \boldsymbol{u}}{\partial z}\mathrm{d}z \tag{3-17}$$

于是得出

$$\boldsymbol{u}=\boldsymbol{u}_0+\frac{\partial \boldsymbol{u}}{\partial x}\mathrm{d}x+\frac{\partial \boldsymbol{u}}{\partial y}\mathrm{d}y+\frac{\partial \boldsymbol{u}}{\partial z}\mathrm{d}z \tag{3-18}$$

或

$$\left.\begin{aligned}
u_x&=u_{0x}+\frac{\partial u_x}{\partial x}\mathrm{d}x+\frac{\partial u_x}{\partial y}\mathrm{d}y+\frac{\partial u_x}{\partial z}\mathrm{d}z\\
u_y&=u_{0y}+\frac{\partial u_y}{\partial x}\mathrm{d}x+\frac{\partial u_y}{\partial y}\mathrm{d}y+\frac{\partial u_y}{\partial z}\mathrm{d}z\\
u_z&=u_{0z}+\frac{\partial u_z}{\partial x}\mathrm{d}x+\frac{\partial u_z}{\partial y}\mathrm{d}y+\frac{\partial u_z}{\partial z}\mathrm{d}z
\end{aligned}\right\} \tag{3-19}$$

通过展开、配项，可将式(3-19)化为

$$\left.\begin{aligned}u_x&=u_{0x}+\frac{\partial u_x}{\partial x}\mathrm{d}x+\frac{1}{2}\left(\frac{\partial u_x}{\partial y}+\frac{\partial u_y}{\partial x}\right)\mathrm{d}y+\frac{1}{2}\left(\frac{\partial u_x}{\partial z}+\frac{\partial u_z}{\partial x}\right)\mathrm{d}z\\&\quad+\frac{1}{2}\left(\frac{\partial u_x}{\partial y}-\frac{\partial u_y}{\partial x}\right)\mathrm{d}y+\frac{1}{2}\left(\frac{\partial u_x}{\partial z}-\frac{\partial u_z}{\partial x}\right)\mathrm{d}z\\u_y&=u_{0y}+\frac{1}{2}\left(\frac{\partial u_y}{\partial x}+\frac{\partial u_x}{\partial y}\right)\mathrm{d}x+\frac{\partial u_y}{\partial y}\mathrm{d}y+\frac{1}{2}\left(\frac{\partial u_y}{\partial z}+\frac{\partial u_z}{\partial y}\right)\mathrm{d}z\\&\quad+\frac{1}{2}\left(\frac{\partial u_y}{\partial x}-\frac{\partial u_x}{\partial y}\right)\mathrm{d}x+\frac{1}{2}\left(\frac{\partial u_y}{\partial z}-\frac{\partial u_z}{\partial y}\right)\mathrm{d}z\\u_z&=u_{0z}+\frac{1}{2}\left(\frac{\partial u_z}{\partial x}+\frac{\partial u_x}{\partial z}\right)\mathrm{d}x+\frac{1}{2}\left(\frac{\partial u_z}{\partial y}+\frac{\partial u_y}{\partial z}\right)\mathrm{d}y+\frac{\partial u_z}{\partial z}\mathrm{d}z\\&\quad+\frac{1}{2}\left(\frac{\partial u_z}{\partial x}-\frac{\partial u_x}{\partial z}\right)\mathrm{d}x+\frac{1}{2}\left(\frac{\partial u_z}{\partial y}-\frac{\partial u_y}{\partial z}\right)\mathrm{d}y\end{aligned}\right\}\tag{3-20}$$

引入下列符号：

线变形率分量

$$\varepsilon_{xx}=\frac{\partial u_x}{\partial x},\quad \varepsilon_{yy}=\frac{\partial u_y}{\partial y},\quad \varepsilon_{zz}=\frac{\partial u_z}{\partial z}\tag{3-21}$$

角变形率分量

$$\left.\begin{aligned}\varepsilon_{xy}&=\frac{1}{2}\left(\frac{\partial u_y}{\partial x}+\frac{\partial u_x}{\partial y}\right)=\frac{1}{2}\left(\frac{\partial u_x}{\partial y}+\frac{\partial u_y}{\partial x}\right)=\varepsilon_{yx}\\\varepsilon_{yz}&=\frac{1}{2}\left(\frac{\partial u_z}{\partial y}+\frac{\partial u_y}{\partial z}\right)=\frac{1}{2}\left(\frac{\partial u_y}{\partial z}+\frac{\partial u_z}{\partial y}\right)=\varepsilon_{zy}\\\varepsilon_{zx}&=\frac{1}{2}\left(\frac{\partial u_x}{\partial z}+\frac{\partial u_z}{\partial x}\right)=\frac{1}{2}\left(\frac{\partial u_z}{\partial x}+\frac{\partial u_x}{\partial z}\right)=\varepsilon_{xz}\end{aligned}\right\}\tag{3-22}$$

旋转角速度分量

$$\left.\begin{aligned}\omega_x&=\frac{1}{2}\left(\frac{\partial u_z}{\partial y}-\frac{\partial u_y}{\partial z}\right)\\\omega_y&=\frac{1}{2}\left(\frac{\partial u_x}{\partial z}-\frac{\partial u_z}{\partial x}\right)\\\omega_z&=\frac{1}{2}\left(\frac{\partial u_y}{\partial x}-\frac{\partial u_x}{\partial y}\right)\end{aligned}\right\}\tag{3-23}$$

则式(3-20)改写为

$$\left.\begin{aligned}u_x&=u_{0x}+0\mathrm{d}x-\omega_z\mathrm{d}y+\omega_y\mathrm{d}z+\varepsilon_{xx}\mathrm{d}x+\varepsilon_{yx}\mathrm{d}y+\varepsilon_{zx}\mathrm{d}z\\u_y&=u_{0y}+\omega_z\mathrm{d}x+0\mathrm{d}y-\omega_x\mathrm{d}z+\varepsilon_{xy}\mathrm{d}x+\varepsilon_{yy}\mathrm{d}y+\varepsilon_{zy}\mathrm{d}z\\u_z&=u_{0z}-\omega_y\mathrm{d}x+\omega_x\mathrm{d}y+0\mathrm{d}z+\varepsilon_{xz}\mathrm{d}x+\varepsilon_{yz}\mathrm{d}y+\varepsilon_{zz}\mathrm{d}z\end{aligned}\right\}\tag{3-24}$$

进而，改写成

$$\begin{bmatrix}u_x\\u_y\\u_z\end{bmatrix}=\begin{bmatrix}u_{0x}\\u_{0y}\\u_{0z}\end{bmatrix}+\begin{bmatrix}0&-\omega_z&\omega_y\\\omega_z&0&-\omega_x\\-\omega_y&\omega_x&0\end{bmatrix}\begin{bmatrix}\mathrm{d}x\\\mathrm{d}y\\\mathrm{d}z\end{bmatrix}+\begin{bmatrix}\varepsilon_{xx}&\varepsilon_{yx}&\varepsilon_{zx}\\\varepsilon_{xy}&\varepsilon_{yy}&\varepsilon_{zy}\\\varepsilon_{xz}&\varepsilon_{yz}&\varepsilon_{zz}\end{bmatrix}\begin{bmatrix}\mathrm{d}x\\\mathrm{d}y\\\mathrm{d}z\end{bmatrix}\tag{3-25}$$

按"列乘行"法则展开式(3-25)可回到式(3-24)。于是,得出矢量表达式

$$\boldsymbol{u}=\boldsymbol{u}_0+\boldsymbol{\omega}\times \mathrm{d}\boldsymbol{r}+\boldsymbol{\varepsilon}\cdot \mathrm{d}\boldsymbol{r} \tag{3-26}$$

式中:$\boldsymbol{u}=u_x\boldsymbol{i}+u_y\boldsymbol{j}+u_z\boldsymbol{k}$ 为速度矢量;$\boldsymbol{u}_0=u_{0x}\boldsymbol{i}+u_{0y}\boldsymbol{j}+u_{0z}\boldsymbol{k}$ 为平移速度矢量;$\boldsymbol{\omega}=\omega_x\boldsymbol{i}+\omega_y\boldsymbol{j}+\omega_z\boldsymbol{k}$ 为旋转角速度矢量;$\mathrm{d}\boldsymbol{r}=\mathrm{d}x\boldsymbol{i}+\mathrm{d}y\boldsymbol{j}+\mathrm{d}z\boldsymbol{k}$ 为矢径;**变形率**(或称应变率)**张量**为

$$\boldsymbol{\varepsilon}=\begin{bmatrix}\varepsilon_{xx} & \varepsilon_{yx} & \varepsilon_{zx}\\ \varepsilon_{xy} & \varepsilon_{yy} & \varepsilon_{zy}\\ \varepsilon_{xz} & \varepsilon_{yz} & \varepsilon_{zz}\end{bmatrix} \tag{3-27}$$

式(3-26)为流体的速度分解定理,即**亥姆霍兹(Helmholtz)速度分解定理**,可叙述为:流场中任一点处的速度 $\boldsymbol{u}$ 为平移速度 $\boldsymbol{u}_0$、旋转速度($\boldsymbol{\omega}\times\mathrm{d}\boldsymbol{r}$)与变形速度($\boldsymbol{\varepsilon}\cdot\mathrm{d}\boldsymbol{r}$)三者之和。与刚体的速度分解定理 $\boldsymbol{u}=\boldsymbol{u}_0+\boldsymbol{\omega}\times\boldsymbol{r}$ 相对照,可见流体的速度增加了变形项。因为流体具有流动性,容易变形,产生这一结果是很自然的。此外,刚体定理在整个刚体区域内都成立,且刚体的 $\boldsymbol{\omega}$ 为适用于整个刚体的特征量;但是,流体的速度分解定理仅在流体的一点邻域内成立,流体的 $\boldsymbol{\omega}$ 则为描述一点邻域内流体旋转的局部特征量。

速度分解定理的意义在于:可将流体运动划分为**有旋运动**与**无旋运动**,以便根据各自的特点分别处理;从变形运动引出**应变率张量**,并与**应力张量**相联系,可以导出**应力-应变率关系**,这是推导流体运动微分方程的基础。

为了理解速度分解定理及有关分量的含义,下面对矩形流体元的运动作一分析。

2. 矩形流体元的运动分析

t 时刻矩形流体元 M_0AMB 的顶点 M_0(基点)的速度分量为 u_x,u_y,则其余顶点 A,M,B 的速度分量可用泰勒级数的前两项表示,如图3-4所示。在矩形流体元顶点速度的作用下,流体元 M_0AMB 在 $t+\mathrm{d}t$ 时刻运动到 $M_{01}A_3M_5B_3$ 位置,其形状由矩形变成平行四边形,如图3-5所示。

应当说明:在下面的分析中,理应将平行四边形 $M_{01}A_3M_5B_3$ 与原矩形 M_0AMB 进行比较,但因 $M_{01}A_1M_1B_1$ 为 M_0AMB 的平移图形,故将 $M_{01}A_3M_5B_3$ 与 $M_{01}A_1M_1B_1$ 进行比较,这不会影响分析的结果。现对速度分解定理中各分量的含义分析如下。

(1) 平移速度分量 u_x 和 u_y

由图3-4和图3-5可知,矩形流体元 M_0AMB 的各顶点,在 u_x 和 u_y 的作用下,在 $\mathrm{d}t$ 时段内,均沿正 x 方向运动 $u_x\mathrm{d}t$ 距离,再沿正 y 方向运动 $u_y\mathrm{d}t$ 距离,到达 $M_{01}A_1M_1B_1$ 位置,该流体元的形状和大小均不变。可见,该流体元作平移运动,u_x 和 u_y 为**平移速度分量**。

(2) 线变形率分量 ε_{xx} 和 ε_{yy}

ε_{xx} 表示单位时间 x 方向的相对线变形(即相对伸长或相对缩短)。由图3-5可

知，dt 时段 x 方向的绝对伸长为 $A_1A_2=\frac{\partial u_x}{\partial x}\mathrm{d}x\mathrm{d}t$，原长为 $\mathrm{d}x$，则单位时间 x 方向的相对伸长为

$$\varepsilon_{xx}=\frac{A_1A_2}{\mathrm{d}x\mathrm{d}t}=\frac{\partial u_x}{\partial x}$$

同理，有

$$\varepsilon_{yy}=\frac{B_1B_2}{\mathrm{d}y\mathrm{d}t}=\frac{\partial u_y}{\partial y}$$

即为式(3-21)的前两个表达式。可见，ε_{xx} 和 ε_{yy} 分别为 x 和 y 方向的线变形率分量。

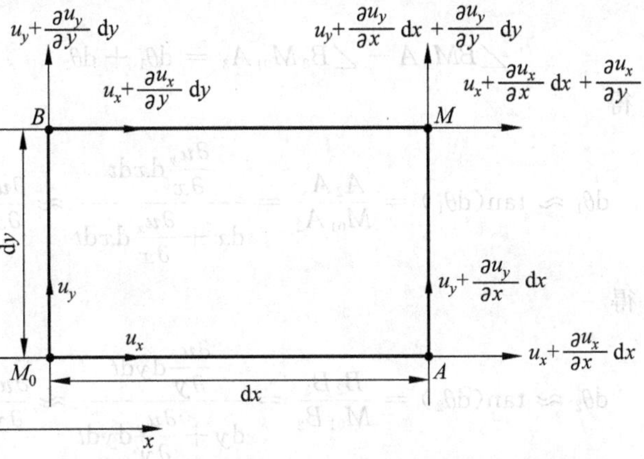

图 3-4 矩形流体元顶点的速度分量

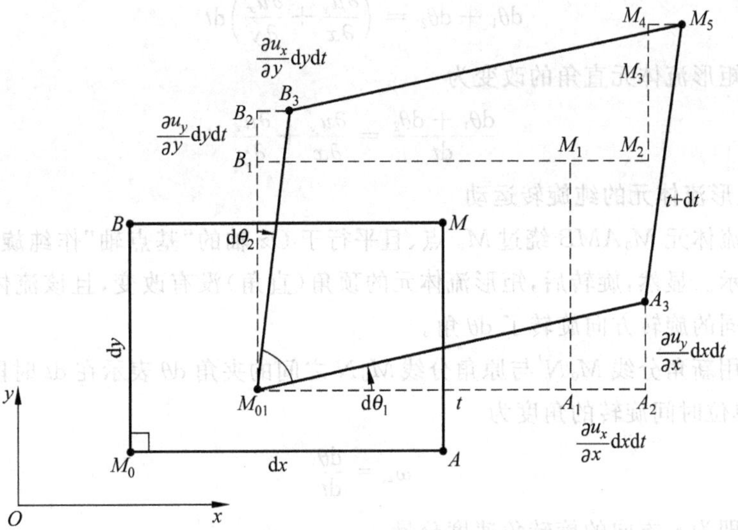

图 3-5 矩形流体元的运动

(3) 旋转角速度分量 ω_z 及角变形率分量 ε_{xy} 和 ε_{yx}

由于图 3-5 中的平行四边形 $M_{01}A_3M_5B_3$ 是旋转运动和剪切运动共同作用的结果，目前还不能求出旋转角速度分量 ω_z 及角变形率分量 ε_{xy} 和 ε_{yx}。作为求解的基础，下面介绍矩形流体元直角的改变、纯旋转运动、纯剪切运动。之后，再分析矩形流体元的旋转及剪切组合运动，求出 ω_z、ε_{xy} 和 ε_{yx}。

① 矩形流体元直角的改变

由图 3-5 可知，在 t 时刻，矩形流体元的顶角 $\angle BM_0A$ 为直角；在 $t+\mathrm{d}t$ 时刻，该流体元由矩形变成平行四边形，其顶角 $\angle B_3M_{01}A_3$ 为锐角。则矩形流体元顶角（直角）的改变为

$$\angle BM_0A - \angle B_3M_{01}A_3 = \mathrm{d}\theta_1 + \mathrm{d}\theta_2$$

由 $\triangle A_3M_{01}A_2$ 得

$$\mathrm{d}\theta_1 \approx \tan(\mathrm{d}\theta_1) = \frac{A_2A_3}{M_{01}A_2} = \frac{\dfrac{\partial u_y}{\partial x}\mathrm{d}x\mathrm{d}t}{\mathrm{d}x + \dfrac{\partial u_x}{\partial x}\mathrm{d}x\mathrm{d}t} \approx \frac{\partial u_y}{\partial x}\mathrm{d}t \tag{3-28}$$

由 $\triangle B_3M_{01}B_2$ 得

$$\mathrm{d}\theta_2 \approx \tan(\mathrm{d}\theta_2) = \frac{B_2B_3}{M_{01}B_2} = \frac{\dfrac{\partial u_x}{\partial y}\mathrm{d}y\mathrm{d}t}{\mathrm{d}y + \dfrac{\partial u_y}{\partial y}\mathrm{d}y\mathrm{d}t} \approx \frac{\partial u_x}{\partial y}\mathrm{d}t \tag{3-29}$$

则矩形流体元直角的改变为

$$\mathrm{d}\theta_1 + \mathrm{d}\theta_2 = \left(\frac{\partial u_y}{\partial x} + \frac{\partial u_x}{\partial y}\right)\mathrm{d}t \tag{3-30}$$

单位时间矩形流体元直角的改变为

$$\frac{\mathrm{d}\theta_1 + \mathrm{d}\theta_2}{\mathrm{d}t} = \frac{\partial u_y}{\partial x} + \frac{\partial u_x}{\partial y} \tag{3-31}$$

② 矩形流体元的纯旋转运动

矩形流体元 M_0AMB 绕过 M_0 点、且平行于 Oz 轴的“基点轴”作**纯旋转运动**，如图 3-6 所示。显然，旋转后，矩形流体元的顶角（直角）没有改变，且该流体元的对应边均按相同的旋转方向旋转了 $\mathrm{d}\theta$ 角。

通常用新角分线 M_0N' 与原角分线 M_0N 之间的夹角 $\mathrm{d}\theta$ 表示在 $\mathrm{d}t$ 时段内旋转的角度，则单位时间旋转的角度为

$$\omega_z = \frac{\mathrm{d}\theta}{\mathrm{d}t} \tag{3-32}$$

式中：ω_z 即为 z 方向的旋转角速度分量。

必须强调指出：只要 $\mathrm{d}\theta \neq 0$，就表明发生了旋转运动。就应将流体元的对应边

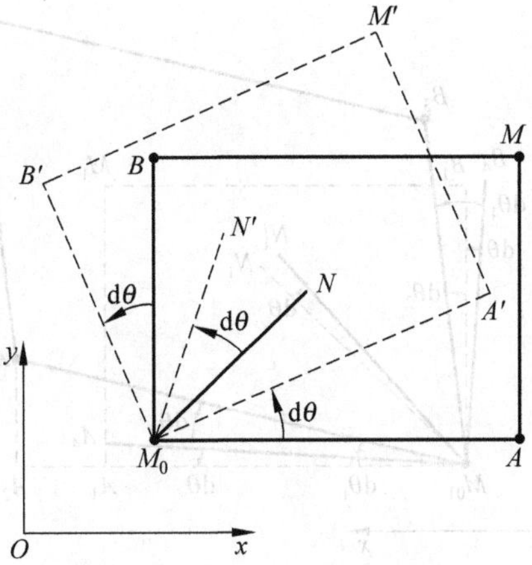

图 3-6 矩形流体元的纯旋转运动

按相同的旋转方向旋转 $d\theta$ 角。在此基础上，才能对该流体元的运动作进一步分析。

③ 矩形流体元的纯剪切运动

矩形流体元 M_0AMB 在切应力的作用下，发生**纯剪切运动**，如图 3-7 所示。对于纯剪切运动，则有

$$d\theta_1 = d\theta_2 \tag{3-33}$$

式中：$d\theta_1$ 与 $d\theta_2$ 的数值相等，但二者的旋转方向相反。由于新角分线 M_0N' 与原角分线 M_0N 重合，$d\theta=0$，表明无旋转运动。矩形流体元顶角(直角)的改变为$(d\theta_1+d\theta_2)$。

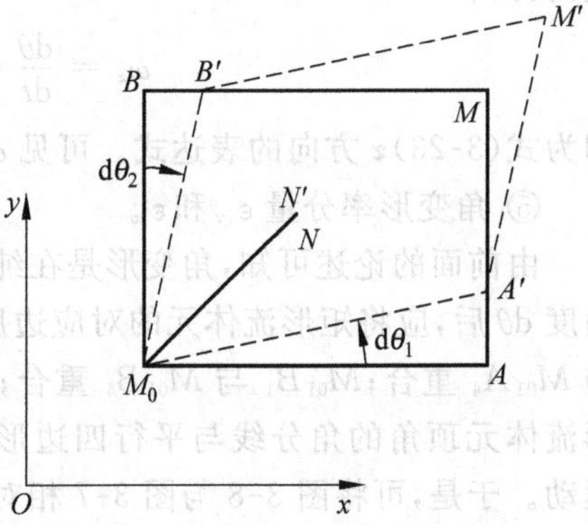

图 3-7 矩形流体元的纯剪切运动

通过对矩形流体元的纯旋转和纯剪切运动的分析可知：当矩形流体元顶角(直角)发生改变，且当 $d\theta_1 \neq d\theta_2$ 时，必然发生旋转及剪切组合运动。必须将这两种运动结合起来，才能求出 ω_z、ε_{xy} 和 ε_{yx}。

④ 旋转角速度分量 ω_z

由图 3-5 可知，$d\theta_1 > d\theta_2$，即 $d\theta_1 \neq d\theta_2$，必然发生旋转及剪切组合运动。将矩形流体元顶角的角分线 $M_{01}N_1$ 和平行四边形顶角的角分线 $M_{01}N_1'$ 绘出，如图 3-8 所示。由于二角分线不重合，$d\theta \neq 0$，表明存在旋转运动。由图 3-8 得出：

$$d\theta = \angle N_1'M_{01}A_3 - \angle N_1M_{01}A_3 = \frac{1}{2}[90° - (d\theta_1 + d\theta_2)] - (45° - d\theta_1)$$

$$= \frac{1}{2}(d\theta_1 - d\theta_2)$$

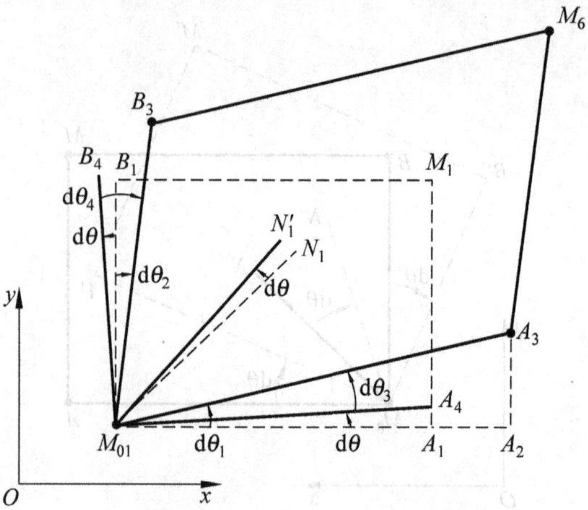

图 3-8 矩形流体元的旋转及剪切组合运动

利用式(3-28)和式(3-29)，则有

$$d\theta = \frac{1}{2}\left(\frac{\partial u_y}{\partial x} - \frac{\partial u_x}{\partial y}\right)dt$$

进而得出

$$\omega_z = \frac{d\theta}{dt} = \frac{1}{2}\left(\frac{\partial u_y}{\partial x} - \frac{\partial u_x}{\partial y}\right)$$

即为式(3-23)z 方向的表达式。可见 ω_z 为矩形流体元 z 方向的旋转角速度分量。

⑤ 角变形率分量 ε_{xy} 和 ε_{yx}

由前面的论述可知，角变形是在纯剪切(无旋转)条件下得到的。因此，求出旋转角度 $d\theta$ 后，应将矩形流体元的对应边反时针旋转 $d\theta$ 角，如图 3-8 所示。显然，$M_{01}A_1$ 与 $M_{01}A_4$ 重合；$M_{01}B_1$ 与 $M_{01}B_4$ 重合；$M_{01}N_1$ 与 $M_{01}N_1'$ 重合。这表明旋转 $d\theta$ 后的矩形流体元顶角的角分线与平行四边形顶角的角分线重合，均为 $M_{01}N_1'$，属于纯剪切运动。于是，可将图 3-8 与图 3-7 相对照，并由式(3-33)得出：

$$d\theta_3 = d\theta_4 \tag{3-34}$$

进而，由图 3-8 列出：

$$d\theta_3 = d\theta_1 - d\theta \tag{3-35}$$

$$d\theta_4 = d\theta_2 + d\theta \tag{3-36}$$

通过联立求解以上三式，得出

$$d\theta = \frac{1}{2}(d\theta_1 - d\theta_2)$$

$$d\theta_3 = \frac{1}{2}(d\theta_1 + d\theta_2)$$

$$d\theta_4 = \frac{1}{2}(d\theta_2 + d\theta_1)$$

将式(3-28)和式(3-29)代入，则有

$$d\theta=\frac{1}{2}\left(\frac{\partial u_y}{\partial x}-\frac{\partial u_x}{\partial y}\right)dt$$

$$d\theta_3=\frac{1}{2}\left(\frac{\partial u_y}{\partial x}+\frac{\partial u_x}{\partial y}\right)dt$$

$$d\theta_4=\frac{1}{2}\left(\frac{\partial u_x}{\partial y}+\frac{\partial u_y}{\partial x}\right)dt$$

于是，得出：

$$\omega_z=\frac{d\theta}{dt}=\frac{1}{2}\left(\frac{\partial u_y}{\partial x}-\frac{\partial u_x}{\partial y}\right)$$

$$\varepsilon_{xy}=\frac{d\theta_3}{dt}=\frac{1}{2}\left(\frac{\partial u_y}{\partial x}+\frac{\partial u_x}{\partial y}\right)$$

$$\varepsilon_{yx}=\frac{d\theta_4}{dt}=\frac{1}{2}\left(\frac{\partial u_x}{\partial y}+\frac{\partial u_y}{\partial x}\right)$$

式中：ω_z 为 z 方向的旋转角速度分量，前面已经导出过，即为式(3-23)z 方向的表达式；ε_{xy} 为从 x 轴转向 y 轴的角变形率分量；ε_{yx} 为从 y 轴转向 x 轴的角变形率分量。显然，有

$$\varepsilon_{xy}=\frac{1}{2}\left(\frac{\partial u_y}{\partial x}+\frac{\partial u_x}{\partial y}\right)=\frac{1}{2}\left(\frac{\partial u_x}{\partial y}+\frac{\partial u_y}{\partial x}\right)=\varepsilon_{yx}$$

即为式(3-22)的第一个表达式。顺便指出，在角变形率分量的表达式中，下标 x 和 y 的顺序与式中 x 和 y 坐标的顺序相同，是值得注意的。

需要说明：矩形流体元的运动分析属于二维问题，对于理解速度分解定理及有关分量的物理含义是有益的。进而，可将其结果推广到三维情形。

综上所述，流体运动的基本形式为平移、旋转、变形(包括线变形和角变形)。在平面运动中，某一正方形流体元 $ABCD$ 分别发生平移、旋转、线变形和角变形运动的示意图，如图 3-9 所示。

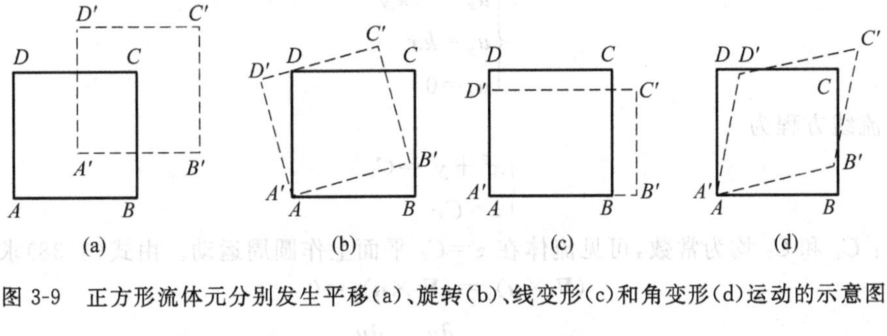

图 3-9 正方形流体元分别发生平移(a)、旋转(b)、线变形(c)和角变形(d)运动的示意图

3.4 有旋运动与无旋运动

通过上节介绍可知，旋转运动是用旋转角速度矢量 $\boldsymbol{\omega}$ 来表征的。在流体力学中，把两倍的旋转角速度矢量定义为速度的**旋度**，或称旋度，也称**涡量**，即

$$\mathrm{rot}\,\boldsymbol{u}=\nabla\times\boldsymbol{u}=2\boldsymbol{\omega}=\boldsymbol{\Omega} \tag{3-37}$$

式中：符号 rot 和 $\nabla\times$ 均表示求旋度，$\boldsymbol{\Omega}$ 为涡量，速度的旋度是矢量。

有旋运动是指旋度不为零的运动，即 $\nabla\times\boldsymbol{u}\neq\boldsymbol{0}$，或称涡量不为零的运动。注意：由于旋度为矢量，只要有一个旋度分量不为零即为有旋运动。

无旋运动是指旋度为零的运动，即 $\nabla\times\boldsymbol{u}=\boldsymbol{0}$ 或用分量式表示为

$$\left.\begin{aligned}(\nabla\times\boldsymbol{u})_x&=\frac{\partial u_z}{\partial y}-\frac{\partial u_y}{\partial z}=0\\(\nabla\times\boldsymbol{u})_y&=\frac{\partial u_x}{\partial z}-\frac{\partial u_z}{\partial x}=0\\(\nabla\times\boldsymbol{u})_z&=\frac{\partial u_y}{\partial x}-\frac{\partial u_x}{\partial y}=0\end{aligned}\right\} \tag{3-38}$$

可见，仅当旋度的各分量均为零时，才为无旋运动，下面举例加以说明。

例 3-4 已知下列速度场

(1) $u_x=-ky, u_y=kx, u_z=0$；

(2) $u_x=-\dfrac{ky}{x^2+y^2}, u_y=\dfrac{kx}{x^2+y^2}, u_z=0$；

(3) $u_x=ax, u_y=-ay, u_z=0$；

(4) $u_x=ay, u_y=0, u_z=0$；

(5) $u_x=U, u_y=0, u_z=0$。

式中：a,k,U 均为非零常数，试求流线方程并判别流动是否有旋，是否变形。

解 (1) 由速度场

$$\begin{cases}u_x=-ky\\u_y=kx\\u_z=0\end{cases}$$

求得流线方程为

$$\begin{cases}x^2+y^2=C_1\\z=C_2\end{cases}$$

式中：C_1 和 C_2 均为常数，可见流体在 $z=C_2$ 平面上作圆周运动。由式(3-38)求得

$$(\nabla\times\boldsymbol{u})_x=(\nabla\times\boldsymbol{u})_y=0$$

$$(\nabla\times\boldsymbol{u})_z=\frac{\partial u_y}{\partial x}-\frac{\partial u_x}{\partial y}=2k\neq0$$

则$\nabla \times \boldsymbol{u}=2k\boldsymbol{k}\neq \mathbf{0}$，故为有旋运动。

由式(3-21)求得$\varepsilon_{xx}=\varepsilon_{yy}=\varepsilon_{zz}=0$，由式(3-22)求得$\varepsilon_{xy}=\varepsilon_{yx}=\varepsilon_{yz}=\varepsilon_{zy}=\varepsilon_{zx}=\varepsilon_{xz}=0$。则

$$\boldsymbol{\varepsilon}=\begin{bmatrix}0 & 0 & 0\\ 0 & 0 & 0\\ 0 & 0 & 0\end{bmatrix}$$

可见该运动无变形，流动图形如图3-10所示。显然，带有十字的流体元，在运动过程中无变形，但在绕O点旋转的同时也绕其自身轴(过十字中心且与z轴平行的轴)旋转，产生这一结果是由于这一运动为有旋运动。

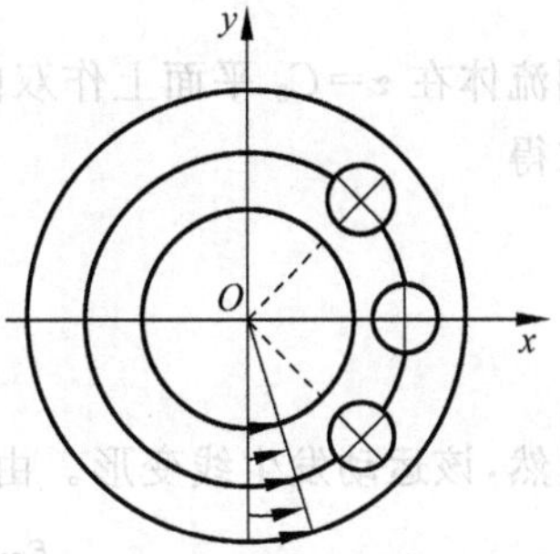

图3-10 例3-4(1)图

(2) 由速度场

$$\begin{cases}u_x=-\dfrac{ky}{x^2+y^2}\\ u_y=\dfrac{kx}{x^2+y^2}\\ u_z=0\end{cases}$$

求得流线方程为

$$\begin{cases}x^2+y^2=C_1\\ z=C_2\end{cases}$$

流体在$z=C_2$平面上作圆周运动，由式(3-38)求得$\nabla \times \boldsymbol{u}=\mathbf{0}$，为无旋运动。由式(3-21)求得

$$\begin{cases}\varepsilon_{xx}=\dfrac{\partial u_x}{\partial x}=\dfrac{2kxy}{(x^2+y^2)^2}\\ \varepsilon_{yy}=\dfrac{\partial u_y}{\partial y}=-\dfrac{2kxy}{(x^2+y^2)^2}\\ \varepsilon_{zz}=0\end{cases}$$

由式(3-22)求得

$$\begin{aligned}\varepsilon_{xy}=\varepsilon_{yx}&=\frac{1}{2}\left(\frac{\partial u_y}{\partial x}+\frac{\partial u_x}{\partial y}\right)\\ &=-\frac{k(x^2-y^2)}{(x^2+y^2)^2}\end{aligned}$$

$$\varepsilon_{yz}=\varepsilon_{zy}=\varepsilon_{zx}=\varepsilon_{xz}=0$$

可见此运动为变形运动，既有线变形——伸长和缩短，又有角变形，但为无旋运动，流动图形如图3-11所示。可见，带有十字的流体元在运动的过程中，产生了线变形和角变形，但并未绕其自身轴旋转，这是因为该运动为无旋运动。

(3) 由速度场

$$\begin{cases}u_x = ax \\ u_y = -ay \\ u_z = 0\end{cases}$$

求得流线方程为

$$\begin{cases}xy = C_1 \\ z = C_2\end{cases}$$

则流体在 $z=C_2$ 平面上作双曲线运动。进而求得$\nabla \times \boldsymbol{u} = \mathbf{0}$,为无旋运动,由式(3-21)求得

$$\begin{cases}\varepsilon_{xx} = a \\ \varepsilon_{yy} = -a \\ \varepsilon_{zz} = 0\end{cases}$$

显然,该运动发生线变形。由式(3-22)求得

$$\varepsilon_{xy} = \varepsilon_{yx} = \varepsilon_{yz} = \varepsilon_{zy} = \varepsilon_{zx} = \varepsilon_{xz} = 0$$

可见该运动无角变形。流动图形如图 3-12 所示,带十字的流体元,在运动过程中产生了线变形,但未绕其自身轴旋转,因该运动为无旋运动。

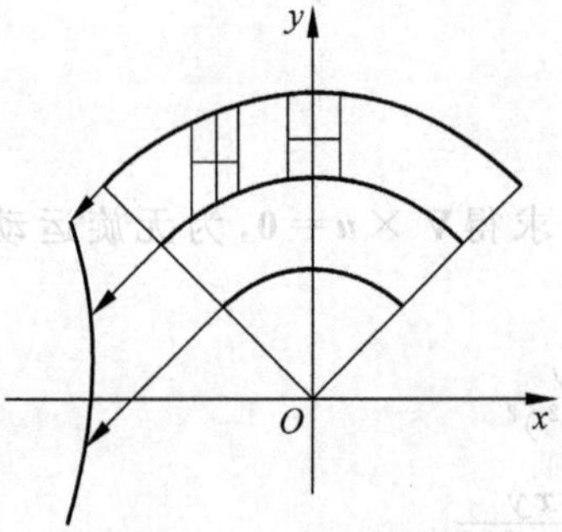

图 3-11 例 3-4(2)图

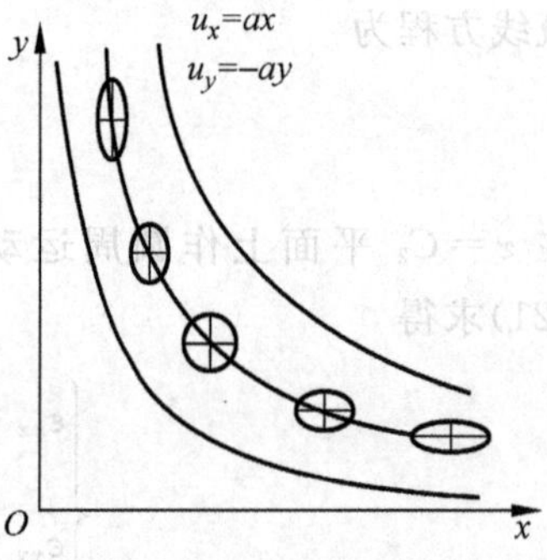

图 3-12 例 3-4(3)图

(4) 由速度场

$$\begin{cases}u_x = ay \\ u_y = 0 \\ u_z = 0\end{cases}$$

求得流线方程为

$$\begin{cases}y = C_1 \\ z = C_2\end{cases}$$

为 $z=C_2$ 平面上的平行直线流动,由式(3-38)求得

$$(\nabla \times \boldsymbol{u})_x = (\nabla \times \boldsymbol{u})_y = 0$$

$$(\nabla \times \boldsymbol{u})_z = -a \neq 0$$

为有旋运动，由式(3-21)求得 $\varepsilon_{xx}=\varepsilon_{yy}=\varepsilon_{zz}=0$，无线变形。进而，由式(3-22)求得

$$\varepsilon_{xy}=\varepsilon_{yx}=\frac{a}{2}$$

$$\varepsilon_{yz}=\varepsilon_{zy}=\varepsilon_{zx}=\varepsilon_{xz}=0$$

可见，有角变形。流动图形如图 3-13 所示。显然，带有十字的流体元，在运动过程中产生了角变形，且绕其自身轴旋转，这是由于该运动为有旋运动。

(5) 由速度场

$$\begin{cases} u_x = U \\ u_y = 0 \\ u_z = 0 \end{cases}$$

求得流线方程为

$$\begin{cases} y = C_1 \\ z = C_2 \end{cases}$$

为 $z=C_2$ 平面上的平行直线流动。但 $\nabla \times \boldsymbol{u}=\boldsymbol{0}$，为无旋运动。且 $\varepsilon_{xx}=\varepsilon_{yy}=\varepsilon_{zz}=\varepsilon_{xy}=\cdots=\varepsilon_{xz}=0$，为既无线变形又无角变形的运动。其流动图形如图 3-14 所示。带十字的流体元，在运动的过程中无变形，且未绕其自身轴旋转，因该运动为无旋运动。

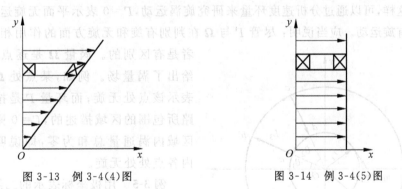

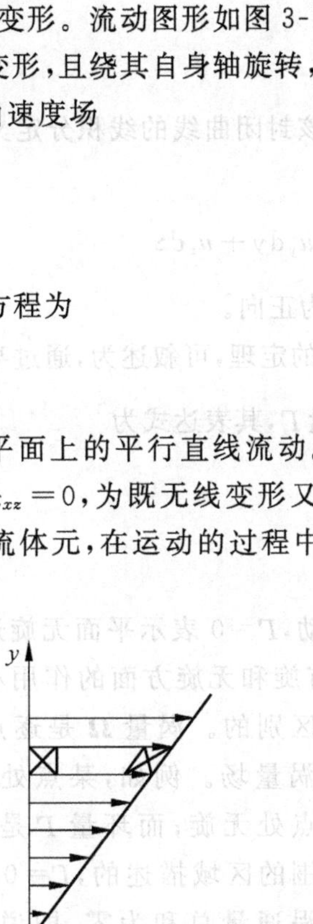

图 3-13 例 3-4(4)图

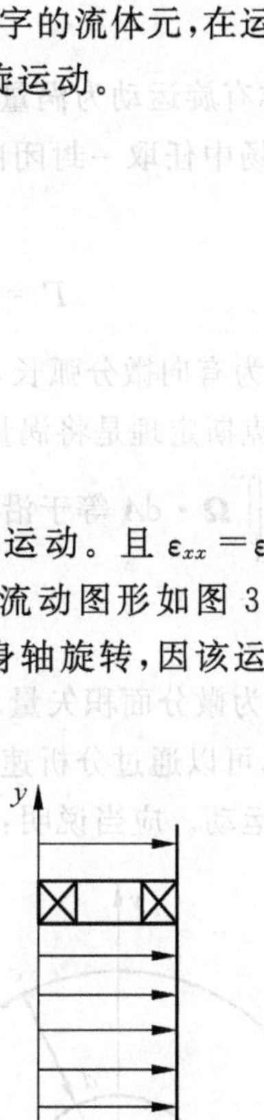

图 3-14 例 3-4(5)图

从上面例题看出，流线(或迹线)形状并不是判别有旋与无旋的依据。流体质点作曲线运动，可为有旋运动，如情形 1；也可为无旋运动，如情形 2 和情形 3。所以，不能认为流体质点作圆周运动都是有旋运动。同样，也不能认为流体质点作直线运动就一定是无旋运动，情形 4 就是有旋运动。判别是否有旋的依据是：$\nabla \times \boldsymbol{u}=\boldsymbol{0}$ 为无旋；$\nabla \times \boldsymbol{u}\neq\boldsymbol{0}$ 为有旋。也可以从物理概念上识别，若流体元在运动过程中绕其自身轴旋转，则为有旋，如情形 1 和情形 4；不转，则为无旋，如情形 2，情形 3 和情形 5。

3.5 速度环量与斯托克斯定理

首先介绍涡量和**速度环量**的概念。

涡量就是速度的旋度，即

$$\boldsymbol{\Omega}=\nabla\times\boldsymbol{u} \tag{3-39}$$

所以，也称有旋运动为涡量 $\boldsymbol{\Omega}$ 不为零的运动。

在流场中任取一封闭曲线 L，把速度矢量沿该封闭曲线的线积分定义为速度环量 Γ，即

$$\Gamma=\oint_L \boldsymbol{u}\cdot \mathrm{d}\boldsymbol{L}=\oint_L u_x\mathrm{d}x+u_y\mathrm{d}y+u_z\mathrm{d}z \tag{3-40}$$

式中：$\mathrm{d}\boldsymbol{L}$ 为有向微分弧长，习惯上取反时针回路为正向。

斯托克斯定理是将涡量与速度环量联系起来的定理，可叙述为，通过某一开曲面的**涡通量** $\iint_A \boldsymbol{\Omega}\cdot\mathrm{d}\boldsymbol{A}$ 等于沿该曲面周界的速度环量 Γ，其表达式为

$$\Gamma=\iint_A \boldsymbol{\Omega}\cdot\mathrm{d}\boldsymbol{A} \tag{3-41}$$

式中：$\mathrm{d}\boldsymbol{A}$ 为微分面积矢量。

这样，可以通过分析速度环量来研究旋涡运动，$\Gamma=0$ 表示平面无旋运动；$\Gamma\neq0$ 则为有旋运动。应当说明：尽管 Γ 与 $\boldsymbol{\Omega}$ 在判别有旋和无旋方面的作用相同，但两者是有区别的。涡量 $\boldsymbol{\Omega}$ 是逐点描述的，给出了涡量场。例如，某点处 $\boldsymbol{\Omega}=\mathbf{0}$，仅表示该点处无旋；而环量 Γ 是按闭合回路所包围的区域描述的，$\Gamma=0$ 则表示该区域内涡通量总和为零，即说明此区域内各点处处无旋。

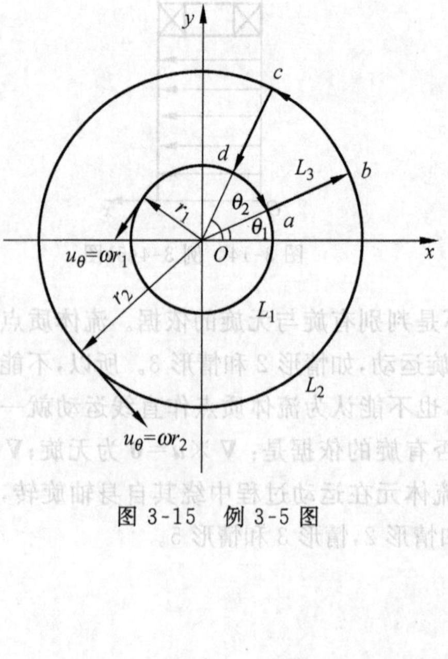

图 3-15 例 3-5 图

例 3-5 用极坐标表示的二维速度场为 $u_\theta=\omega r$，$u_r=0$，ω 为常数。试求：(1)涡量；(2)分别绕半径为 r_1 和 r_2 圆周的速度环量 Γ_1 和 Γ_2；(3)绕回路 $abcda$ 的速度环量 Γ_3；(4)根据以上的计算结果分析速度环量与涡量之间的关系，如图 3-15 所示。

解 (1) 涡量

$$\boldsymbol{\Omega}=\left[\frac{1}{r}\frac{\partial}{\partial r}(ru_\theta)-\frac{1}{r}\frac{\partial u_r}{\partial \theta}\right]\boldsymbol{e}_z=2\omega\boldsymbol{e}_z$$

(2) 速度环量

$$\Gamma_1=\oint_{L_1}\boldsymbol{u}\cdot \mathrm{d}\boldsymbol{L}=\int_0^{2\pi}\omega r_1 r_1 \mathrm{d}\theta=2\pi\omega r_1^2$$

$$\Gamma_2=\int_0^{2\pi}\omega r_2 r_2 \mathrm{d}\theta=2\pi\omega r_2^2$$

(3) 速度环量

$$\begin{aligned}\Gamma_3&=\oint_{L_3}\boldsymbol{u}\cdot \mathrm{d}\boldsymbol{L}=\int_{ab}\boldsymbol{u}\cdot \mathrm{d}\boldsymbol{L}+\int_{bc}\boldsymbol{u}\cdot \mathrm{d}\boldsymbol{L}+\int_{cd}\boldsymbol{u}\cdot \mathrm{d}\boldsymbol{L}+\int_{da}\boldsymbol{u}\cdot \mathrm{d}\boldsymbol{L}\\&=0+\int_{\theta_1}^{\theta_2}\omega r_2 r_2 \mathrm{d}\theta+0+\int_{\theta_2}^{\theta_1}\omega r_1 r_1 \mathrm{d}\theta\\&=\omega r_2^2(\theta_2-\theta_1)+\omega r_1^2(\theta_1-\theta_2)\\&=\omega(r_2^2-r_1^2)(\theta_2-\theta_1)\end{aligned}$$

(4) 因涡量 $\boldsymbol{\Omega}=2\omega\boldsymbol{e}_z$，可见涡量在场中均匀分布($\Omega=2\omega$)，又因速度环量

$$\Gamma_1=2\pi\omega r_1^2=2\omega\pi r_1^2=\Omega A_1$$

$$\Gamma_2=2\pi\omega r_2^2=2\omega\pi r_2^2=\Omega A_2$$

$$\begin{aligned}\Gamma_3&=\omega(r_2^2-r_1^2)(\theta_2-\theta_1)\\&=2\omega\,\frac{1}{2}(\theta_2-\theta_1)(r_2^2-r_1^2)\\&=\Omega A_3\end{aligned}$$

所以 $\Gamma=\Omega A$。这是平面运动涡量为常数时的斯托克斯定理。显然 Γ 将随面积 A 的增大而增大。

思考题与习题

3-1 对于拉格朗日法，给出何种量？可求哪些量？

3-2 对于欧拉法，给出何种量，可求哪些量？

3-3 欧拉法下的加速度表达式各项的含义是什么？

3-4 流线方程与迹线方程中的时间变量 t 有何不同？

3-5 举例说明有旋运动与无旋运动。

3-6 与刚体运动相对照，分析流体运动的基本形式。

3-7 已知流速场 $u_x=-6x, u_y=6y, u_z=-7t$，试写出速度矢量 $\boldsymbol{u}$ 的表达式，并求出当地加速度、迁移加速度和质点加速度，判别流动是否恒定、是否均匀。

3-8 某一流动的速度场为 $\boldsymbol{u}=(6xy+5xt)\boldsymbol{i}-3y^2\boldsymbol{j}+(7xy^2-5zt)\boldsymbol{k}$，试求出 $t=3$ 位于 $x=2,y=1,z=4$ 处的流体质点的速度和加速度。

3-9 用拉格朗日变数表示的某一流体运动的迹线方程为

$$\begin{cases} x=a\cos\dfrac{\sigma(t)}{a^2+b^2}-b\sin\dfrac{\sigma(t)}{a^2+b^2} \\ y=a\sin\dfrac{\sigma(t)}{a^2+b^2}+b\cos\dfrac{\sigma(t)}{a^2+b^2} \\ z=c \end{cases}$$

式中 $\sigma(t)$ 为时间的函数。试求流体质点的速度、迹线形状，并给出描述该流动的欧拉法表达式。

3-10 试说明欧拉法和拉格朗日法中变量 x,y,z 含义有何不同。对两法表达式间的相互转换应该怎样理解？

3-11 举例说明均匀流与均匀场的含义有何不同？

3-12 已知流速场 $u_x=kx,u_y=ky,u_z=-2kz$，k 为常数，试求流线和迹线方程。

3-13 某一流动的速度场为 $u_x=x+t,u_y=-y+t,u_z=0$，试求流线和迹线方程，并确定 $t=0$ 时过 $x=-1,y=1,z=0$ 点的流线方程和迹线方程。

3-14 已知速度矢量 $\boldsymbol{u}=x^2y\boldsymbol{i}-xy^2\boldsymbol{j}$，试确定过点(3,2)的流线方程，并求出点(3,2)处的流体质点的速度和加速度。

3-15 已知流体运动的速度场为

$$\begin{cases} u_x=-f(r)y \\ u_y=f(r)x \\ u_z=0 \end{cases}$$

式中 $r=\sqrt{x^2+y^2}$，试确定：(1)流线的形状；(2)角变形率；(3)角变形率等于零时的 $f(r)$；(4)旋转角速度；(5)无旋流动时的 $f(r)$。

3-16 已知速度场为

$$\begin{cases} u_x=2kxy \\ u_y=k(x^2-y^2) \\ u_z=0 \end{cases}$$

k 为常数，判别流动是否有旋、是否变形。

3-17 若平面流动的速度矢量为 $\boldsymbol{u}=2A(x^2-1)y\boldsymbol{i}-2Ax(y^2-1)\boldsymbol{j}$，式中 A 为常数，判别流动是否有旋，并求出线变形率。

3-18 已知速度场 $\boldsymbol{u}=3y\boldsymbol{i}+2x\boldsymbol{j}-5t\boldsymbol{k}$，试求加速度、旋转角速度、变形率张量。

3-19 某一流动的速度场为

$$\begin{cases} u_x=Ax^2 \\ u_y=-Axy \\ u_z=-Axz \end{cases}$$

A 为常数，试确定加速度、旋转角速度及变形率张量。

3-20 已知速度场为

$$\begin{cases} u_x = C\sqrt{y^2+z^2} \\ u_y = 0 \\ u_z = 0 \end{cases}$$

试求涡量场及涡线方程(C 为常数)。

3-21 已知速度场为

$$\begin{cases} u_x = Ax^2 \\ u_y = -Axy \\ u_z = Axz \end{cases}$$

A 为常数，试求流线方程、涡线方程及流线与涡线的交角。

3-22 已知 $\boldsymbol{u}=x\boldsymbol{i}-y\boldsymbol{j}+8\boldsymbol{k}$，求在 xOy 平面环绕矩形回路 $abcda$ 的速度环量，如图 3-16 所示。

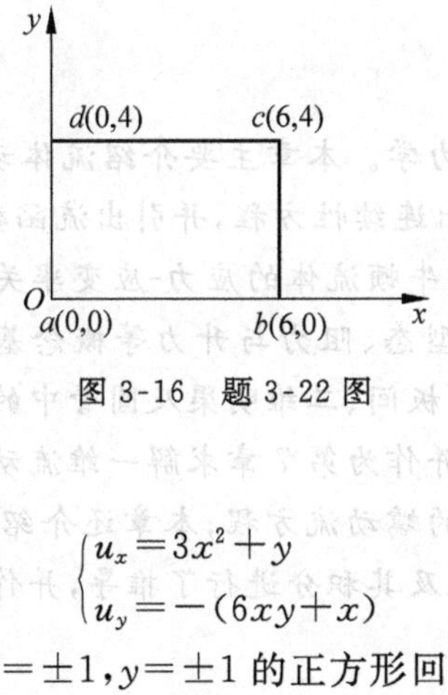

图 3-16 题 3-22 图

3-23 已知二维速度场

$$\begin{cases} u_x = 3x^2+y \\ u_y = -(6xy+x) \end{cases}$$

试求在 xOy 平面环绕顶点 $x=\pm1, y=\pm1$ 的正方形回路的速度环量。

3-24 用极坐标表示的二维速度场为

$$\begin{cases} u_\theta = \dfrac{k}{r} \\ u_r = 0 \end{cases}$$

k 为常数。试求：(1)涡量；(2)分别绕半径为 r_1 和 r_2 圆周的速度环量 Γ_1 和 Γ_2；(3)绕回路 $abcda$(参见图 3-9 L_3)的速度环量 Γ_3；(4)分析速度环量与涡量之间的关系，并说明与例 3-5 有何不同。

第 4 章 流体动力学微分形式的基本方程

从这章开始进入流体动力学。本章主要介绍流体动力学微分形式的基本方程，包括：依据质量守恒定律导出连续性方程，并引出流函数；依据牛顿第二定律导出应力形式的运动微分方程，利用牛顿流体的应力-应变率关系，导出著名的纳维-斯托克斯方程；在介绍特征数、流动型态、阻力与升力等概念基础上，对 N-S 方程组的求解进行了分析；举例说明平行平板间、二维明渠及圆管中的层流精确解，得出速度分布、流量、断面平均流速等结果，并作为第 7 章求解一维流动和建立水头损失关系式的基础；之后，介绍了属于近似解的蠕动流方程；本章还介绍了紊流，并推导了雷诺方程；最后，对理想流体的欧拉方程及其积分进行了推导，并作为第 5 章的基础。

4.1 连续性方程与流函数

1. 连续性方程

应用欧拉法考察流体穿过一微小六面体体积时的质量守恒，即单位时间流出与流入六面体体积的质量差（推导时，假设该差大于零）应等于六面体体积内质量随时间的减少，就能导出连续性方程。采用右手直角坐标系。首先，在流动空间取一微小六面体体积作为控制体积如图 4-1 所示，六面体体积各面分别垂直于对应的坐标轴，其边长分别为 $\Delta x,\Delta y,\Delta z$。六面体体积中心 O 点的坐标为 x,y,z，速度为 $\boldsymbol{u}(u_x,u_y,u_z)$，密度为 ρ。

显然,任意方向的流动均可用 x,y,z 三个特定方向上的流动来描述。下面以 x 方向的流动为例来加以说明。

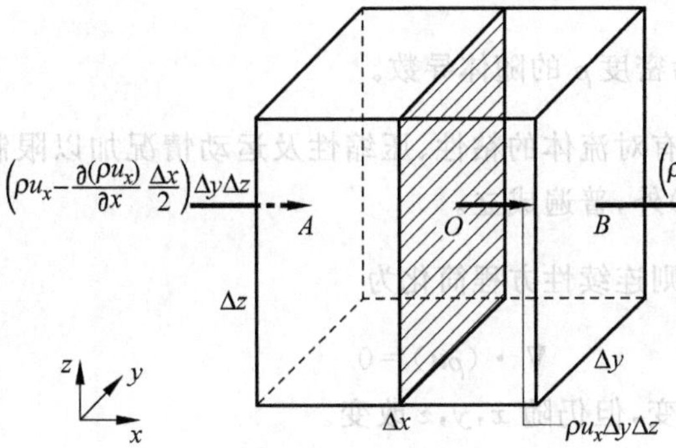

图 4-1 微分控制体积的质量守恒

因中心点 O 处的流体密度为 ρ,x 方向分速度为 u_x,则 ρu_x 代表 O 点处的**质量流密度**,即单位时间通过单位面积的质量。在 O 点的邻域内作泰勒级数展开,并略去二阶以上的高阶小量,则得出 A,B 二点处的质量流密度分别为 $\left[\rho u_x-\frac{\partial(\rho u_x)}{\partial x}\frac{\Delta x}{2}\right]$ 及 $\left[\rho u_x+\frac{\partial(\rho u_x)}{\partial x}\frac{\Delta x}{2}\right]$,并作为其所在平面上质量流密度的平均值,就能求出单位时间通过该二平面流出与流入的质量差,即 x 方向上的**质量净通率** $\frac{\partial(\rho u_x)}{\partial x}\Delta x\Delta y\Delta z$。同理,可求出 y,z 方向质量净通率 $\frac{\partial(\rho u_y)}{\partial y}\Delta y\Delta z\Delta x$ 和 $\frac{\partial(\rho u_z)}{\partial z}\Delta z\Delta x\Delta y$。则单位时间总质量差为 $\left[\frac{\partial(\rho u_x)}{\partial x}+\frac{\partial(\rho u_y)}{\partial y}+\frac{\partial(\rho u_z)}{\partial z}\right]\Delta x\Delta y\Delta z$。根据**质量守恒定律**,它应等于单位时间六面体体积内质量的减少 $-\frac{\partial}{\partial t}[\rho\Delta x\Delta y\Delta z]$,考虑到六面体体积不随时间变化,则有

$$\left[\frac{\partial(\rho u_x)}{\partial x}+\frac{\partial(\rho u_y)}{\partial y}+\frac{\partial(\rho u_z)}{\partial z}\right]\Delta x\Delta y\Delta z=-\left[\frac{\partial\rho}{\partial t}\right]\Delta x\Delta y\Delta z$$

两端同除以 $\Delta x\Delta y\Delta z$,并令 $\Delta x\to0,\Delta y\to0,\Delta z\to0$,取极限(将六面体体积缩小成一个流体质点大小,且忽略流体质点的尺度),则得出直角坐标下的**微分形式的连续性方程**:

$$\frac{\partial\rho}{\partial t}+\frac{\partial(\rho u_x)}{\partial x}+\frac{\partial(\rho u_y)}{\partial y}+\frac{\partial(\rho u_z)}{\partial z}=0 \tag{4-1}$$

或表示为矢量式:

$$\frac{\partial\rho}{\partial t}+\nabla\cdot(\rho\boldsymbol{u})=0 \tag{4-2}$$

及

$$\frac{\mathrm{d}\rho}{\mathrm{d}t}+\rho(\nabla\cdot\boldsymbol{u})=0 \tag{4-3}$$

式中：$\frac{\mathrm{d}\rho}{\mathrm{d}t}=\frac{\partial\rho}{\partial t}+(\boldsymbol{u}\cdot\nabla)\rho$ 为密度 ρ 的随体导数。

由于在推导过程中，没有对流体的粘性、压缩性及运动情况加以限制，所以该方程除在奇点(速度不连续点)外，普遍成立。

对于恒定流动，$\frac{\partial\rho}{\partial t}=0$，则连续性方程简化为

$$\nabla\cdot(\rho\boldsymbol{u})=0 \tag{4-4}$$

注意：此时 ρ 和 $\boldsymbol{u}$ 不随 t 改变，但仍随 x,y,z 改变。

对于不可压缩流体，$\frac{\mathrm{d}\rho}{\mathrm{d}t}=0$，则方程简化为

$$\frac{\partial u_x}{\partial x}+\frac{\partial u_y}{\partial y}+\frac{\partial u_z}{\partial z}=0 \tag{4-5a}$$

或

$$\nabla\cdot\boldsymbol{u}=0 \tag{4-5b}$$

由于$\frac{\partial u_x}{\partial x},\frac{\partial u_y}{\partial y},\frac{\partial u_z}{\partial z}$代表线变形率，则 $\varepsilon_{xx}+\varepsilon_{yy}+\varepsilon_{zz}=\nabla\cdot\boldsymbol{u}$ 代表**体积膨胀率**。可见，不可压缩流体在运动过程中体积不会发生变化。

最后指出，可用连续性方程从运动学的角度来判别流动能否发生，凡满足连续性方程，流动就能发生；否则就不能发生。此外，还可以单独利用连续性方程推求某一速度分量或与运动微分方程联立求解。

例 4-1 已知二维恒定不可压缩流动径向速度分量为 $u_r=-\frac{A\cos\theta}{r^2}$，式中 A 为常数，求切向速度分量 u_θ。

解 圆柱坐标中的连续性方程为

$$\frac{\partial\rho}{\partial t}+\frac{1}{r}\frac{\partial(\rho r u_r)}{\partial r}+\frac{1}{r}\frac{\partial(\rho u_\theta)}{\partial\theta}+\frac{\partial(\rho u_z)}{\partial z}=0$$

对于二维恒定不可压缩流动，该方程简化为

$$\frac{\partial(r u_r)}{\partial r}+\frac{\partial u_\theta}{\partial\theta}=0$$

将 u_r 代入得

$$\frac{\partial}{\partial r}\left(r\,\frac{-A\cos\theta}{r^2}\right)+\frac{\partial u_\theta}{\partial\theta}=0$$

即

$$\frac{\partial u_\theta}{\partial \theta}=-\frac{A}{r^2}\cos\theta$$

积分得

$$u_\theta=-\frac{A\sin\theta}{r^2}+C(r)$$

式中：$C(r)$为待定的积分常数，为r的函数。

2. 流函数

对于不可压缩流体的**二维流动**，其连续性方程为$\frac{\partial u_x}{\partial x}+\frac{\partial u_y}{\partial y}=0$，若某一**标量函数**$\psi$与速度分量有如下关系：

$$u_x=\frac{\partial \psi}{\partial y},\quad u_y=-\frac{\partial \psi}{\partial x} \tag{4-6}$$

则连续性方程自然得到满足，式中ψ即为**流函数**。注意：不论流动是否有旋，对于不可压缩流体的二维流动都存在流函数。对于不可压缩流体的**三维轴对称流动**，由于可作为二维流动处理，其流函数也能求出。

流函数的第一个物理意义是：流函数的等值线（等ψ线）即为流线。现证明如下：

由流线方程$\frac{dx}{u_x}=\frac{dy}{u_y}$则有

$$u_x dy-u_y dx=0 \tag{4-7}$$

将式(4-6)代入式(4-7)得

$$\frac{\partial \psi}{\partial y}dy-\left(-\frac{\partial \psi}{\partial x}\right)dx=0$$

即

$$d\psi=0 \tag{4-8}$$

积分后得

$$\psi=常数 \tag{4-9}$$

当取不同的常数值时，就得到不同的流线，由此可见等ψ线即为流线。

流函数的第二个物理意义是：两条流线的流函数数值之差等于这两条流线间所通过的**单宽流量**。现证明如下：

在相邻流线上任选A,B两点，如图4-2所示，考察通过单宽曲面$\overset{\frown}{AB}(z=1)$的流量。若d$l$

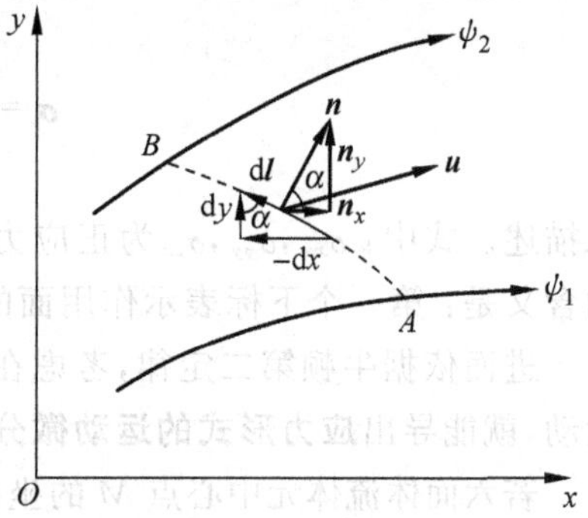

图4-2 利用流函数确定单宽流量

为$\widehat{AB}$上的有向线段，$\boldsymbol{n}$ 为面元法向的单位矢量，$\boldsymbol{n}=n_x\boldsymbol{i}+n_y\boldsymbol{j}$，$|\boldsymbol{n}|=1$。于是

$$n_x=|\boldsymbol{n}|\cos\alpha=\cos\alpha,\quad n_y=|\boldsymbol{n}|\sin\alpha=\sin\alpha。$$

则单宽流量为

$$\begin{aligned} q &= \int_{\widehat{AB}} \mathrm{d}q = \int_{\widehat{AB}} (\boldsymbol{u}\cdot\boldsymbol{n})\,\mathrm{d}l = \int_{\widehat{AB}} (u_x n_x + u_y n_y)\,\mathrm{d}l \\ &= \int_{\widehat{AB}} (u_x\cos\alpha + u_y\sin\alpha)\,\mathrm{d}l \\ &= \int_{\widehat{AB}} u_x\,\mathrm{d}y - u_y\,\mathrm{d}x = \int_{\psi_1}^{\psi_2} \mathrm{d}\psi = \psi_2 - \psi_1 \end{aligned}$$

由此得到

$$\mathrm{d}q=\mathrm{d}\psi \tag{4-10}$$

$$q=\int_{\psi_1}^{\psi_2}\mathrm{d}\psi=\psi_2-\psi_1 \tag{4-11}$$

上式表明两条流线间所通过的单宽流量等于两个流函数数值之差。所以，已知流函数后，利用式(4-11)能方便地算出单宽流量。

同样，引入 ψ 后可将求 u_x，u_y 的问题转化为求 ψ 的问题，可见引入流函数是很有意义的。

4.2 运动微分方程及有关概念

1. 应力形式的运动微分方程

为建立方程，首先要分析运动流体内一点处的应力状态。由于粘性的作用，运动流体中不但存在压应力，而且存在切应力。因此，运动流体中一点处的应力状态须由九个分量组成的**二阶对称应力张量**

$$\boldsymbol{\sigma}=\begin{bmatrix}\sigma_{xx} & \tau_{yx} & \tau_{zx}\\ \tau_{xy} & \sigma_{yy} & \tau_{zy}\\ \tau_{xz} & \tau_{yz} & \sigma_{zz}\end{bmatrix} \tag{4-12}$$

来描述。式中：σ_{xx}，σ_{yy}，σ_{zz} 为正应力；$\tau_{xy}=\tau_{yx}$，$\tau_{yz}=\tau_{zy}$，$\tau_{zx}=\tau_{xz}$ 为切应力。双下标的含义是：第一个下标表示作用面的外法线方向，第二个下标表示应力的方向。

进而依据牛顿第二定律，考虑在表面力和质量力作用下六面体形状的流体元的运动，就能导出**应力形式的运动微分方程**。

若六面体流体元中心点 M 的坐标为 x,y,z，六面体流体元各边长分别为 Δx，Δy，Δz，六面体流体元中心点 M 处的应力状态由式(4-12)中的二阶对称应力张量来描述，则可按泰勒级数展开法求得六面体流体元各面中心点处的应力，如图 4-3 所示，所有应

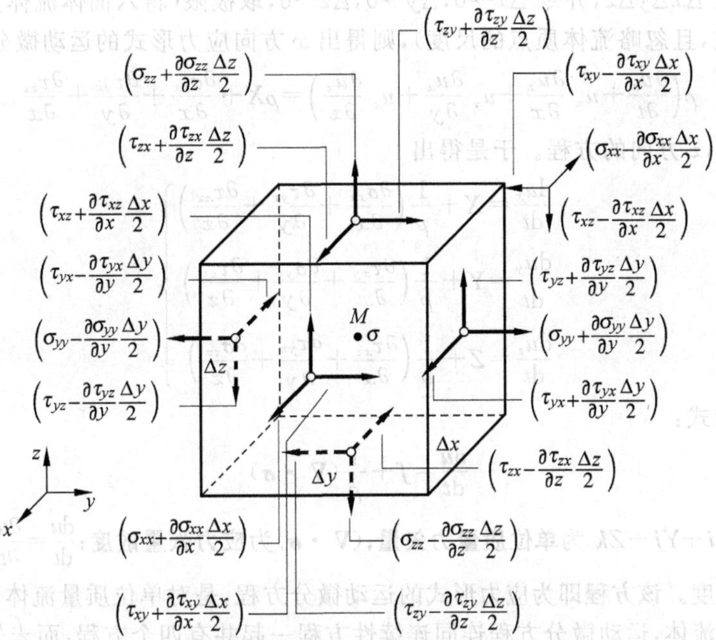

图 4-3 微分六面体流体元各面中心点处的应力

力均按正力绘于图中。所谓**正的应力**是指作用面外法向为正、作用力方向也为正的应力或作用面外法向为负、作用力方向也为负的应力。现以 x 方向为例来推导方程。作用于六面体流体元上的 x 方向的外力 F_x 包括：质量力的 x 方向分量 $X\rho\Delta x\Delta y\Delta z$，表面力的 x 方向分量

$$\begin{cases}\left(\dfrac{\partial\sigma_{xx}}{\partial x}\Delta x\right)\Delta y\Delta z\text{（法向力）}\\[2ex]\left(\dfrac{\partial\tau_{yx}}{\partial y}\Delta y\right)\Delta z\Delta x\text{（切向力）}\\[2ex]\left(\dfrac{\partial\tau_{zx}}{\partial z}\Delta z\right)\Delta x\Delta y\text{（切向力）}\end{cases}$$

六面体流体元的质量为 $m=\rho\Delta x\Delta y\Delta z$，加速度的 x 方向分量为

$$a_x=\frac{\mathrm{d}u_x}{\mathrm{d}t}=\frac{\partial u_x}{\partial t}+u_x\frac{\partial u_x}{\partial x}+u_y\frac{\partial u_x}{\partial y}+u_z\frac{\partial u_x}{\partial z}$$

则由牛顿第二定律 x 方向的表达式 $F_x=ma_x$ 得出

$$\rho X\Delta x\Delta y\Delta z+\left(\frac{\partial\sigma_{xx}}{\partial x}+\frac{\partial\tau_{yx}}{\partial y}+\frac{\partial\tau_{zx}}{\partial z}\right)\Delta x\Delta y\Delta z$$

$$=(\rho\Delta x\Delta y\Delta z)\left(\frac{\partial u_x}{\partial t}+u_x\frac{\partial u_x}{\partial x}+u_y\frac{\partial u_x}{\partial y}+u_z\frac{\partial u_x}{\partial z}\right)$$

两端同除以 $\Delta x\Delta y\Delta z$，并令 $\Delta x\to 0,\Delta y\to 0,\Delta z\to 0$，取极限(将六面体流体元缩小成一个流体质点，且忽略流体质点的尺度)，则得出 x 方向应力形式的运动微分方程：

$$\rho\left(\frac{\partial u_x}{\partial t}+u_x\frac{\partial u_x}{\partial x}+u_y\frac{\partial u_x}{\partial y}+u_z\frac{\partial u_x}{\partial z}\right)=\rho X+\frac{\partial \sigma_{xx}}{\partial x}+\frac{\partial \tau_{yx}}{\partial y}+\frac{\partial \tau_{zx}}{\partial x}$$

同理可得 y,z 方向的方程。于是得出

$$\left.\begin{aligned}\frac{\mathrm{d}u_x}{\mathrm{d}t}&=X+\frac{1}{\rho}\left(\frac{\partial \sigma_{xx}}{\partial x}+\frac{\partial \tau_{yx}}{\partial y}+\frac{\partial \tau_{zx}}{\partial z}\right)\\\frac{\mathrm{d}u_y}{\mathrm{d}t}&=Y+\frac{1}{\rho}\left(\frac{\partial \tau_{xy}}{\partial x}+\frac{\partial \sigma_{yy}}{\partial y}+\frac{\partial \tau_{zy}}{\partial z}\right)\\\frac{\mathrm{d}u_z}{\mathrm{d}t}&=Z+\frac{1}{\rho}\left(\frac{\partial \tau_{xz}}{\partial x}+\frac{\partial \tau_{yz}}{\partial y}+\frac{\partial \sigma_{zz}}{\partial z}\right)\end{aligned}\right\}\tag{4-13}$$

或记为矢量式：

$$\frac{\mathrm{d}\boldsymbol{u}}{\mathrm{d}t}=\boldsymbol{f}+\frac{1}{\rho}(\boldsymbol{\nabla}\cdot\boldsymbol{\sigma})\tag{4-14}$$

式中：$\boldsymbol{f}=X\boldsymbol{i}+Y\boldsymbol{j}+Z\boldsymbol{k}$ 为**单位质量力矢量**；$(\boldsymbol{\nabla}\cdot\boldsymbol{\sigma})$为**应力张量散度**；$\frac{\mathrm{d}\boldsymbol{u}}{\mathrm{d}t}=\frac{\partial \boldsymbol{u}}{\partial t}+(\boldsymbol{u}\cdot\boldsymbol{\nabla})\boldsymbol{u}$ 为质点加速度。该方程即为应力形式的运动微分方程，是对单位质量流体而言的。对于不可压缩流体，运动微分方程连同连续性方程一起共有四个方程，而未知量却有九个：$u_x,u_y,u_z,\sigma_{xx},\sigma_{yy},\sigma_{zz},\tau_{xy},\tau_{yz},\tau_{zx}$，可见方程组不闭合。为此，需要补充关系式。

2. 牛顿流体的应力与应变率关系

前面已导出应力形式的运动微分方程，但出现的问题是方程组不闭合。解决这个问题的途径是把应力与应变率联系起来，也就是说，用速度的变化率来表示应力。从而使未知量减少，做到方程组闭合。

建立关系主要有两种方法：第一种是通过与**弹性体的应力-应变关系**对照，从而导出**牛顿流体的应力-应变率关系**；第二种是在假定应力张量与应变率张量具有线性关系的前提下，通过数学推导，得出牛顿流体的应力张量与应变率张量的数学表达式。第一种方法比较直观，介绍如下。

(1) 弹性体的应力-应变关系

假定所论的弹性体是连续的、均匀的、完全弹性的，而且是各向同性的，则应力分量与应变分量之间的关系式极为简单，即**广义胡克(Hooke)定律**。

正应力-正应变关系为

$$\left.\begin{aligned}\varepsilon_{xx}&=\frac{\sigma_{xx}}{E}-n\frac{\sigma_{yy}}{E}-n\frac{\sigma_{zz}}{E}\\\varepsilon_{yy}&=\frac{\sigma_{yy}}{E}-n\frac{\sigma_{zz}}{E}-n\frac{\sigma_{xx}}{E}\\\varepsilon_{zz}&=\frac{\sigma_{zz}}{E}-n\frac{\sigma_{xx}}{E}-n\frac{\sigma_{yy}}{E}\end{aligned}\right\}\tag{4-15}$$

式中：$\sigma_{xx},\sigma_{yy},\sigma_{zz}$为弹性体的正应力分量；$\varepsilon_{xx},\varepsilon_{yy},\varepsilon_{zz}$为弹性体的正应变分量；$E$为**杨氏弹性模量**；$n$为泊松(**Poisson**)比。

切应力-切应变关系为

$$\left.\begin{aligned}\gamma_{xy}&=\frac{\tau_{xy}}{G}\\\gamma_{yz}&=\frac{\tau_{yz}}{G}\\\gamma_{zx}&=\frac{\tau_{zx}}{G}\end{aligned}\right\}\tag{4-16}$$

式中：$\tau_{xy},\tau_{yz},\tau_{zx}$为弹性体的切应力分量；$\gamma_{xy},\gamma_{yz},\gamma_{zx}$为弹性体的切应变分量；$G$为**剪切弹性模量**。$E,G,n$三者之间的关系为

$$G=\frac{E}{2(1+n)}\tag{4-17}$$

上面给出了应变分量的应力表达式。为推导方便起见，下面给出应力分量的应变表达式。从材料力学可知，应变分量与位移分量之间有一定的几何关系：

$$\left.\begin{aligned}\varepsilon_{xx}&=\frac{\partial\xi}{\partial x}\\\varepsilon_{yy}&=\frac{\partial\eta}{\partial y}\\\varepsilon_{zz}&=\frac{\partial\zeta}{\partial z}\end{aligned}\right\}\tag{4-18}$$

$$\left.\begin{aligned}\gamma_{xy}&=\frac{\partial\eta}{\partial x}+\frac{\partial\xi}{\partial y}\\\gamma_{yz}&=\frac{\partial\zeta}{\partial y}+\frac{\partial\eta}{\partial z}\\\gamma_{zx}&=\frac{\partial\xi}{\partial z}+\frac{\partial\zeta}{\partial x}\end{aligned}\right\}\tag{4-19}$$

式中：ξ,η,ζ为**位移矢量**在x,y,z轴上的投影，即位移分量。现将弹性体微小体积的体积变化与原体积之比定义为**体积膨胀**e，并表示为

$$e=\varepsilon_{xx}+\varepsilon_{yy}+\varepsilon_{zz}=\frac{\partial\xi}{\partial x}+\frac{\partial\eta}{\partial y}+\frac{\partial\zeta}{\partial z}\tag{4-20}$$

利用式(4-15)可将体积膨胀改写成

$$e=\frac{1-2n}{E}(\sigma_{xx}+\sigma_{yy}+\sigma_{zz})\tag{4-21}$$

并定义

$$\bar{\sigma}=\frac{1}{3}(\sigma_{xx}+\sigma_{yy}+\sigma_{zz})\tag{4-22}$$

进而利用式(4-17)、式(4-21)和式(4-22)将式(4-15)化为

$$\left.\begin{aligned}\sigma_{xx}-\bar{\sigma}&=2G\left(\varepsilon_{xx}-\frac{e}{3}\right)\\\sigma_{yy}-\bar{\sigma}&=2G\left(\varepsilon_{yy}-\frac{e}{3}\right)\\\sigma_{zz}-\bar{\sigma}&=2G\left(\varepsilon_{zz}-\frac{e}{3}\right)\end{aligned}\right\}\tag{4-23}$$

并由式(4-16)和式(4-19)得到

$$\left.\begin{aligned}\tau_{xy}&=G\left(\frac{\partial\eta}{\partial x}+\frac{\partial\xi}{\partial y}\right)\\\tau_{yz}&=G\left(\frac{\partial\zeta}{\partial y}+\frac{\partial\eta}{\partial z}\right)\\\tau_{zx}&=G\left(\frac{\partial\xi}{\partial z}+\frac{\partial\zeta}{\partial x}\right)\end{aligned}\right\}\tag{4-24}$$

下面将依据式(4-23)及式(4-24)导出牛顿流体的应力-应变率关系。

(2) 牛顿流体的应力-应变率关系

在推导弹性体的应力-应变关系时，曾假定：①弹性体是连续的，因而可用连续函数来描述。②弹性体是均匀的、各向同性的，因而 E,G,n 可作为常数。③仅发生微小的形变和位移，因而可略去二阶以上高阶小量，得到应力-应变的线性关系。

对流体来说，是否也满足这些假定呢？

①流体可作为连续介质看待，故也可用连续函数来描述。②一般流体也可维持均匀、各向同性的假定，因而系数也可作为常数。这两点与弹性体有类似之处。③小变形的假定不能满足。因为流体具有流动性，在切应力的作用下，流体会连续地变形。所以不能简单地直接把弹性体的应力-应变关系搬到流体中来。但实验表明，流体的应力与应变率有关，而且当应变率很小时，应力与应变率呈线性关系。这个关系就是牛顿内摩擦定律，而满足这一关系的流体即为牛顿流体。可见，当讨论的是牛顿流体时，寻求的是应力-应变率关系，这正是可将牛顿流体与弹性体关系相对照进行推导的依据。

由式(4-23)可以导出牛顿流体的**正应力-正应变率关系**。现以 x 向为例加以说明。对于弹性体，则有

$$\sigma_{xx}-\bar{\sigma}=2G\left(\varepsilon_{xx}-\frac{e}{3}\right)\tag{4-25}$$

因剪切弹性模量 G 的**量纲**为

$$[G]=\frac{[\tau]}{[\gamma]}=\left[\frac{F}{L^2}\right]$$

式中：符号[ ]表示某量的量纲；τ 为切应力；γ 为切应变；F 表示力的尺度；L 表示

长度尺度。

则式(4-25)可改写成

$$\underbrace{\sigma_{xx}-\bar{\sigma}}_{\text{正应力}}=\underbrace{2\left[\frac{F}{L^2}\right]}_{\text{系数}}\underbrace{\left(\varepsilon_{xx}-\frac{e}{3}\right)}_{\text{正应变}}$$

与弹性体关系相对照，对于牛顿流体可写成

$$\underbrace{\sigma_{xx}-\bar{\sigma}}_{\text{正应力}}=\underbrace{2\left[\frac{F}{L^2}\right]\quad[T]}_{\text{系数}}\underbrace{\frac{\partial}{\partial t}\left(\varepsilon_{xx}-\frac{e}{3}\right)}_{\text{正应变率}}$$

式中：T 表示时间尺度；t 为时间变量。因流体的动力粘度 μ 的量纲为

$$[\mu]=\frac{[\tau]}{\left[\dfrac{\mathrm{d}u_x}{\mathrm{d}y}\right]}=\left[\frac{FT}{L^2}\right]$$

则得出

$$\sigma_{xx}-\bar{\sigma}=2\mu\frac{\partial}{\partial t}\left(\varepsilon_{xx}-\frac{e}{3}\right) \tag{4-26}$$

又因为

$$\frac{\partial}{\partial t}\varepsilon_{xx}=\frac{\partial}{\partial t}\left(\frac{\partial\xi}{\partial x}\right)=\frac{\partial}{\partial x}\left(\frac{\partial\xi}{\partial t}\right)=\frac{\partial u_x}{\partial x}$$

$$\frac{\partial}{\partial t}e=\frac{\partial}{\partial t}\left(\frac{\partial\xi}{\partial x}+\frac{\partial\eta}{\partial y}+\frac{\partial\zeta}{\partial z}\right)$$

$$=\frac{\partial u_x}{\partial x}+\frac{\partial u_y}{\partial y}+\frac{\partial u_z}{\partial z}=\nabla\cdot\boldsymbol{u}$$

则式(4-26)化为

$$\sigma_{xx}=\bar{\sigma}+2\mu\frac{\partial u_x}{\partial x}-\frac{2}{3}\mu(\nabla\cdot\boldsymbol{u})$$

参照静止流体的应力状态 $\sigma_{xx}=\sigma_{yy}=\sigma_{zz}=-p$，取平均正应力 $\bar{\sigma}=\frac{1}{3}(\sigma_{xx}+\sigma_{yy}+\sigma_{zz})=-p$，对于静止流体，$p$ 代表流体静压强；对于运动流体，p 代表**流体平均动压强**。于是得出正应力-正应变率关系：

$$\left.\begin{aligned}\sigma_{xx}&=-p+2\mu\frac{\partial u_x}{\partial x}-\frac{2}{3}\mu(\nabla\cdot\boldsymbol{u})\\\sigma_{yy}&=-p+2\mu\frac{\partial u_y}{\partial y}-\frac{2}{3}\mu(\nabla\cdot\boldsymbol{u})\\\sigma_{zz}&=-p+2\mu\frac{\partial u_z}{\partial z}-\frac{2}{3}\mu(\nabla\cdot\boldsymbol{u})\end{aligned}\right\} \tag{4-27}$$

正应变率亦称线变形率。容易验证，式(4-27)对于静止流体及不可压缩流体均适用。对于可压缩流体，应取 $\bar{\sigma}=-p+\mu'(\nabla\cdot\boldsymbol{u})$，$\mu'$ 为**第二动力粘度**。对于不可压缩

流体，因$\nabla\cdot\boldsymbol{u}=0$，$\bar{\sigma}=-p$；对于可压缩流体$\nabla\cdot\boldsymbol{u}\neq0$，但$\mu'$很小，仅当$\nabla\cdot\boldsymbol{u}$很大时，$\mu'(\nabla\cdot\boldsymbol{u})$项才有明显作用。在所讨论的问题中，$\mu'(\nabla\cdot\boldsymbol{u})\ll\mu(\nabla\cdot\boldsymbol{u})$，因此略去$\mu'(\nabla\cdot\boldsymbol{u})$项，仍采用$\bar{\sigma}=-p$。

从式(4-27)看出，对于不可压缩流体，因

$$\nabla\cdot\boldsymbol{u}=\frac{\partial u_x}{\partial x}+\frac{\partial u_y}{\partial y}+\frac{\partial u_z}{\partial z}=0$$

且$\frac{\partial u_x}{\partial x},\frac{\partial u_y}{\partial y},\frac{\partial u_z}{\partial z}$三项不可能恒等，所以$\sigma_{xx},\sigma_{yy},\sigma_{zz}$也不可能恒等。说明运动流体中一点处的应力状态与方向有关；而静止流体中一点处的应力状态则与方向无关。

用同样的方法由式(4-24)可导出牛顿流体的**切应力-切应变率关系**：

$$\left.\begin{aligned}\tau_{xy}&=\tau_{yx}=\mu\left(\frac{\partial u_y}{\partial x}+\frac{\partial u_x}{\partial y}\right)\\\tau_{yz}&=\tau_{zy}=\mu\left(\frac{\partial u_z}{\partial y}+\frac{\partial u_y}{\partial z}\right)\\\tau_{zx}&=\tau_{xz}=\mu\left(\frac{\partial u_x}{\partial z}+\frac{\partial u_z}{\partial x}\right)\end{aligned}\right\}\tag{4-28}$$

切应变率亦称角变形率。式(4-27)和式(4-28)即为牛顿流体的应力-应变率关系，或称**应力-变形率关系**。对于不可压缩流体，应力-应变率表达式为

$$\left.\begin{aligned}\sigma_{xx}&=-p+2\mu\frac{\partial u_x}{\partial x}\\\sigma_{yy}&=-p+2\mu\frac{\partial u_y}{\partial y}\\\sigma_{zz}&=-p+2\mu\frac{\partial u_z}{\partial z}\\\tau_{xy}&=\tau_{yx}=\mu\left(\frac{\partial u_y}{\partial x}+\frac{\partial u_x}{\partial y}\right)\\\tau_{yz}&=\tau_{zy}=\mu\left(\frac{\partial u_z}{\partial y}+\frac{\partial u_y}{\partial z}\right)\\\tau_{zx}&=\tau_{xz}=\mu\left(\frac{\partial u_x}{\partial z}+\frac{\partial u_z}{\partial x}\right)\end{aligned}\right\}\tag{4-29}$$

显然，前三式表达了正应力与线变形率之间的关系，而后三式则描述了切应力与角变形率之间的关系。式中：μ为流体的动力粘度；$p=-\frac{1}{3}(\sigma_{xx}+\sigma_{yy}+\sigma_{zz})$为流体平均动压强。

最后需要指出：实验表明，对于牛顿流体，小变形率的要求通常是能够满足的。因而，上述方程的适用范围比较广泛。

3. 纳维-斯托克斯方程

该方程是由纳维(Navier C.-L.-M.-H.)于1823年在法国,斯托克斯(Stokes G. G.)于1845年在英国各自独立导出的,故称**纳维-斯托克斯(Navier-Stokes)方程**,简称**N-S方程**。将应力-应变率表达式代入应力形式的运动微分方程中,就能导出N-S方程。下面以x方向为例进行推导。由式(4-13)和式(4-29)可知:

$$\frac{\mathrm{d}u_x}{\mathrm{d}t}=X+\frac{1}{\rho}\left(\frac{\partial\sigma_{xx}}{\partial x}+\frac{\partial\tau_{yx}}{\partial y}+\frac{\partial\tau_{zx}}{\partial z}\right) \tag{a}$$

$$\left.\begin{aligned}\sigma_{xx}&=-p+2\mu\frac{\partial u_x}{\partial x}\\ \tau_{yx}&=\mu\left(\frac{\partial u_x}{\partial y}+\frac{\partial u_y}{\partial x}\right)\\ \tau_{zx}&=\mu\left(\frac{\partial u_x}{\partial z}+\frac{\partial u_z}{\partial x}\right)\end{aligned}\right\} \tag{b}$$

将式(b)代入式(a)求偏导数,且当温度变化不大时取μ为常数,整理得

$$\frac{\mathrm{d}u_x}{\mathrm{d}t}=X-\frac{1}{\rho}\frac{\partial p}{\partial x}+\nu\left(\frac{\partial^2 u_x}{\partial x^2}+\frac{\partial^2 u_x}{\partial y^2}+\frac{\partial^2 u_x}{\partial z^2}\right)$$

同理,可得出y,z方向的方程,于是,导出N-S方程:

$$\left.\begin{aligned}&\frac{\partial u_x}{\partial t}+u_x\frac{\partial u_x}{\partial x}+u_y\frac{\partial u_x}{\partial y}+u_z\frac{\partial u_x}{\partial z}\\&=X-\frac{1}{\rho}\frac{\partial p}{\partial x}+\nu\left(\frac{\partial^2 u_x}{\partial x^2}+\frac{\partial^2 u_x}{\partial y^2}+\frac{\partial^2 u_x}{\partial z^2}\right)\\&\frac{\partial u_y}{\partial t}+u_x\frac{\partial u_y}{\partial x}+u_y\frac{\partial u_y}{\partial y}+u_z\frac{\partial u_y}{\partial z}\\&=Y-\frac{1}{\rho}\frac{\partial p}{\partial y}+\nu\left(\frac{\partial^2 u_y}{\partial x^2}+\frac{\partial^2 u_y}{\partial y^2}+\frac{\partial^2 u_y}{\partial z^2}\right)\\&\frac{\partial u_z}{\partial t}+u_x\frac{\partial u_z}{\partial x}+u_y\frac{\partial u_z}{\partial y}+u_z\frac{\partial u_z}{\partial z}\\&=Z-\frac{1}{\rho}\frac{\partial p}{\partial z}+\nu\left(\frac{\partial^2 u_z}{\partial x^2}+\frac{\partial^2 u_z}{\partial y^2}+\frac{\partial^2 u_z}{\partial z^2}\right)\end{aligned}\right\} \tag{4-30}$$

或写成矢量形式:

$$\frac{\partial \boldsymbol{u}}{\partial t}+(\boldsymbol{u}\cdot\boldsymbol{\nabla})\boldsymbol{u}=\boldsymbol{f}-\frac{1}{\rho}\boldsymbol{\nabla}p+\nu\nabla^2\boldsymbol{u} \tag{4-31}$$

式中:$\nu=\mu/\rho$为流体的运动粘度;$\boldsymbol{\nabla}p=\boldsymbol{i}\frac{\partial p}{\partial x}+\boldsymbol{j}\frac{\partial p}{\partial y}+\boldsymbol{k}\frac{\partial p}{\partial z}$为**压强梯度**;$\nabla^2=\frac{\partial^2}{\partial x^2}+\frac{\partial^2}{\partial y^2}+\frac{\partial^2}{\partial z^2}$为**拉普拉斯(Laplace)算子**。方程各项均对单位质量流体而言,从受力角度,左端代

表(负的)惯性力,右端依次代表质量力、压力(或称**压强梯度力**)和**粘性力**。**当质量力有势**,即质量力矢量可表示为某一标量函数的梯度时,则有

$$\boldsymbol{f}=-\nabla \Pi \tag{4-32}$$

式中,Π 为**力势函数**。对于重力场,则有

$$\Pi=gh \tag{4-33}$$

式中,h 为**铅直方向**(向上为正)。将式(4-32)和式(4-33)代入式(4-31),并与不可压缩流体的连续性方程联立,得出重力场中不可压缩流体的 N-S 方程组:

$$\left.\begin{aligned}&\frac{\partial \boldsymbol{u}}{\partial t}+(\boldsymbol{u}\cdot\nabla)\boldsymbol{u}=-g\,\nabla h-\frac{1}{\rho}\nabla p+\nu\,\nabla^2\boldsymbol{u}\\&\nabla\cdot\boldsymbol{u}=0\end{aligned}\right\} \tag{4-34}$$

对于理想流体,因 $\mu=0$,则 N-S 方程组可简化为**欧拉方程组**:

$$\left.\begin{aligned}&\frac{\partial \boldsymbol{u}}{\partial t}+(\boldsymbol{u}\cdot\nabla)\boldsymbol{u}=\boldsymbol{f}-\frac{1}{\rho}\nabla p\\&\nabla\cdot\boldsymbol{u}=0\end{aligned}\right\} \tag{4-35}$$

对于重力场,则为

$$\left.\begin{aligned}&\frac{\partial \boldsymbol{u}}{\partial t}+(\boldsymbol{u}\cdot\nabla)\boldsymbol{u}=-g\,\nabla h-\frac{1}{\rho}\nabla p\\&\nabla\cdot\boldsymbol{u}=0\end{aligned}\right\} \tag{4-36}$$

综上,对于不可压缩流体有四个方程,即一个连续性方程和三个运动方程;而未知量仅有四个,即 u_x,u_y,u_z 和 p。可见,方程组已经闭合。当给出**定解条件,即初始条件和边界条件**后,理论上方程组是可解的。为了对 N-S 方程组求解进行分析,下面介绍几个重要概念。

4. 非惯性系中的相对运动方程

牛顿第二定律所描述的运动是与宇宙视恒星相联系的,即该定律只适用于**惯性参照系**。因此,依据牛顿第二定律所导出的运动方程也只适用于**惯性系**。然而,在许多情况下,相对于地球而非相对于视恒星来描述流体的运动显得更为方便。例如,人们关注的大气、海洋及旋转系统中流体运动等问题,往往由固定在地面上的参照系来描述,而这些参照系则相对于视恒星上的惯性系作平移和旋转运动。为此,需要针对**运动参照系**,建立**非惯性系**中的**相对运动方程**。

在图 4-4 中,$O_0x_0y_0z_0$ 为惯性系;$O_1x_1y_1z_1$ 为运动参照系,即非惯性系,其运动由原点 O_1 的位置矢量 $\boldsymbol{R}$ 与绕过 O_1 轴的转动角速度矢量 $\boldsymbol{\omega}$ 来描述。通常 $\boldsymbol{R}$ 与 $\boldsymbol{\omega}$ 均随时间变化。$\boldsymbol{r}_0$ 与 $\boldsymbol{r}_1$ 确定了质点 A 在两个参照系中的位置。显然

$$\boldsymbol{r}_0=\boldsymbol{R}+\boldsymbol{r}_1 \tag{4-37}$$

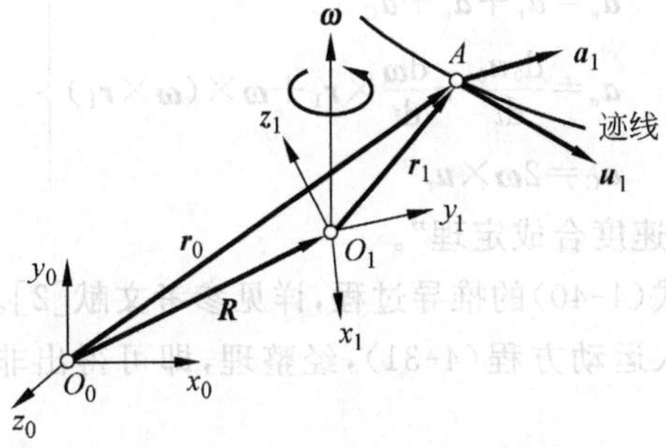

图 4-4 惯性系与非惯性系

分别用算符$\frac{\mathrm{d}_0}{\mathrm{d}t}$和$\frac{\mathrm{d}_1}{\mathrm{d}t}$表示在惯性系和非惯性系中求微分。考虑到 $\boldsymbol{r}_0$ 随时间的变化取决于质点 A 的运动；$\boldsymbol{R}$ 的变化取决于原点 O_1 的运动；$\boldsymbol{r}_1$ 的变化则取决于质点 A 的运动和非惯性系的转动。得出

$$\frac{\mathrm{d}_0\boldsymbol{r}_0}{\mathrm{d}t}=\frac{\mathrm{d}_1\boldsymbol{r}_1}{\mathrm{d}t}+\frac{\mathrm{d}_0\boldsymbol{R}}{\mathrm{d}t}+\boldsymbol{\omega}\times\boldsymbol{r}_1 \tag{4-38}$$

式中各项均为速度矢量：$\frac{\mathrm{d}_0\boldsymbol{r}_0}{\mathrm{d}t}=\boldsymbol{u}_{\mathrm{a}}$ 为质点 A 的**绝对速度**；$\frac{\mathrm{d}_1\boldsymbol{r}_1}{\mathrm{d}t}=\boldsymbol{u}_{\mathrm{r}}$ 为质点 A 的**相对速度**；$\frac{\mathrm{d}_0\boldsymbol{R}}{\mathrm{d}t}+\boldsymbol{\omega}\times\boldsymbol{r}_1=\boldsymbol{u}_{\mathrm{e}}$ 为**牵连速度**，其中$\frac{\mathrm{d}_0\boldsymbol{R}}{\mathrm{d}t}=\boldsymbol{u}_0$ 为非惯性系的**平动速度**，$\boldsymbol{\omega}\times\boldsymbol{r}_1$ 为由非惯性系**转动角速度**所引起的速度。则有

$$\left.\begin{aligned}\boldsymbol{u}_{\mathrm{a}}&=\boldsymbol{u}_{\mathrm{r}}+\boldsymbol{u}_{\mathrm{e}}\\ \boldsymbol{u}_{\mathrm{e}}&=\boldsymbol{u}_0+\boldsymbol{\omega}\times\boldsymbol{r}_1\end{aligned}\right\} \tag{4-39}$$

即理论力学中“点的速度合成定理”。进而求得加速度

$$\frac{\mathrm{d}_0^2\boldsymbol{r}_0}{\mathrm{d}t^2}=\frac{\mathrm{d}_1^2\boldsymbol{r}_1}{\mathrm{d}t^2}+\frac{\mathrm{d}_0^2\boldsymbol{R}}{\mathrm{d}t^2}+\frac{\mathrm{d}_0\boldsymbol{\omega}}{\mathrm{d}t}\times\boldsymbol{r}_1+\boldsymbol{\omega}\times(\boldsymbol{\omega}\times\boldsymbol{r}_1)+2\boldsymbol{\omega}\times\frac{\mathrm{d}_1\boldsymbol{r}_1}{\mathrm{d}t} \tag{4-40}$$

式中各项均为加速度矢量：$\frac{\mathrm{d}_0^2\boldsymbol{r}_0}{\mathrm{d}t^2}=\boldsymbol{a}_{\mathrm{a}}$ 为质点 A 的**绝对加速度**；$\frac{\mathrm{d}_1^2\boldsymbol{r}_1}{\mathrm{d}t^2}=\boldsymbol{a}_{\mathrm{r}}$ 为质点 A 的**相对加速度**；$\frac{\mathrm{d}_0^2\boldsymbol{R}}{\mathrm{d}t^2}+\frac{\mathrm{d}_0\boldsymbol{\omega}}{\mathrm{d}t}\times\boldsymbol{r}_1+\boldsymbol{\omega}\times(\boldsymbol{\omega}\times\boldsymbol{r}_1)=\boldsymbol{a}_{\mathrm{e}}$ 为**牵连加速度**，其中$\frac{\mathrm{d}_0^2\boldsymbol{R}}{\mathrm{d}t^2}=\frac{\mathrm{d}_0\boldsymbol{u}_0}{\mathrm{d}t}$为非惯性系的**平动加速度**，$\frac{\mathrm{d}_0\boldsymbol{\omega}}{\mathrm{d}t}\times\boldsymbol{r}_1$ 为由非惯性系的**角加速度**$\frac{\mathrm{d}_0\boldsymbol{\omega}}{\mathrm{d}t}$所引起的加速度，$\boldsymbol{\omega}\times(\boldsymbol{\omega}\times\boldsymbol{r}_1)$为由非惯性系的转动所引起的**向心加速度**；$2\boldsymbol{\omega}\times\frac{\mathrm{d}_1\boldsymbol{r}_1}{\mathrm{d}t}=2\boldsymbol{\omega}\times\boldsymbol{u}_{\mathrm{r}}=\boldsymbol{a}_{\mathrm{C}}$ 为**科里奥利(Coriolis)加速度(科氏加速度)**。则有

$$\left.\begin{aligned}\boldsymbol{a}_a &= \boldsymbol{a}_r + \boldsymbol{a}_e + \boldsymbol{a}_C \\ \boldsymbol{a}_e &= \frac{d_0 \boldsymbol{u}_0}{dt} + \frac{d\boldsymbol{\omega}}{dt} \times \boldsymbol{r}_1 + \boldsymbol{\omega} \times (\boldsymbol{\omega} \times \boldsymbol{r}_1) \\ \boldsymbol{a}_C &= 2\boldsymbol{\omega} \times \boldsymbol{u}_r\end{aligned}\right\} \tag{4-41}$$

即理论力学中“点的加速度合成定理”。

关于式(4-38)和式(4-40)的推导过程，详见参考文献[2]。

将绝对加速度代入运动方程(4-31)，经整理，即可得出非惯性系中的相对运动方程：

$$\frac{\partial \boldsymbol{u}_r}{\partial t} + (\boldsymbol{u}_r \cdot \boldsymbol{\nabla}) \boldsymbol{u}_r = \boldsymbol{f} - \left[\frac{d_0 \boldsymbol{u}_0}{dt} + \frac{d\boldsymbol{\omega}}{dt} \times \boldsymbol{r}_1 + \boldsymbol{\omega} \times (\boldsymbol{\omega} \times \boldsymbol{r}_1)\right] - \frac{1}{\rho} \boldsymbol{\nabla} p + \nu \nabla^2 (\boldsymbol{u}_r + \boldsymbol{u}_0 + \boldsymbol{\omega} \times \boldsymbol{r}_1) - 2\boldsymbol{\omega} \times \boldsymbol{u}_r \tag{4-42}$$

与惯性系中的运动方程(4-31)相对照，可见非惯性系中的相对运动方程增加了$-\boldsymbol{a}_e$，$\nu \nabla^2 \boldsymbol{u}_e$ 和$-\boldsymbol{a}_C$ 项，其中$-\boldsymbol{a}_C = -2\boldsymbol{\omega} \times \boldsymbol{u}_r$ 为单位质量的**科里奥利力**(简称**科氏力**)。应用时，可针对具体问题对式(4-42)作进一步简化。例如，当 $\boldsymbol{u}_0$ 为常矢量及 $\boldsymbol{\omega} = \mathbf{0}$ 时，式(4-42)可化为

$$\frac{\partial \boldsymbol{u}_r}{\partial t} + (\boldsymbol{u}_r \cdot \boldsymbol{\nabla}) \boldsymbol{u}_r = \boldsymbol{f} - \frac{1}{\rho} \boldsymbol{\nabla} p + \nu \nabla^2 \boldsymbol{u}_r$$

显然，在形式上该式与惯性系中的运动方程(4-31)完全相同，因为此时由式(4-41)解得 $\boldsymbol{a}_e = \mathbf{0}$ 及 $\boldsymbol{a}_C = \mathbf{0}$，则必有 $\boldsymbol{a}_a = \boldsymbol{a}_r = \boldsymbol{a} = \frac{\partial \boldsymbol{u}}{\partial t} + (\boldsymbol{u} \cdot \boldsymbol{\nabla}) \boldsymbol{u}$。该例恰恰表明：相对于惯性系作**匀速平移运动**的动参照系仍为惯性系。但对于一般情形下的非惯性系中的流体运动问题，应利用相对运动方程(4-42)求解。

5. 流动系统相似与特征数

1) 两个流动系统相似的概念

要使两个**流动系统相似**，需要满足**几何相似**、**运动相似**、**动力相似**、**定解条件相似**(即初始条件及边界条件相似)。

几何相似——指两系统相应的几何尺寸成比例。从而引出**长度比尺** $\lambda_l = \frac{l_p}{l_m}$、**面积比尺** λ_A 及**体积比尺** λ_V。下标 p 表示**原型**，下标 m 表示**模型**。

运动相似——指几何相似的两流动系统对应点处的速度矢量 $\boldsymbol{u}$、加速度矢量 $\boldsymbol{a}$ 方向一致，大小成同一比例，即速度场、加速度场、流线均应相似。从而引出**时间比尺** λ_t、**速度比尺** λ_u 和**加速度比尺** λ_a。

动力相似——指两流动系统对应点处的受力情况相似，即作用着同一性质的力(例如，重力、压力、粘性力、惯性力)，且具有同一**力的比尺** λ_F。

定解条件相似——指两系统具有相同性质的边界(如原型有自由面,模型也要有自由面),此外初始状态也应相同。

如果两个系统满足上述四方面相似,则这两个系统便是**力学相似**的,就可以利用一个系统的物理量来推求另一个系统对应的物理量。

2) 特征数

两个流动系统的动力相似条件可由**无量纲**(亦称**量纲为1**)形式的N-S方程导出。引入**特征长度** l(如圆球直径,平板长度),**特征速度** v(如无穷远处来流速度),**特征时间** t_0,**特征压强** p_0,且 ρ,ν,g 均为常数。构成无量纲量 $x^*=\frac{x}{l},y^*=\frac{y}{l},z^*=\frac{z}{l},h^*=\frac{h}{l},u_x^*=\frac{u_x}{v},u_y^*=\frac{u_y}{v},u_z^*=\frac{u_z}{v},t^*=\frac{t}{t_0},p^*=\frac{p}{p_0}$。

将各量用**特征量**与无量纲量乘积表示,代入N-S方程组并引入符号:$Sr=\frac{l}{vt_0}$,$Fr=\frac{v}{\sqrt{gl}},Eu=\frac{p_0}{\rho v^2}$ 及 $Re=\frac{vl}{\nu}$,则得出无量纲的N-S方程组:

$$\left.\begin{aligned}&Sr\frac{\partial \boldsymbol{u}^*}{\partial t}+(\boldsymbol{u}^*\cdot\nabla)\boldsymbol{u}^*=-\frac{1}{Fr^2}\nabla h^*-Eu\nabla p^*+\frac{1}{Re}\nabla^2\boldsymbol{u}^*\\&\nabla\cdot\boldsymbol{u}^*=0\end{aligned}\right\}\tag{4-43}$$

显然,当两个几何相似系统的**特征数** Sr,Fr,Eu,Re 对应相等及定解条件相同时,则方程组就会对两个系统给出相同的解。因而,把这些特征数叫做**相似判据**或称**相似准则**。特征数的含义如下。

(1) 斯特劳哈尔(Strouhal)数 Sr

斯特劳哈尔数 Sr 代表单位质量流体的定位惯性力与变位惯性力之比或代表滞留时间 l/v 与特征时间 t_0 之比,即

$$Sr=\frac{\text{定位惯性力}}{\text{变位惯性力}}=\frac{\frac{v}{t_0}}{\frac{v^2}{l}}=\frac{l}{vt_0}\tag{4-44}$$

或

$$Sr=\frac{\text{滞留时间}}{\text{特征时间}}=\frac{\frac{l}{v}}{t_0}=\frac{l}{vt_0}\tag{4-45}$$

(2) 弗劳德(Froude)数 Fr

弗劳德数 Fr 代表单位质量流体的惯性力与重力之比的平方根,即

$$Fr=\left(\frac{\text{惯性力}}{\text{重力}}\right)^{1/2}=\left[\frac{\frac{v^2}{l}}{g}\right]^{1/2}=\left(\frac{v^2}{gl}\right)^{1/2}\tag{4-46}$$

(3) 欧拉(Euler)数 Eu

欧拉数 Eu 代表单位质量流体的压力与惯性力之比,即

$$Eu=\frac{压力}{惯性力}=\frac{\frac{p_0}{\rho l}}{\frac{v^2}{l}}=\frac{p_0}{\rho v^2} \tag{4-47}$$

(4) 雷诺(Reynolds)数 Re

雷诺数 Re 代表单位质量流体的惯性力与粘性力之比,即

$$Re=\frac{惯性力}{粘性力}=\frac{\frac{v^2}{l}}{\frac{\nu v}{l^2}}=\frac{vl}{\nu} \tag{4-48}$$

值得指出:对于一些具体问题,要想同时满足各特征数相等的条件,往往很困难。常常针对具体问题选择主要特征数。在水利工程中,最常用的是 Fr 和 Re,因为往往要考虑重力和粘性力的影响。保证原型与模型中的 Fr 相等,即为**弗劳德相似准则**。保证原型与模型中的 Re 相等,即为**雷诺相似准则**。对于特定的流体问题,通常很难同时满足弗劳德及雷诺相似准则。在实际应用中,应视具体问题,选取某一种相似准则。对于**封闭系统**(例如管流等),往往采用雷诺相似准则;对于**自由表面系统**(例如明渠等),往往采用弗劳德相似准则。有时,需用几组不同比尺的模型进行实验,以考虑**比尺效应**及其影响。

6. *层流与紊流*

粘性流动中存在两种不同的**流动型态(流态)**:**层流**与**紊流(湍流)**。实验研究者很早就观察到这两种流态的存在。例如1839年哈根(Hagen)发现在圆管中当速度超过一定限度时,流动型态就会改变,即当管中流速低于这一速度时,射流表面光滑得就像一根玻璃棒;高于这一速度时,射流表面发生振荡、变得粗糙且流动状如迸发。1883年雷诺(Reynolds O.)通过圆管流动试验,清楚地演示了这两种流态。他把染色的纤细水流由进口注入玻璃管的水流中,当小流量通过玻璃管时,着色纤流保持笔直的条纹,表明水流呈平行流线或呈薄层流动。相邻薄层的流速各不相同,但各层间并无宏观的掺混现象,这就是层流;当流量增加超过某一临界值时,管中染色条纹破裂成不规则的漩涡,然后横向掺混,遍及整个管道截面,这就是紊流。两种流态示于图4-5。

雷诺研究了由层流转变为紊流的规律,并且提出一个参数即雷诺数,作为流动型态判别的准则。由层流向紊流**转捩**的雷诺数称为**临界雷诺数** $Re_{\rm crit}$。圆管流动的临界雷诺数为

$$Re_{\rm crit}=\left(\frac{vd}{\nu}\right)_{\rm crit}=2320 \tag{4-49}$$

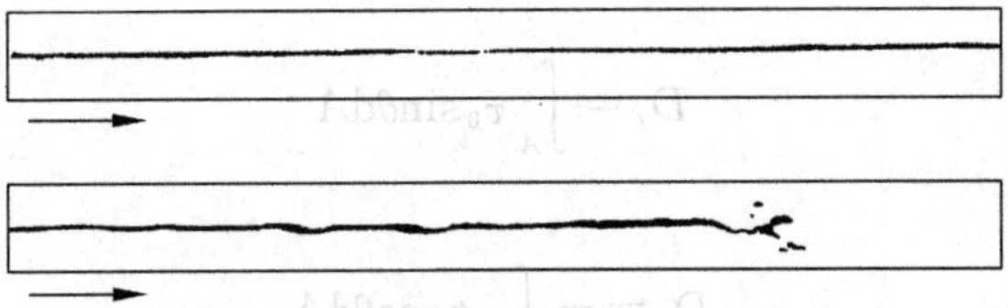

图 4-5 玻璃管中层流及紊流的发展

式中：v 表示圆管断面平均流速；d 为圆管直径。当雷诺数在临界雷诺数以下时，即使存在对水流的强烈扰动，扰动将由于流体的粘性而衰减，流动仍继续保持层流状态。只有在流动雷诺数大于临界雷诺数时，扰动在流动中不仅不会衰减，而且逐渐放大，层流才会由于扰动而转变为紊流。

一般而言，当相邻流体层作相对运动时就会发生层流，形成光滑的、但不一定笔直的流线，无宏观掺混。当粘性切应力在建立流场中起主要作用时，就会出现这种流态。

紊流的特征是流体质点存在着**脉动运动**，且其迹线不定，沿主流方向及横向均有宏观的混掺。当粘性切应力在建立流场中的作用次于惯性力时，就会出现这种流态。应当强调指出，层流与紊流这两种流态都是由粘性引起的，没有粘性，二者均不会发生。

不同的流态将导致不同的流速分布、压强分布、切应力分布及**能量损失**等。在 4.6 节将推导描述紊流运动的基本方程。

7. 阻力与升力

当流体绕过物体时，它要对物体作用表面力。在流体力学中，将表面力的合力 R 在流动方向上的分力 D 定义为阻力；而将表面力的合力 R 在流动法向上的分力 L 定义为**升力**，如图 4-6 所示。阻力与升力都包括了切应力和压强的作用。

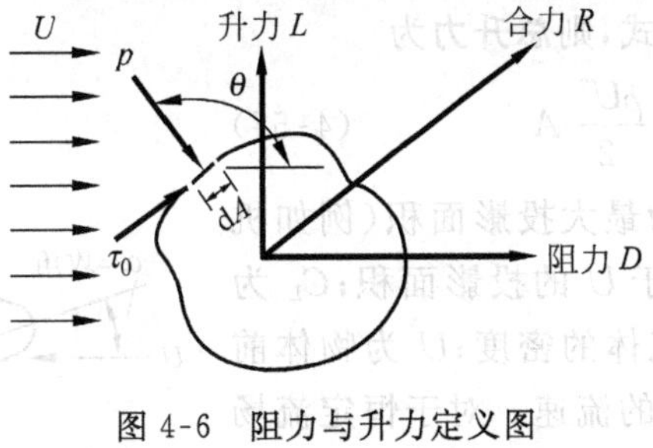

图 4-6 阻力与升力定义图

阻力 D 可表示为

$$D = D_f + D_p \tag{4-50}$$

其中,**摩擦阻力**

$$D_f = \int_A \tau_0 \sin\theta \mathrm{d}A \tag{4-51}$$

压强阻力

$$D_p = -\int_A p\cos\theta \mathrm{d}A \tag{4-52}$$

式中：A 为固体壁面的总表面积；θ 为固体壁面上微分面积的法线与速度方向的夹角。压强阻力主要取决于物体的形状,因此也称**形状阻力**。对于细长物体,例如顺水流放置的平板或翼型,则摩擦阻力占主导地位;而钝形物体,如圆球、桥墩等的绕流,则主要是压强阻力。

习惯上,采用具有**阻力系数**的公式:

$$D_f = C_f \frac{\rho U^2}{2} A_f \tag{4-53}$$

$$D_p = C_p \frac{\rho U^2}{2} A_p \tag{4-54}$$

式中：C_f 和 C_p 分别代表**摩擦阻力系数**和**压强阻力系数**；A_f 通常是指切应力作用的面积,或者某一有代表性的投影面积,例如机翼或水翼的平面面积;而 A_p 通常是指与流速方向相垂直的物体的迎流投影面积。

当引入**总阻力系数** C_D 后,**总阻力**可表为

$$D = C_D \frac{\rho U^2}{2} A \tag{4-55}$$

式中：A 为面积,通常取与流速方向相垂直的物体的迎流投影面积,即 $A=A_p$。

对于升力,通常不将切应力和压强的作用分开。对于如图4-7所示的水翼,升力主要由压强分量产生,其表达式为

$$L = -\int_A p\sin\theta \mathrm{d}A \tag{4-56}$$

采用具有**升力系数**的公式,则**总升力**为

$$L = C_L \frac{\rho U^2}{2} A \tag{4-57}$$

式中：面积 A 通常取为最大投影面积(例如机翼的平面面积)或垂直于 U 的投影面积；C_L 为总升力系数；ρ 为绕流流体的密度；U 为物体前面未受干扰的相对流动的流速。对于恒定流场中的静止物体,U 为上游足够远处未受物体干扰的**行近流速**或称**无穷远来流速度**。

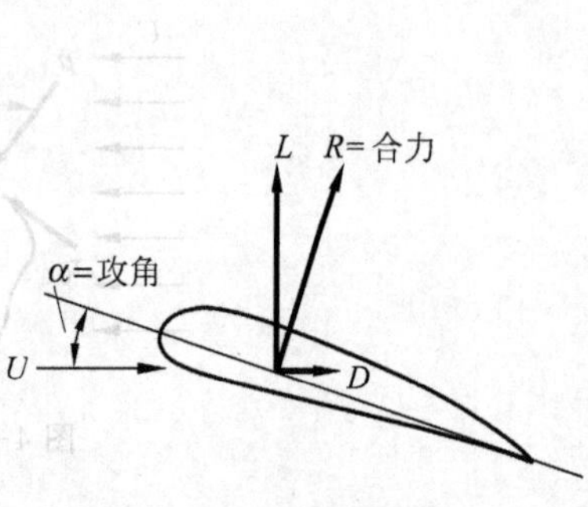

图4-7　水翼的升力与阻力

4.3 N-S方程组求解的分析

在4.2节已经导出N-S方程，对于不可压缩流体，完整的微分方程组为

$$\left.\begin{aligned}&\frac{\partial \boldsymbol{u}}{\partial t}+(\boldsymbol{u}\cdot\boldsymbol{\nabla})\boldsymbol{u}=\boldsymbol{f}-\frac{1}{\rho}\boldsymbol{\nabla} p+\nu\nabla^2\boldsymbol{u}\\&\boldsymbol{\nabla}\cdot\boldsymbol{u}=0\end{aligned}\right\}\qquad(4\text{-}58)$$

再附以定解条件(初始条件及边界条件)，理论上方程组是可解的。但由于N-S方程为一组非线性二阶偏微分方程组，且由于实际工程问题的边界条件比较复杂，因此一般情况下方程难于求解。现有的解法主要是针对某些比较简单、比较特殊的问题进行的。此时要对方程作进一步简化，才能得到解答。这些解法已成为流体力学中的经典解法，主要有**层流精确解**和**近似解**。

层流精确解是针对诸如重力场中平板间或圆管中的二维恒定层流运动进行求解的。由于此时N-S方程中的非线性项完全消失，则可以直接解出方程。在4.4节将举例介绍这种解法。

由于仅在少数简单情况下才能得到精确解，因而人们的注意力集中于寻求近似解。通过分析无量纲的N-S方程发现，在两种极端雷诺数的情形下，可通过略去一些项，对N-S方程作进一步简化，从而求得近似解。其中，对于**小雷诺数流动**情形，例如小球在极粘流体中的沉降，通过将惯性力项全部略去得到**斯托克斯解**或部分略去惯性项，则得到**奥森(Oseen)解**。4.5节将介绍蠕动流概念和蠕动流方程；对于**大雷诺数流动**情形，例如低粘流体绕过平板的流动，由于普朗特(Prandtl L.)引入**边界层概念**，从而把流场划分成边界层内流动及**外流区**，这样可以按**边界层理论**和**势流理论**分别求解。在第5章和第6章将对势流理论基础和边界层理论基础分别介绍。

此外，还可以寻求N-S方程的数值解，这属于计算流体力学的范围。

4.4 层流精确解举例

1. 平行平板间的二维恒定层流运动

图4-8所示为重力作用下的两无限宽水平平行平板间的二维恒定不可压缩流体的层流运动。平板间距为a，流体的密度为ρ，动力粘度为μ，上板沿x方向移动的速度U为常量，试求平板间流体的速度分布。

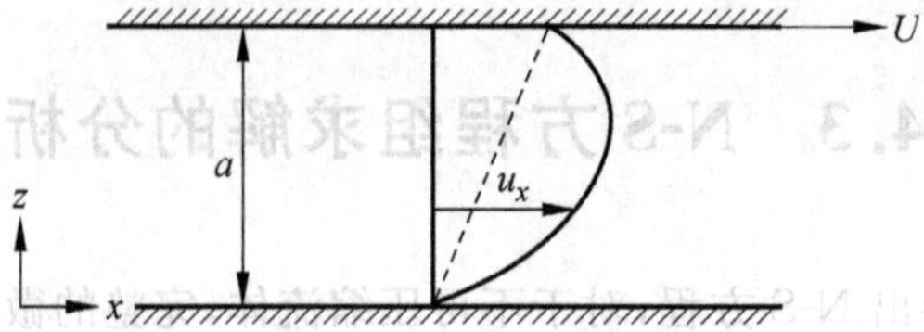

图 4-8　两平行平板间的恒定层流运动

选用直角坐标系，取 x 轴沿下板，z 轴垂直于平板。由层流可知，流线彼此平行且平行于平板，因而可根据这种流动的特点，对 N-S 方程组进行简化：

(1) 由二维流动可知 $u_y=0$，且各量与 y 无关；

(2) 由流体作平行于 x 轴的流动，可知 $u_z=0$，故仅有 u_x；

(3) 由恒定流可知 $\frac{\partial u_x}{\partial t}=0$；

(4) 由不可压缩流体的连续性方程 $\frac{\partial u_x}{\partial x}+\frac{\partial u_y}{\partial y}+\frac{\partial u_z}{\partial z}=0$，$\frac{\partial u_y}{\partial y}=0$ 和 $\frac{\partial u_z}{\partial z}=0$ 可知 $\frac{\partial u_x}{\partial x}=0$ 和 $\frac{\partial^2 u_x}{\partial x^2}=0$，即 u_x 仅是 z 的函数；

(5) 由重力场可知单位质量力 $\boldsymbol{f}=-g\boldsymbol{k}$，即 $X=Y=0, Z=-g$。

于是 N-S 方程组简化为

$$0=-\frac{1}{\rho}\frac{\partial p}{\partial x}+\nu\frac{\partial^2 u_x}{\partial z^2} \tag{4-59}$$

$$0=-g-\frac{1}{\rho}\frac{\partial p}{\partial z} \tag{4-60}$$

先对式(4-60)积分，得出

$$p=-\rho g z+f(x) \tag{4-61}$$

可见，在与流动相垂直的方向上，p 呈静水压强分布。另外，求得 $\frac{\partial p}{\partial x}=\frac{\partial f(x)}{\partial x}=f'(x)$。

可见 $\frac{\partial p}{\partial x}$ 仅为 x 的函数，而与 z 无关，因此将式(4-59)对 z 积分时，$\frac{\partial p}{\partial x}$ 可作为常量看待。于是对式(4-59)积分二次得

$$\frac{\partial p}{\partial x}\frac{z^2}{2}=\mu u_x+C_1 z+C_2$$

下面利用边界条件来确定积分常数：

当 $z=0, u_x=0$，得 $C_2=0$；

当 $z=a, u_x=U$，得 $C_1=\frac{\partial p}{\partial x}\frac{a}{2}-\frac{\mu U}{a}$。

则流速分布为

$$u_x=\frac{Uz}{a}-\frac{az}{2\mu}\frac{\partial p}{\partial x}\left(1-\frac{z}{a}\right) \tag{4-62}$$

下面对式(4-62)进行讨论：

当$\frac{\partial p}{\partial x}=0$时，得出$u_x=\frac{U}{a}z$，速度呈直线分布，此即**库埃特(Couette)流动**，如图4-9所示。

当$U=0,\frac{\partial p}{\partial x}<0$时，得出$u_x=-\frac{a}{2\mu}\frac{\partial p}{\partial x}\left(z-\frac{z^2}{a}\right)$，流速呈抛物线分布，此即**泊肃叶(Poiseuille)流动**，如图4-10所示。当$z=\frac{a}{2}$时，得到**最大流速**$u_{x\max}=-\frac{a^2}{8\mu}\frac{\partial p}{\partial x}$；单宽流量$q=\int_0^a u_x\mathrm{d}z=-\frac{a^3}{12\mu}\frac{\partial p}{\partial x}$；**断面平均流速**$v=-\frac{a^2}{12\mu}\frac{\partial p}{\partial x}=\frac{2}{3}u_{x\max}$。

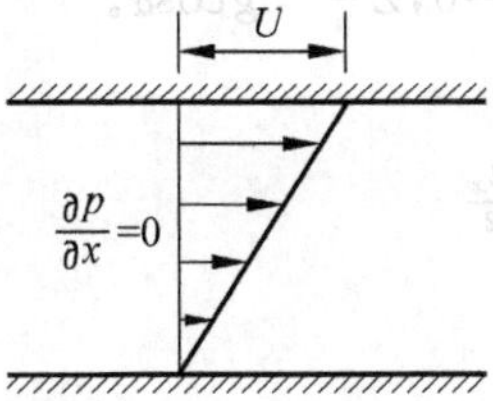

图4-9 库埃特流动

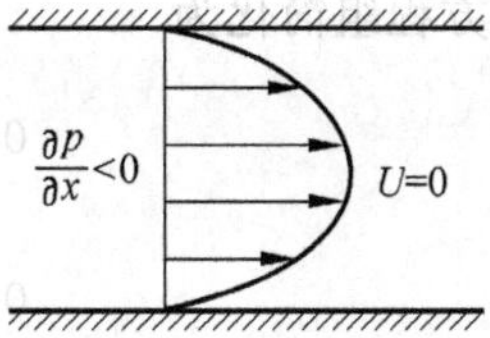

图4-10 泊肃叶流动

2. 斜面上具有等深自由面的二维恒定层流运动

如图4-11所示，重力作用下的无限宽斜面上具有等深自由面的二维恒定不可压缩流体的层流运动。若深度H为常量，斜面倾角为α，流体的密度为ρ，动力粘度为μ，液面压强p_a为常量，且不计液面与空气之间的粘性切应力，试求流体的压强分布、速度分布、断面平均流速及作用于斜面上的粘性切应力。

选用直角坐标系，取x轴沿斜面，z轴垂直于斜面。由层流可知，流线彼此平行且平行于斜面，因而可根据这种流动的特点，对N-S方程组进行简化：

(1) 由二维流动可知$u_y=0$，且各量与y无关；

(2) 由流体作平行于x轴的流动，可知$u_z=0$，故仅有u_x；

(3) 由恒定流可知$\frac{\partial u_x}{\partial t}=0$；

(4) 由不可压缩流体的连续性方程$\frac{\partial u_x}{\partial x}+\frac{\partial u_y}{\partial y}+\frac{\partial u_z}{\partial z}=0$，$\frac{\partial u_y}{\partial y}=0$和$\frac{\partial u_z}{\partial z}=0$可知$\frac{\partial u_x}{\partial x}=0$和$\frac{\partial^2 u_x}{\partial x^2}=0$，即$u_x$仅是$z$的函数；

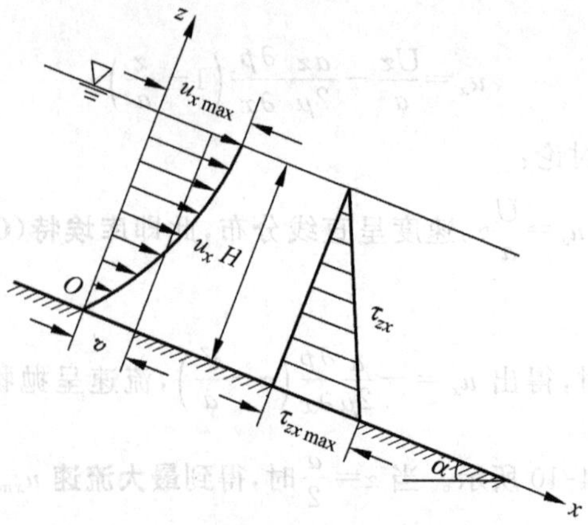

图 4-11 二维恒定明渠均匀层流运动

(5) 由重力场可知单位质量力分量 $X=g\sin\alpha, Y=0, Z=-g\cos\alpha$。于是 N-S 方程组简化为

$$0=g\sin\alpha-\frac{1}{\rho}\frac{\partial p}{\partial x}+\nu\frac{\partial^2 u_x}{\partial z^2} \tag{4-63}$$

$$0=-g\cos\alpha-\frac{1}{\rho}\frac{\partial p}{\partial z} \tag{4-64}$$

先对式(4-64)积分，并利用自由面上的压强边界条件($z=H, p=p_a=\text{const}$)，则得出流体的压强分布为

$$p=p_a+\rho g\cos\alpha(H-z) \tag{4-65}$$

该式表明，压强 p 仅与 z 呈线性关系，而与 x 无关。因此，式(4-63)可进一步简化，通过对该式积分得出

$$u_x=-\frac{\rho g\sin\alpha}{2\mu}z^2+C_1 z+C_2$$

利用边界条件 $\left(z=0, u_x=0; z=H, \tau_{zx}=\mu\frac{\partial u_x}{\partial z}=0\right)$ 求出积分常数 $C_2=0$，$C_1=\frac{\rho g H\sin\alpha}{\mu}$，则流体的速度分布为

$$u_x=\frac{\rho g\sin\alpha}{2\mu}(2Hz-z^2) \tag{4-66}$$

当 $z=H$，即在自由面上，求得最大流速

$$u_{x\max}=\frac{\rho g\sin\alpha}{2\mu}H^2 \tag{4-67}$$

利用式(4-66)，可求得单宽流量

$$q=\int_0^H u_x\mathrm{d}z=\frac{\rho g\sin\alpha}{3\mu}H^3 \tag{4-68}$$

断面平均流速

$$v=\frac{Q}{A}=\frac{q}{H}=\frac{\rho g\sin\alpha}{3\mu}H^2 \tag{4-69}$$

显然，断面平均流速与最大流速之比为

$$\frac{v}{u_{x\max}}=\frac{2}{3} \tag{4-70}$$

切应力分布

$$\tau_{zx}=\mu\left(\frac{\partial u_x}{\partial z}+\frac{\partial u_z}{\partial x}\right)=\mu\frac{\partial u_x}{\partial z}=\rho g\sin\alpha(H-z) \tag{4-71}$$

则流体作用于斜面上的粘性切应力

$$\tau_{zx}|_{z=0}=\rho gH\sin\alpha \tag{4-72}$$

为最大切应力；而当 $z=H$，即在自由面上，$\tau_{zx}|_{z=H}=0$，满足边界条件。

在实际应用中，对于**宽浅河道**，由于河宽 B 远远大于水深 H，可按二维明渠水流计算。当水流为二维明渠均匀层流时，可直接应用图 4-11 所示的二维恒定层流精确解的结果。

3. 等直径圆管恒定层流运动

图 4-12 所示为重力作用下的等直径圆管中的恒定不可压缩流体的层流运动。若圆管半径为 r_0，流体的密度为 ρ，动力粘度为 μ，试求流体的速度分布、断面平均流速及作用于管壁上的粘性切应力。

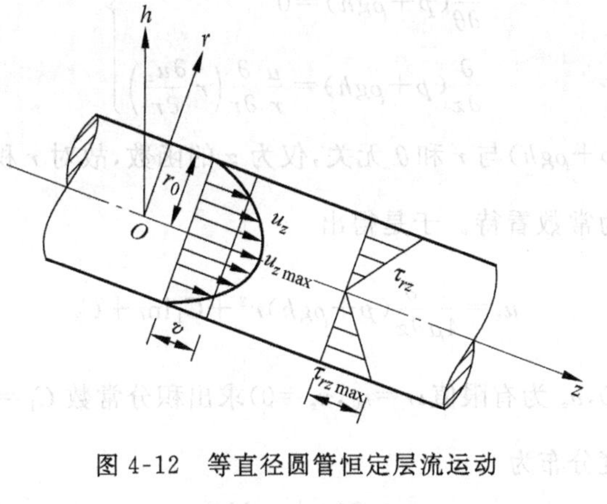

图 4-12 等直径圆管恒定层流运动

选用圆柱坐标系，取 z 轴与管轴重合，r 垂直于管轴和管壁，θ 沿周向，h 表示铅直方向，利用下列条件可对 N-S 方程组进行简化：

(1) 由层流及 z 轴与管轴重合，则流线平行于管轴和管壁，故仅有 u_z，而 $u_\theta=u_r=0$；

(2) 对于等直径圆管，由轴对称流动可知 u_z 与 θ 无关；

(3) 由恒定流动可知 $\frac{\partial u_z}{\partial t}=0$；

(4) 由圆柱坐标不可压缩流体的连续性方程 $\frac{1}{r}\frac{\partial}{\partial r}(ru_r)+\frac{1}{r}\frac{\partial u_\theta}{\partial \theta}+\frac{\partial u_z}{\partial z}=0$ 及 $u_r=u_\theta=0$ 可知 $\frac{\partial u_z}{\partial z}=0$ 和 $\frac{\partial^2 u_z}{\partial z^2}=0$，即 u_z 与 z 无关；

(5) 因质量力为重力，则有 $\boldsymbol{f}=-\boldsymbol{\nabla}(gh)=-g\boldsymbol{\nabla}h$，即 $f_r=-g\frac{\partial h}{\partial r}$，$f_\theta=-\frac{g}{r}\frac{\partial h}{\partial \theta}$ 和 $f_z=-g\frac{\partial h}{\partial z}$。

于是，得出简化后的 N-S 方程组：

$$\left.\begin{aligned}
0&=-g\frac{\partial h}{\partial r}-\frac{1}{\rho}\frac{\partial p}{\partial r}\\
0&=-\frac{g}{r}\frac{\partial h}{\partial \theta}-\frac{1}{\rho r}\frac{\partial p}{\partial \theta}\\
0&=-g\frac{\partial h}{\partial z}-\frac{1}{\rho}\frac{\partial p}{\partial z}+\frac{\nu}{r}\frac{\partial}{\partial r}\left(r\frac{\partial u_z}{\partial r}\right)
\end{aligned}\right\}\tag{4-73}$$

即

$$\left.\begin{aligned}
&\frac{\partial}{\partial r}(p+\rho gh)=0\\
&\frac{\partial}{\partial \theta}(p+\rho gh)=0\\
&\frac{\partial}{\partial z}(p+\rho gh)=\frac{\mu}{r}\frac{\partial}{\partial r}\left(r\frac{\partial u_z}{\partial r}\right)
\end{aligned}\right\}\tag{4-74}$$

由式(4-74)可知 $(p+\rho gh)$ 与 r 和 θ 无关，仅为 z 的函数，故对 r 积分求速度 u_z 时，可将 $\frac{\partial}{\partial z}(p+\rho gh)$ 作为常数看待。于是得出

$$u_z=\frac{1}{4\mu}\frac{\partial}{\partial z}(p+\rho gh)r^2+C_1\ln r+C_2\tag{4-75}$$

利用边界条件($r=0$，u_z 为有限值；$r=r_0$，$u_z=0$)求出积分常数 $C_1=0$，$C_2=-\frac{r_0^2}{4\mu}\frac{\partial}{\partial z}(p+\rho gh)$，则流体的速度分布为

$$u_z=-\frac{1}{4\mu}\frac{\partial(p+\rho gh)}{\partial z}(r_0^2-r^2)\tag{4-76}$$

显然，该速度分布为回转抛物面。当 $r=0$，得到最大流速

$$u_{z\max}=-\frac{\partial(p+\rho gh)}{\partial z}\frac{r_0^2}{4\mu} \tag{4-77}$$

利用式(4-76)，可求得流量

$$Q=\int_A u_z\mathrm{d}A=\int_0^{r_0}u_z 2\pi r\mathrm{d}r=-\frac{\partial(p+\rho gh)}{\partial z}\frac{\pi r_0^4}{8\mu} \tag{4-78}$$

断面平均流速

$$v=\frac{Q}{A}=-\frac{\partial(p+\rho gh)}{\partial z}\frac{r_0^2}{8\mu} \tag{4-79}$$

可见，断面平均流速与最大流速之比为

$$\frac{v}{u_{z\max}}=\frac{1}{2} \tag{4-80}$$

切应力分布

$$\tau_{rz}=\mu\left(\frac{\partial u_z}{\partial r}+\frac{\partial u_r}{\partial z}\right)=\mu\frac{\partial u_z}{\partial r}=\frac{r}{2}\frac{\partial(p+\rho gh)}{\partial z} \tag{4-81}$$

则流体作用于管壁上的粘性切应力

$$\tau_{rz}\big|_{r=r_0}=\frac{r_0}{2}\frac{\partial(p+\rho gh)}{\partial z} \tag{4-82}$$

为最大切应力；而当 $r=0$，即在管轴上，$\tau_{rz}\big|_{r=0}=0$，因为在管轴上具有最大流速 $u_{z\max}$。

需要说明：上述计算结果只适用于**充分发展的均匀流动区**，对于**管道进口段**则不适用，如图 4-13(a)、(b)所示。在图 4-13(a)中，圆管进口段的速度剖面是沿程发展、变化的，但断面平均流速 v 则沿程保持不变。对于给定流量下的等直径圆管，这是必然的。图 4-13(b)示出圆管充分发展的均匀流动区，速度剖面沿程不变，管壁上的粘性切应力 τ_0 也沿程保持为常数。

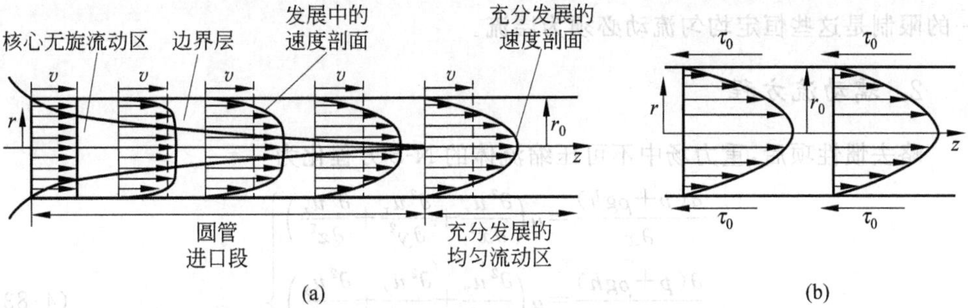

图 4-13 等直径圆管内速度剖面的形成与发展

从上述算例容易看出，在这些特定的情形下，由于惯性项自动消失，方程简化到能直接积分的程度，才得到所谓的“层流精确解”。尽管这类问题比较简单，但还是很有价值的。

4.5　蠕动流方程

对于粘性流体的流动，随着粘性力与惯性力的相对大小不同，其流动特征及速度和压强分布显示出很大的差异。作为两种可能的运动型态，分为层流与紊流；作为粘性效应的两种极端情况，分为蠕动流与边界层流。本节主要介绍蠕动流概念和蠕动流方程。

1. 蠕动流概念

当惯性力可被完全忽略而雷诺数趋近于零时，就会出现层流运动的极端情况，即**蠕动流**。小球在极粘流体中的沉降以及液体穿过孔隙介质的流动（即渗流）均可作为蠕动流处理。正是由于这种运动的性质，才使得相当大的粘性切应力在整个流场产生了主要的影响，流体发生了“变形”，这种型式的蠕动常常称为变形流。如图4-14所示，沉降小球周围的变形流，图中的流线及流速分布均按观察者静止时绘出。

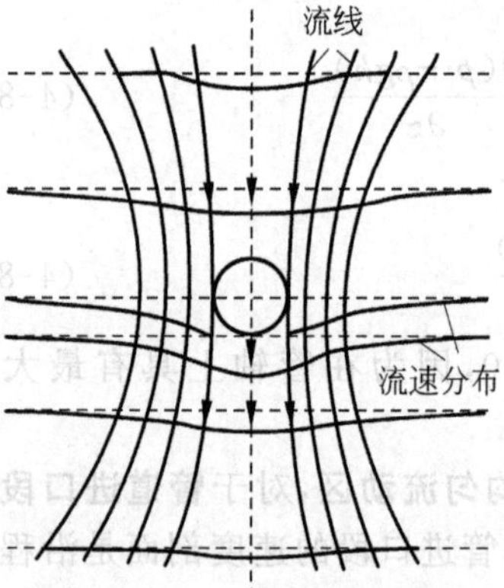

图4-14　沉降小球周围的变形流

忽略惯性力的条件意味着运动非常缓慢，以至于迁移加速度没有明显的惯性作用及非恒定性可以忽略不计。应当指出，4.4节给出了应用N-S方程求解平行流的三个实例，这些恒定均匀流的加速度项（即惯性项）不存在，粘性力在整个流场中居主要地位。因此，与蠕动流不同，无需将三个实例中的流动限制为极其缓慢的流动，惟一的限制是这些恒定均匀流动必须为层流。

2. 蠕动流方程

略去惯性项后，重力场中不可压缩流体的N-S方程化为

$$\left.\begin{aligned}\frac{\partial(p+\rho gh)}{\partial x}&=\mu\left(\frac{\partial^2 u_x}{\partial x^2}+\frac{\partial^2 u_x}{\partial y^2}+\frac{\partial^2 u_x}{\partial z^2}\right)\\\frac{\partial(p+\rho gh)}{\partial y}&=\mu\left(\frac{\partial^2 u_y}{\partial x^2}+\frac{\partial^2 u_y}{\partial y^2}+\frac{\partial^2 u_y}{\partial z^2}\right)\\\frac{\partial(p+\rho gh)}{\partial z}&=\mu\left(\frac{\partial^2 u_z}{\partial x^2}+\frac{\partial^2 u_z}{\partial y^2}+\frac{\partial^2 u_z}{\partial z^2}\right)\end{aligned}\right\}\tag{4-83}$$

将式(4-83)分别乘以相应的单位矢量，然后相加，得

$$\boldsymbol{\nabla}(p+\rho gh)=\mu\,\nabla^2\boldsymbol{u}\tag{4-84}$$

在这些方程中,压力变化是粘性效应与重力综合作用的结果。

通过对式(4-84)两端取散度并考虑到:对于不可压缩流体$\nabla^2\boldsymbol{u}=-\boldsymbol{\nabla}\times(\boldsymbol{\nabla}\times\boldsymbol{u})$及$\boldsymbol{\nabla}\cdot\nabla^2\boldsymbol{u}=-\boldsymbol{\nabla}\cdot[\boldsymbol{\nabla}\times(\boldsymbol{\nabla}\times\boldsymbol{u})]=0$,得出

$$\nabla^2(p+\rho g h)=0 \tag{4-85}$$

即$(p+\rho g h)$满足**拉普拉斯方程**。这表明,蠕动流问题可化为在一定边界条件下求解拉普拉斯方程的问题,从而方便问题的求解。

4.6 雷诺方程

1. 求时均的规则

紊流为相当复杂的流动型态。流体质点激烈混掺,因而导致运动要素随时间作随机变化,图4-15所示为u_x随时间的变化曲线。可见,**瞬时值**u_x随时间不停地跳动,通常把这种现象叫作运动要素的脉动。u_x的**脉动值**为u_x'。因此,往往把运动要素的随机脉动作为紊流的特征之一。大量的实验表明:无论瞬时值如何变化,只要取足够长的时段,其**时间平均值**(简称**时均值**)就是确定的。时均值$\bar{u}_x$可定义为

$$\bar{u}_x=\frac{1}{T}\int_0^T u_x\,\mathrm{d}t \tag{4-86}$$

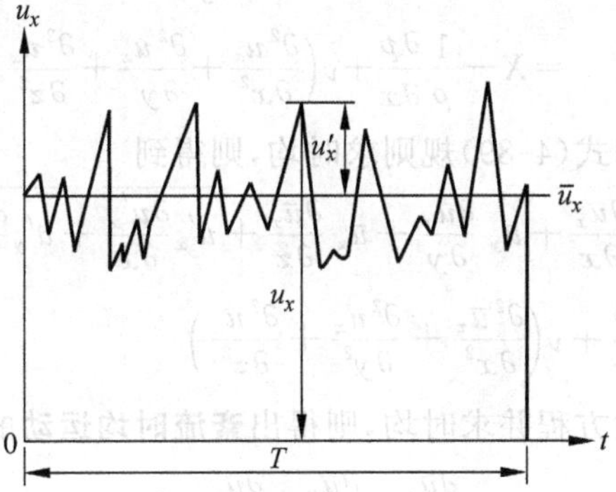

图4-15 紊流速度的瞬时值、时均值和脉动值

由图4-15可见,脉动值等于瞬时值与时均值之差,例如$u_x'=u_x-\bar{u}_x$,于是有

$$\left.\begin{aligned}u_x&=\bar{u}_x+u_x'\\u_y&=\bar{u}_y+u_y'\\u_z&=\bar{u}_z+u_z'\\p&=\bar{p}+p'\end{aligned}\right\} \tag{4-87}$$

用物理量上方的符号"—"表示对该物理量**求时均**。容易证明:

$$\left.\begin{aligned}\overline{\bar{u}_x}&=\bar{u}_x\\ \overline{u_x'}&=0\end{aligned}\right\}\tag{4-88}$$

利用式(4-88)可得到求时均规则。若二瞬时量分别为 $A=\bar{A}+A'$,$B=\bar{B}+B'$,则有

$$\left.\begin{aligned}&\overline{A+B}=\bar{A}+\bar{B}\\ &\overline{\bar{A}B}=\bar{A}\bar{B}\\ &\overline{\bar{B}A'}=0\\ &\overline{AB}=\bar{A}\bar{B}+\overline{A'B'}\\ &\overline{\frac{\partial A}{\partial S}}=\frac{\partial \bar{A}}{\partial S}\end{aligned}\right\}\tag{4-89}$$

可利用这些关系式来推导紊流基本方程。下面从 N-S 方程出发,利用求时均的规则来推导**雷诺方程**。

2. 雷诺方程的推导

N-S 方程为粘性流体运动的基本方程,既适用于层流,又适用于紊流,但由于紊流的瞬时速度和压强变化得太快,很难考察瞬时值随时间的变化,所以从时均概念出发来研究它。雷诺最早对紊流运动作了这种处理,从而导出著名的雷诺方程。现以 x 方向为例进行推导。N-S 方程 x 向分量为

$$\begin{aligned}&\frac{\partial u_x}{\partial t}+u_x\frac{\partial u_x}{\partial x}+u_y\frac{\partial u_x}{\partial y}+u_z\frac{\partial u_x}{\partial z}\\ &=X-\frac{1}{\rho}\frac{\partial p}{\partial x}+\nu\left(\frac{\partial^2 u_x}{\partial x^2}+\frac{\partial^2 u_x}{\partial y^2}+\frac{\partial^2 u_x}{\partial z^2}\right)\end{aligned}\tag{4-90}$$

将式(4-87)代入并利用式(4-89)规则求时均,则得到

$$\begin{aligned}&\frac{\partial \bar{u}_x}{\partial t}+\bar{u}_x\frac{\partial \bar{u}_x}{\partial x}+\bar{u}_y\frac{\partial \bar{u}_x}{\partial y}+\bar{u}_z\frac{\partial \bar{u}_x}{\partial z}+\overline{u'_x\frac{\partial u'_x}{\partial x}}+\overline{u'_y\frac{\partial u'_x}{\partial y}}+\overline{u'_z\frac{\partial u'_x}{\partial z}}\\ &=X-\frac{1}{\rho}\frac{\partial \bar{p}}{\partial x}+\nu\left(\frac{\partial^2 \bar{u}_x}{\partial x^2}+\frac{\partial^2 \bar{u}_x}{\partial y^2}+\frac{\partial^2 \bar{u}_x}{\partial z^2}\right)\end{aligned}\tag{4-91}$$

将式(4-87)代入连续性方程并求时均,则得出**紊流时均运动**的连续性方程:

$$\frac{\partial \bar{u}_x}{\partial x}+\frac{\partial \bar{u}_y}{\partial y}+\frac{\partial \bar{u}_z}{\partial z}=0\tag{4-92}$$

进而,可以得到**紊流脉动运动**的连续性方程:

$$\frac{\partial u'_x}{\partial x}+\frac{\partial u'_y}{\partial y}+\frac{\partial u'_z}{\partial z}=0\tag{4-93}$$

用 u'_x 乘式(4-93)并求时均,得到

$$\overline{u'_x\frac{\partial u'_x}{\partial x}}+\overline{u'_x\frac{\partial u'_y}{\partial y}}+\overline{u'_x\frac{\partial u'_z}{\partial z}}=0\tag{4-94}$$

将式(4-94)加到式(4-91)的左端,整理得

$$\frac{\mathrm{d}\bar{u}_x}{\mathrm{d}t}=X-\frac{1}{\rho}\frac{\partial\bar{p}}{\partial x}+\nu\,\nabla^2\bar{u}_x+\frac{1}{\rho}\left[\frac{\partial}{\partial x}(-\rho\overline{u_x'^2})+\frac{\partial}{\partial y}(-\rho\overline{u_x'u_y'})+\frac{\partial}{\partial z}(-\rho\overline{u_x'u_z'})\right]\tag{4-95}$$

这就是雷诺方程的 x 分量方程。同理有 y 向及 z 向的雷诺方程：

$$\frac{\mathrm{d}\bar{u}_y}{\mathrm{d}t}=Y-\frac{1}{\rho}\frac{\partial\bar{p}}{\partial y}+\nu\,\nabla^2\bar{u}_y+\frac{1}{\rho}\left[\frac{\partial}{\partial x}(-\rho\overline{u_y'u_x'})+\frac{\partial}{\partial y}(-\rho\overline{u_y'^2})+\frac{\partial}{\partial z}(-\rho\overline{u_y'u_z'})\right]\tag{4-96}$$

$$\frac{\mathrm{d}\bar{u}_z}{\mathrm{d}t}=Z-\frac{1}{\rho}\frac{\partial\bar{p}}{\partial z}+\nu\,\nabla^2\bar{u}_z+\frac{1}{\rho}\left[\frac{\partial}{\partial x}(-\rho\overline{u_z'u_x'})+\frac{\partial}{\partial y}(-\rho\overline{u_z'u_y'})+\frac{\partial}{\partial z}(-\rho\overline{u_z'^2})\right]\tag{4-97}$$

可见，对紊流时均运动而言，雷诺方程中含 $\bar{u}_x,\bar{u}_y,\bar{u}_z,\bar{p},X,Y,Z$ 的各项与 N-S 方程中含 u_x,u_y,u_z,p,X,Y,Z 的各项形式上完全相同，所不同的是，雷诺方程中增加了由**雷诺应力**

$$\begin{bmatrix}-\rho\overline{u_x'^2} & -\rho\overline{u_x'u_y'} & -\rho\overline{u_x'u_z'}\\ -\rho\overline{u_y'u_x'} & -\rho\overline{u_y'^2} & -\rho\overline{u_y'u_z'}\\ -\rho\overline{u_z'u_x'} & -\rho\overline{u_z'u_y'} & -\rho\overline{u_z'^2}\end{bmatrix}\tag{4-98}$$

所构成的附加项。式(4-98)即为雷诺应力的矩阵表达式。雷诺应力为二阶对称张量，独立的分量仅有六个，即 $-\rho\overline{u_x'^2}$，$-\rho\overline{u_y'^2}$，$-\rho\overline{u_z'^2}$，$-\rho\overline{u_x'u_y'}=-\rho\overline{u_y'u_x'}$，$-\rho\overline{u_y'u_z'}=-\rho\overline{u_z'u_y'}$，$-\rho\overline{u_x'u_z'}=-\rho\overline{u_z'u_x'}$。由于雷诺应力分量均未知，可见雷诺方程组不闭合，必须补充方程后才能求解。为此，人们试图从各个方面来补充关系式，这就形成了求解紊流问题的多种理论。

3. 关于紊流的求解

利用一些部分得到试验证明的假设，去建立雷诺应力与时均量之间的关系，以解决紊流基本方程的封闭问题，称为**紊流的半经验理论**。主要有**布辛涅斯克(Boussinesq)涡粘性系数**、**普朗特混合长度理论**、**泰勒(Taylor)涡量传递理论**、**卡门(Karmán Th. von)相似性理论**等。这些理论只考虑了一阶紊流统计量的动力学微分方程，即平均运动方程，没有引进任何高阶统计量的微分方程，因此这些理论可归入一阶封闭模式或零方程模型范围。在紊流的计算中，半经验理论至今还在应用。随着计算机技术和数值模拟的飞速发展，属于二阶封闭模式的紊流模型取得了卓有成效的进展。主要有**雷诺应力模型**(微分模型，RSM)、**代数应力模型**(k-ε-A 模型，ASM)、**二方程模型**(涡粘性模型，k-ε-E 模型)、**双尺度二阶紊流模型**等，这些都属于**紊流模式理论**范畴。目前,大量的工程紊流计算仍需依赖普通的紊流模式,因而继续改进紊流模型是很必要的。

紊流模式理论在解决工程实际问题中已经发挥了很大作用。然而它也确实存在两个缺陷:①它通过平均运算将脉动运动的全部行为细节一律抹平,丢失了包含在脉动运动中的大量有重要意义的信息。②各种紊流模型都有一定的局限性、对经验数据的依赖和预报程度较差等缺点。因此,作为紊流的高级数值模拟,**大涡模拟**(large eddy simulation,LES)与**直接数值模拟**(direct numerical simulation,DNS)有良好的发展前景。目前,尽管大涡模拟主要应用在大气与环境科学领域,在工程问题中的应用还为数不多,直接数值模拟还只能计算一些中等以下雷诺数且有简单几何边界的紊流流动问题,但随着计算机计算能力的迅速增强,大涡模拟的直接工程应用将会不断扩大,采用大涡模拟来检验、改进和构造紊流模型将是它对实际工程应用最重要的贡献。直接数值模拟主要用于紊流的基础研究,发现新结构、揭示新机理、提供新概念、检验与改进紊流模型等。

关于紊流的模式理论及高级数值模拟,读者可查阅有关的书籍、文献。作为紊流求解的实例,下面介绍普朗特混合长度理论及其在求解流速分布中的应用。

4. 普朗特混合长度理论及其应用

(1) 普朗特混合长度理论

在紊流半经验理论中,普朗特混合长度理论最为著名,应用最广。下面结合二维恒定明渠均匀紊流进行推导。

二维恒定明渠均匀紊流如图4-16所示,时均速度分量为 $\bar{u}_x=\bar{u}_x(y)$,$\bar{u}_y=0$,$\bar{u}_z=0$。在这种流动中,紊流附加切应力是 τ_{yx_t},简记为 τ_t,即为作用在垂直于 y 轴的平面上、沿 x 方向的紊动切应力。普朗特将流体微团的脉动与气体的分子运动相类比。对于气体的分子运动,气体分子运行一个平均自由程与其他气体分子相碰撞,发生分子之间的动量交换;对于紊流运动,普朗特假设流体微团运行某一距离后才与周围其他

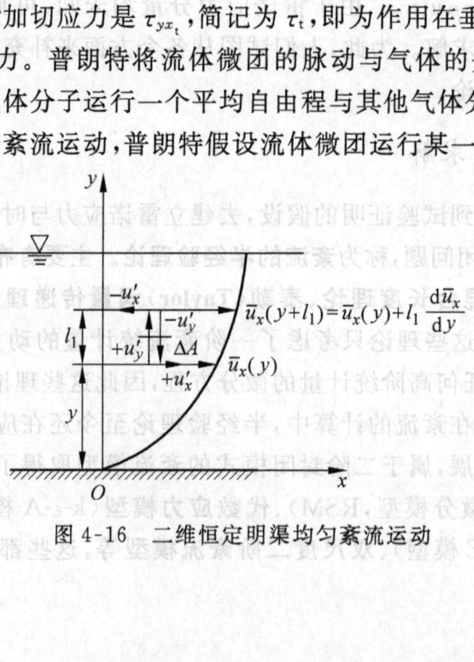

图4-16 二维恒定明渠均匀紊流运动

流体相混掺，而流体微团的流动特征在运行过程中保持不变。流体微团运行的这一距离称为**混合长度**。对于图中相距 l_1 的两层流体，下层时均流速为 $\bar{u}_x(y)$，上层时均流速为 $\bar{u}_x(y)+l_1\dfrac{\mathrm{d}\bar{u}_x}{\mathrm{d}y}$。$\Delta A$ 为垂直于 y 轴的微小面积，位于两层之间。在 $+u_y'$ 脉动速度作用下，流体微团从下层穿过 ΔA 到达上层，并在上层产生 $-u_x'$ 脉动速度；反之，在脉动速度 $-u_y'$ 作用下，流体微团从上层穿过 ΔA 到达下层，并在下层产生 $+u_x'$ 脉动速度。可见，$\overline{u_x'u_y'}$ 总为负值，为使紊流附加切应力与粘性切应力表示方式一致，写成

$$\tau_t=-\rho\overline{u_x'u_y'} \tag{4-99}$$

该紊流附加切应力也叫**雷诺切应力**。下面要建立附加切应力与时均流动要素之间的关系式。

由图 4-16 可知，上、下层的时均流速差为

$$\bar{u}_x(y+l_1)-\bar{u}_x(y)=l_1\frac{\mathrm{d}\bar{u}_x}{\mathrm{d}y}$$

普朗特假定 $\overline{|u_x'|}$ 与上、下两层时均流速差成比例，即

$$\overline{|u_x'|}\sim l_1\frac{\mathrm{d}\bar{u}_x}{\mathrm{d}y} \tag{4-100}$$

又假定 $\overline{|u_y'|}$ 与 $\overline{|u_x'|}$ 属于同一数量级，即

$$\overline{|u_y'|}\sim\overline{|u_x'|}\sim l_1\frac{\mathrm{d}\bar{u}_x}{\mathrm{d}y}$$

由于 u_x' 与 u_y' 总是符号相反，即

$$\overline{u_x'u_y'}=-k_0\,\overline{|u_x'|}\;\overline{|u_y'|}=-k_1l_1^2\left(\frac{\mathrm{d}\bar{u}_x}{\mathrm{d}y}\right)^2$$

式中：k_0，k_1 均为比例常数。令 $k_1l_1^2=l^2$，则有

$$\overline{u_x'u_y'}=-l^2\left(\frac{\mathrm{d}\bar{u}_x}{\mathrm{d}y}\right)^2 \tag{4-101}$$

式中：l 为混合长度。则紊流附加切应力为

$$\tau_t=-\rho\overline{u_x'u_y'}=\rho l^2\left(\frac{\mathrm{d}\bar{u}_x}{\mathrm{d}y}\right)^2 \tag{4-102}$$

由于它与粘性切应力具有一致的符号，故改写为

$$\tau_t=\rho l^2\left|\frac{\mathrm{d}\bar{u}_x}{\mathrm{d}y}\right|\frac{\mathrm{d}\bar{u}_x}{\mathrm{d}y} \tag{4-103}$$

其符号由速度梯度 $\dfrac{\mathrm{d}\bar{u}_x}{\mathrm{d}y}$ 决定。该式将紊流附加切应力与时均流速联系起来，使雷诺方程组闭合。

混合长度 l 不是流体的物理性质，与流动情况有关，由试验确定。普朗特假定 l 与从固壁算起的法向距离 y 成正比，即

$$l=ky \tag{4-104}$$

式中：k 为**卡门常数**，由试验确定。依据克莱巴诺夫(Klebanoff)的平板紊流边界层试验结果，在固体壁面附近，l 与 y 呈线性关系：$l=ky$，卡门常数 $k=0.4$。

(2) 紊流的对数流速分布

普朗特直接从切应力的定义式出发并利用式(4-103)推求紊流的时均流速分布。紊流的总切应力为

$$\tau=\tau_l+\tau_t=\mu\frac{d\bar{u}_x}{dy}+(-\rho\overline{u_x'u_y'}) \tag{4-105}$$

式中：τ 为总切应力；τ_l 为粘性切应力；τ_t 为紊动切应力。对于雷诺数很大的充分发展紊流，由于 $\tau_l \ll \tau_t$，则可以略去 τ_l，于是

$$\tau\approx\tau_t=-\rho\overline{u_x'u_y'}=\rho l^2\left(\frac{d\bar{u}_x}{dy}\right)^2 \tag{4-106}$$

为简单起见，用 $\bar{u}$ 代替 $\bar{u}_x$。固体壁面附近，$l=ky$，k 为卡门常数。普朗特还假定，在壁面附近区域，$\tau=\tau_0$ 为常数，τ_0 为壁面切应力。令 $\sqrt{\tau_0/\rho}=u_*$ 为**摩阻流速**，则有

$$\tau=\tau_0=\rho k^2y^2\left(\frac{d\bar{u}}{dy}\right)^2$$

或

$$\frac{\tau_0}{\rho}=u_*^2=k^2y^2\left(\frac{d\bar{u}}{dy}\right)^2$$

两端开方，得

$$\frac{d\bar{u}}{dy}=\frac{u_*}{ky} \tag{4-107}$$

积分，得

$$\frac{\bar{u}}{u_*}=\frac{1}{k}\ln y+C \tag{4-108}$$

这就是应用普朗特混合长度理论得出的、著名的紊流流速分布的**对数律**。必须说明：这个公式推导过程中，虽然是根据壁面附近紊流切应力为常数，且等于壁面切应力 τ_0 这一事实而进行的。但实际上它不仅可以用在壁面附近，而且在相当大的范围内都适用。例如可以应用到管道流动的中心。式中的积分常数 C，可用条件 $y=y_0$，$\bar{u}=\bar{u}_{max}$ 来确定。对于圆管而言，y_0 为壁面至管轴的距离，$\bar{u}_{max}$ 为管轴上的最大流速；对于明渠而言，y_0 为渠底至水面的距离，$\bar{u}_{max}$ 为明渠水面处的最大流速。

将式(4-108)用于圆管，则有

$$\frac{\bar{u}_{max}}{u_*}=\frac{1}{k}\ln y_0+C \tag{4-109}$$

用式(4-109)减式(4-108)，得

$$\frac{\bar{u}_{max}-\bar{u}}{u_*}=\frac{1}{k}\ln\frac{y_0}{y} \tag{4-110}$$

即为**普朗特普适流速亏损律**。

令 $C=C_1-\frac{1}{k}\ln\frac{\nu}{u_*}$ 代入式(4-108)，可得无量纲的流速分布

$$\frac{\bar{u}}{u_*}=\frac{1}{k}\ln\frac{yu_*}{\nu}+C_1 \tag{4-111}$$

式中：$\frac{yu_*}{\nu}$ 为无量纲的坐标，具有雷诺数形式，通常以 y^+ 表示；$\frac{\bar{u}}{u_*}$ 为无量纲的流速，以 u^+ 表示。则式(4-111)可简记为

$$u^+=\frac{1}{k}\ln y^+ +C_1 \tag{4-112}$$

式中：k 为卡门常数；C_1 为与壁面情况有关的常数，均需通过试验确定。尼古拉兹(Nikuradse)通过光滑圆管试验得到：$k=0.4$，$C_1=5.5$。采用 lg 表示，则光滑圆管中紊流的时均流速分布为

$$u^+=5.75\lg y^+ +5.5 \tag{4-113}$$

4.7 欧拉方程及其积分

从理想流体的欧拉方程出发，可以导出两个重要积分——**伯努利(Bernoulli)积分和拉格朗日积分**。

1. 兰姆-葛罗米柯(Lamb-Громека)方程

利用矢量恒等式

$$\nabla(\boldsymbol{a}\cdot\boldsymbol{b})=\boldsymbol{a}\times(\nabla\times\boldsymbol{b})+\boldsymbol{b}\times(\nabla\times\boldsymbol{a})+(\boldsymbol{a}\cdot\nabla)\boldsymbol{b}+(\boldsymbol{b}\cdot\nabla)\boldsymbol{a}$$

令 $\boldsymbol{a}=\boldsymbol{b}=\boldsymbol{u}$，可将 $(\boldsymbol{u}\cdot\nabla)\boldsymbol{u}$ 化为

$$(\boldsymbol{u}\cdot\nabla)\boldsymbol{u}=\frac{1}{2}\nabla u^2-\boldsymbol{u}\times(\nabla\times\boldsymbol{u})$$

由于涡量 $\boldsymbol{\Omega}=\nabla\times\boldsymbol{u}$，质量力有势 $\boldsymbol{f}=-\nabla\Pi$ 及均质不可压缩流体 $\frac{1}{\rho}\nabla p=\nabla\left(\frac{p}{\rho}\right)$，则欧拉方程(4-35)化为

$$\frac{\partial\boldsymbol{u}}{\partial t}+\nabla\left(\Pi+\frac{p}{\rho}+\frac{u^2}{2}\right)=\boldsymbol{u}\times\boldsymbol{\Omega} \tag{4-114}$$

即为**兰姆-葛罗米柯方程**。式中：Π 为力势函数；$u^2=u_x^2+u_y^2+u_z^2$。

2. 伯努利积分

依据兰姆-葛罗米柯方程(4-114)，对于恒定、有旋流动，则有

$$\nabla\left(\Pi+\frac{p}{\rho}+\frac{u^2}{2}\right)=\boldsymbol{u}\times\boldsymbol{\Omega} \tag{4-115}$$

用流线的微元长 d$\boldsymbol{r}$ 点乘式(4-115)两端，即

$$\mathrm{d}\boldsymbol{r}\cdot\nabla\left(\Pi+\frac{p}{\rho}+\frac{u^2}{2}\right)=\mathrm{d}\boldsymbol{r}\cdot(\boldsymbol{u}\times\boldsymbol{\Omega})$$

显然上式左端为全微分 $\mathrm{d}\left(\Pi+\frac{p}{\rho}+\frac{u^2}{2}\right)$，右端为零，即

$$\mathrm{d}\left(\Pi+\frac{p}{\rho}+\frac{u^2}{2}\right)=0 \tag{4-116}$$

沿流线积分，得出

$$\Pi+\frac{p}{\rho}+\frac{u^2}{2}=\text{常数}\quad(\text{沿流线}) \tag{4-117}$$

此式为**伯努利积分**。该式表明：对于有势质量力作用下的理想、不可压缩流体的恒定有旋流动，同一流线上各点的$\left(\Pi+\frac{p}{\rho}+\frac{u^2}{2}\right)$值相等。必须注意：对于不同流线上的两点，不能应用这一积分。对于重力场，$\Pi=gh$，当取 z 坐标与铅直方向 h 重合时，则式(4-117)化为

$$z+\frac{p}{\rho g}+\frac{u^2}{2g}=\text{常数}\quad(\text{沿流线}) \tag{4-118}$$

或

$$z_1+\frac{p_1}{\rho g}+\frac{u_1^2}{2g}=z_2+\frac{p_2}{\rho g}+\frac{u_2^2}{2g}\quad(\text{沿流线}) \tag{4-119}$$

为无摩阻时的伯努利方程，下标 1 和下标 2 表示同一流线上的两点。

3. 拉格朗日积分

依据兰姆-葛罗米柯方程(4-114)，对于恒定、无旋流动，则有

$$\nabla\left(\Pi+\frac{p}{\rho}+\frac{u^2}{2}\right)=\boldsymbol{0} \tag{4-120}$$

通过点乘 d$\boldsymbol{r}$，化为全微分

$$\mathrm{d}\left(\Pi+\frac{p}{\rho}+\frac{u^2}{2}\right)=0 \tag{4-121}$$

积分，得出

$$\Pi+\frac{p}{\rho}+\frac{u^2}{2}=\text{常数}\quad(\text{全流场}) \tag{4-122}$$

此式为**拉格朗日积分**。该式表明：对于有势质量力作用下的理想、不可压缩流体的恒定无旋流动，全流场各点的$\left(\Pi+\frac{p}{\rho}+\frac{u^2}{2}\right)$值均相等。对于重力场，$\Pi=gh$，当取 z

坐标与铅直方向 h 重合时，则式(4-122)化为

$$z+\frac{p}{\rho g}+\frac{u^2}{2g}=\text{常数}\quad(\text{全流场})\tag{4-123}$$

或

$$z_1+\frac{p_1}{\rho g}+\frac{u_1^2}{2g}=z_2+\frac{p_2}{\rho g}+\frac{u_2^2}{2g}\quad(\text{全流场})\tag{4-124}$$

必须强调，尽管拉格朗日积分在形式上与伯努利积分完全相同，但其适用范围不同，拉格朗日积分适用于全流场，而伯努利积分仅在同一流线上成立。此外，在选择积分时要特别注意积分成立的条件是否得到满足。例如，对于有旋运动，如果选用拉格朗日积分就会得出错误的结果。

例 4-2 在迹线为同心圆的恒定流动中，速度 u 与半径 r 成反比的流动叫作**自由涡**，为无旋流动；u 与 r 成正比的流动叫作**强迫涡**，为有旋流动；而圆内强迫涡与圆外自由涡的组合称作**兰金(Rankine)组合涡**。已知不可压缩液体作恒定平面圆周运动，圆内强迫涡的速度分布为 $u=\omega r(r\leqslant r_0)$，圆外自由涡的速度分布为 $u=\dfrac{\Gamma}{2\pi r}(r\geqslant r_0)$，式中旋转角速度 ω 和速度环量 Γ 均为常量。若圆内 $r=r_0$ 处，$u=u_0$，$p=p_0$；圆外 $r\to\infty$ 处，$u=0$，$p=p_\infty$。试求圆内强迫涡、圆外自由涡及兰金组合涡的压强分布。

解 (1) 对于圆外自由涡($r\geqslant r_0$)，因满足拉格朗日积分条件，可直接用式(4-122)求解。由于为平面运动，可不计质量力，则有

$$\frac{p}{\rho}+\frac{u^2}{2}=\text{常数}\quad(\text{全流场})$$

于是，可对流场中任意一点与无穷远点列方程，即

$$\frac{p}{\rho}+\frac{u^2}{2}=\frac{p_\infty}{\rho}+\frac{u_\infty^2}{2}$$

则可得自由涡的压强分布，即

$$p=p_\infty-\frac{\rho u^2}{2}=p_\infty-\frac{\rho\Gamma^2}{8\pi^2 r^2}\quad(r\geqslant r_0)$$

(2) 对于圆内强迫涡($r\leqslant r_0$)：因其只满足伯努利沿流线积分的条件，所以必须通过求解欧拉方程才能得到压强分布。因平面运动，可不计质量力，且由 $u=\omega r$，可求出 $u_x=-\omega y$，$u_y=\omega x$，则欧拉方程简化为

$$\rho\omega^2 x=\frac{\partial p}{\partial x}$$

$$\rho\omega^2 y=\frac{\partial p}{\partial y}$$

于是

$$\mathrm{d}p=\frac{\partial p}{\partial x}\mathrm{d}x+\frac{\partial p}{\partial y}\mathrm{d}y=\rho\omega^2(x\mathrm{d}x+y\mathrm{d}y)$$

积分得

$$p=\frac{\rho\omega^2 r^2}{2}+C$$

由 $r=r_0, u=u_0, p=p_0$ 求得

$$C=p_0-\frac{\rho\omega^2 r_0^2}{2}$$

则强迫涡的压强分布为

$$p=p_0-\frac{\rho\omega^2 r_0^2}{2}+\frac{\rho\omega^2 r^2}{2}\quad (r\leqslant r_0)$$

(3) 将圆内强迫涡的压强分布与圆外自由涡的压强分布结合起来，即为兰金组合涡的压强分布。当 $r=r_0$，则有

$$u|_{r=r_0}=\omega r_0=\frac{\Gamma}{2\pi r_0}$$

及

$$p|_{r=r_0}=p_0=p_\infty-\frac{\rho\Gamma^2}{8\pi^2 r_0^2}$$

得出

$$\omega=\frac{\Gamma}{2\pi r_0^2}$$

$$p_\infty=p_0+\frac{\rho\Gamma^2}{8\pi^2 r_0^2}=p_0+\frac{\rho\omega^2 r_0^2}{2}$$

容易看出，对于自由涡、强迫涡及兰金组合涡，压强 p 均随 r 的减小而降低。在圆心处($r=0$)，压强 $p_c=p_0-\frac{\rho\omega^2 r_0^2}{2}$ 为最低；在圆周上($r=r_0$)，压强 $p=p_0$；在无穷远处($r\to\infty$)，压强 $p=p_\infty=p_0+\frac{\rho\omega^2 r_0^2}{2}$ 为最高。图 4-17 所示为自由涡、强迫涡及兰金组合涡的流速分布和压强分布。

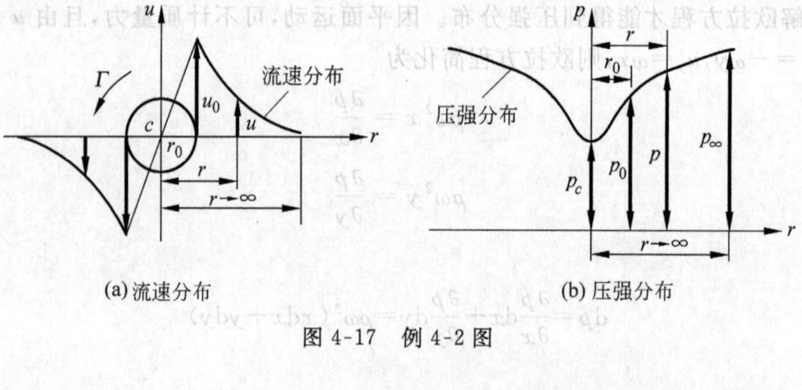

图 4-17 例 4-2 图

思考题与习题

4-1 连续介质模型是流体力学根本性的假定，在推导微分形式的基本方程时应如何体现？

4-2 推导微分形式的连续性方程和运动方程所采用的方法是否相同？说明推导的思路和步骤。

4-3 试述流函数的定义及物理意义。

4-4 为什么可依据“弹性体的应力-应变关系”导出“牛顿流体的应力-应变率关系”？

4-5 纳维-斯托克斯方程各项的含义是什么？何为“质量力有势”？

4-6 “两个流动系统相似”需要满足哪些条件？

4-7 说明各特征数的含义，何为“弗劳德相似准则”和“雷诺相似准则”？

4-8 粘性流动中两种不同的流动型态是什么？怎样判别流态？

4-9 何为阻力和升力？其主要影响因素有哪些？

4-10 说明 N-S 方程组的特点、求解困难及主要解法。

4-11 何为蠕动流？针对这一流动，怎样简化 N-S 方程组？

4-12 N-S 方程组是否适用于紊流？利用“求时均的规则”导出雷诺方程后，带来了什么问题？解决的思路有哪些？

4-13 试述伯努利积分和拉格朗日积分的适用条件并举例说明其应用。

4-14 针对二维不可压缩流体，判别流动是否能发生？

1. $\begin{cases} u_x = A\sin(xy) \\ u_y = -A\sin(xy) \end{cases}$ （A 为常数）　　2. $\begin{cases} u_x = -Ax/y \\ u_y = A\ln(xy) \end{cases}$ （A 为常数）

4-15 已知不可压缩流体的速度场为

$$\begin{cases} u_x = Ax + By \\ u_y = Cx + Dy \\ u_z = 0 \end{cases}$$

式中：A,B,C,D 为待定常数。求满足连续性方程的条件，并求流线方程。

4-16 针对不可压缩流体，推求未知速度矢量，问能否得到惟一解？

1. $\begin{cases} u_x = x^2 + 2y^2 \\ u_y = yz + zx \\ u_z = ? \end{cases}$　　2. $\begin{cases} u_x = 2xyz + y^2 + 5 \\ u_y = ? \\ u_z = y^2 - yz^2 + 10 \end{cases}$

3. $\begin{cases} u_x=\frac{1}{2}x^2+x-2y \\ u_y=? \end{cases}$ 4. $\begin{cases} u_r=? \\ u_\theta=\frac{A\sin\theta}{r^2} \end{cases}$

4-17 试从理想流体的欧拉方程出发，导出伯努利积分和拉格朗日积分表达式。

4-18 理想不可压缩液体作恒定平面无旋运动，若在 r_0 处速度为 u_0，压强为 p_0，且在全流场有 ur=常数，试求压强分布。

4-19 理想不可压缩液体在宽度 b 沿程改变的平坡矩形断面渠道中作恒定流动，试证：当流速小于波速时，液体的深度 h 将随着渠宽的增加而加大，其增加率为

$$\frac{\mathrm{d}h}{\mathrm{d}b}=\frac{u^2h}{b(gh-u^2)}$$

4-20 理想不可压缩流体绕半径为 a 的圆球作恒定无旋运动，若流速分布为

$$\begin{cases} u_r=u_\infty\left(1-\frac{a^3}{r^3}\right)\cos\theta \\ u_\theta=-u_\infty\left(1+\frac{a^3}{2r^3}\right)\sin\theta \end{cases}$$

且在无穷远处速度为 u_∞、压强为 p_∞，试求压强分布(不计质量力)。

4-21 已知不可压缩液体作恒定平面圆周运动，在 $r\leqslant a$ 的圆域内速度分布为 $u=\omega r$，圆域外($r\geqslant a$)速度分布为 $u=k/r$，ω 和 k 均为常数。若 $r=0,u=0,p=p_0$；$r\to\infty$，$u=0,p=p_\infty$，试求圆域内外的压强分布。

4-22 密度为 ρ、动力粘度为 μ 的不可压缩液体，以薄膜状沿着与水平面成 α 角的倾斜玻璃板向下流动。若薄膜厚度 a 为常量，流动为恒定层流，且不计薄膜表面与空气之间的粘性切应力，试求流速分布、板上切应力及平均流速。

4-23 水平放置的两平行平板间具有等深 a 的两层不相混合的不可压缩液体，若液体作恒定层流运动，上层和下层液体的动力粘度与密度分别为 μ_1,ρ_1 和 μ_2,ρ_2；压强梯度为$\partial p/\partial x$，且与 x 和 z 无关。求平行平板间的速度分布(提示：在液流分界面上，速度 u 及切应力 τ_{zx} 均为单值，如图 4-18 所示)。

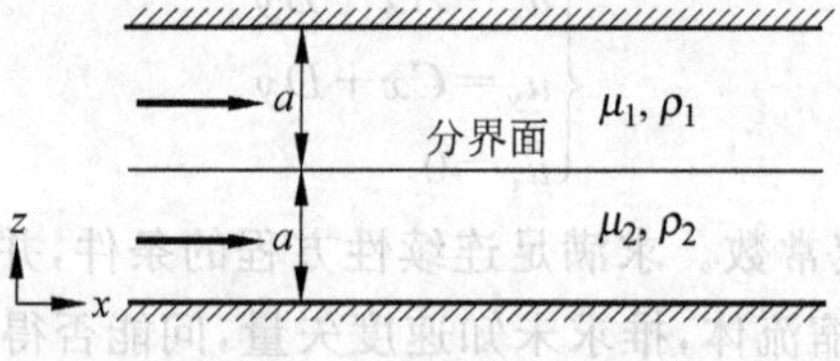

图 4-18 题 4-23 图

4-24 一端封闭的细管长 50cm，如图 4-19 所示。管中盛有体积等于细管体积一半的水银，如果细管绕其开口端以 180r/min 的等角速度在水平面内旋转，问封闭端的压强多大？

4-25 截面为矩形的弯道中，沿半径的速度分布近似于自由涡的速度分布（$ur=$常数），如图 4-20 所示。假定为无摩阻流动，试将弯道内、外侧压差表示为流量 Q、密度 ρ、几何尺寸 R 和 b 的函数。

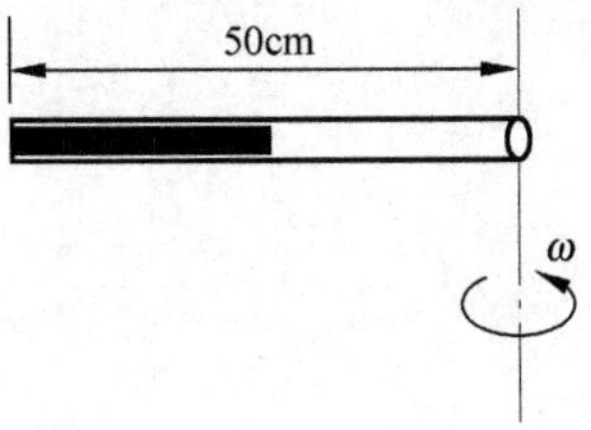

图 4-19 题 4-24 图

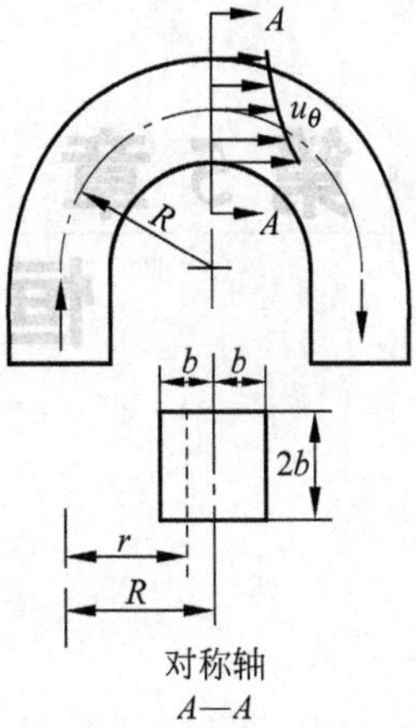

图 4-20 题 4-25 图

第 5 章 恒定平面势流

当流体的粘性作用可忽略，则该流体可作为理想流体来处理。理想流体的无旋运动即为有势运动，可应用势流理论来求解。本章主要讨论恒定平面势流，介绍一些基本概念及求解方法，包括：速度势函数，不可压缩流体的恒定平面势流，基本恒定平面势流及其叠加，绕圆柱流动等。由于边界层外流区可作为势流运动求解，本章也为第 6 章边界层问题的求解打下一定的基础。

5.1 速度势函数

无旋流动是指旋度为零的流动。若能将速度矢量 $\boldsymbol{u}$ 表示为某一标量函数 φ 的梯度，即

$$\boldsymbol{u}=\nabla\varphi \tag{5-1}$$

或

$$u_x=\frac{\partial\varphi}{\partial x},\quad u_y=\frac{\partial\varphi}{\partial y},\quad u_z=\frac{\partial\varphi}{\partial z} \tag{5-2}$$

则由 $\nabla\times\boldsymbol{u}=\nabla\times(\nabla\varphi)=\boldsymbol{0}$ 可知此时无旋条件自然得到满足。式中 φ 即为**速度势函数**。注意：只要流动无旋就一定存在速度势函数，而不受其他条件限制。所以无旋流动也叫有势流动，简称**势流**。对于不可压缩流体，φ 满足拉普拉斯方程，即

$$\nabla\cdot\boldsymbol{u}=\nabla\cdot\nabla\varphi=\nabla^2\varphi=0 \tag{5-3}$$

引入 φ 后，可将求 u_x，u_y 的问题转化为求 φ 的问题，即通过求标量场 φ 来求矢量场 $\boldsymbol{u}$。

可见，引入速度势函数是很有意义的。

5.2 不可压缩流体恒定平面势流

对于不可压缩流体的**恒定平面势流**，显然既存在速度势函数 φ，又存在流函数 ψ，它们与速度分量的关系为

$$u_x = \frac{\partial \varphi}{\partial x}, \quad u_y = \frac{\partial \varphi}{\partial y} \tag{5-4}$$

$$u_x = \frac{\partial \psi}{\partial y}, \quad u_y = -\frac{\partial \psi}{\partial x} \tag{5-5}$$

于是得

$$\left.\begin{aligned} u_x &= \frac{\partial \varphi}{\partial x} = \frac{\partial \psi}{\partial y} \\ u_y &= \frac{\partial \varphi}{\partial y} = -\frac{\partial \psi}{\partial x} \end{aligned}\right\} \tag{5-6}$$

这就是著名的**柯西-黎曼(Cauchy-Riemann)条件**。

而且，φ 及 ψ 此时均满足拉普拉斯方程，即

$$\frac{\partial^2 \varphi}{\partial x^2} + \frac{\partial^2 \varphi}{\partial y^2} = 0 \tag{5-7}$$

$$\frac{\partial^2 \psi}{\partial x^2} + \frac{\partial^2 \psi}{\partial y^2} = 0 \tag{5-8}$$

注意：此时的 φ 与 ψ 都同时满足了连续性方程和无旋条件。

由于 φ 与 ψ 都是 x, y 的函数，所以可在 xOy 平面内绘出若干条 φ 及 ψ 的等值线，从而构成**流网**——等势线（等 φ 线）与流线（等 ψ 线）构成的正交曲线网格。

5.3 基本的恒定平面势流

1. 均匀等速流

图 5-1 示出了**均匀等速流**的流型。

速度场：$u_x = U$（常数），

$u_y = 0$；

势函数：$\varphi = Ux$；

流函数：$\psi = Uy$；

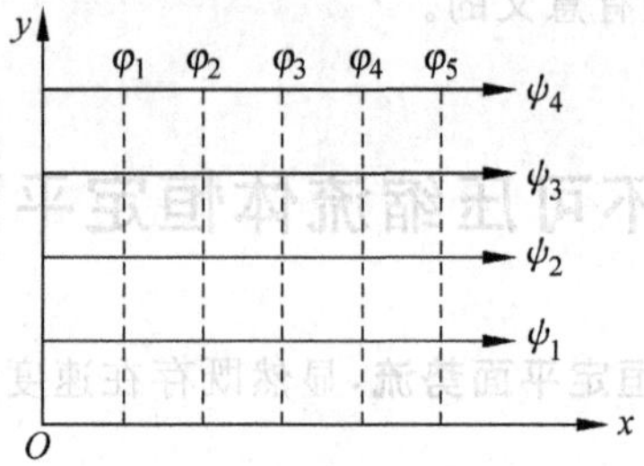

图 5-1 均匀等速流

等势线：φ=常数，即 x=常数，为平行于 y 轴的直线；

流线：ψ=常数，即 y=常数，为平行于 x 轴的直线。

2. 源与汇

源与汇的流型，如图 5-2(a)和(b)所示。

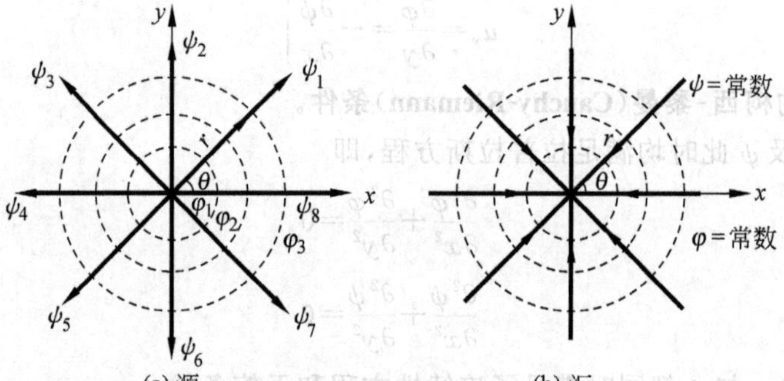

图 5-2 源与汇

速度场：$u_r=\dfrac{Q}{2\pi r}$，$u_\theta=0$。

式中：Q 为常数($Q>0$ 代表源；$Q<0$ 代表汇，在表达式中以 $-Q$ 表示汇)。

势函数：$\varphi=\dfrac{Q}{2\pi}\ln r$；

流函数：$\psi=\dfrac{Q}{2\pi}\theta$；

等势线：$\varphi=\dfrac{Q}{2\pi}\ln r$=常数，即 r=常数，为以原点为中心的一族同心圆；

流线：$\psi=\dfrac{Q}{2\pi}\theta$=常数，即 θ=常数，为从原点引出的一族径向直线。

采用极坐标表示的柯西-黎曼条件具有如下形式：

$$\left.\begin{aligned} u_r &= \frac{\partial \varphi}{\partial r} = \frac{1}{r}\frac{\partial \psi}{\partial \theta} \\ u_\theta &= \frac{1}{r}\frac{\partial \varphi}{\partial \theta} = -\frac{\partial \psi}{\partial r} \end{aligned}\right\} \tag{5-9}$$

3. 势涡

势涡的流型，如图 5-3 所示。

速度场：$u_r=0, u_\theta=\dfrac{\Gamma}{2\pi r}$。

式中：Γ 为常数（$\Gamma>0$ 表示反时针旋转；$\Gamma<0$ 表示顺时针旋转，在表达式中以 $-\Gamma$ 表示）；

势函数：$\varphi=\dfrac{\Gamma}{2\pi}\theta$；

流函数：$\psi=-\dfrac{\Gamma}{2\pi}\ln r$；

等势线：$\varphi=\dfrac{\Gamma}{2\pi}\theta=$ 常数，即 $\theta=$ 常数，为从原点引出的一族径向直线；

流线：$\psi=-\dfrac{\Gamma}{2\pi}\ln r=$ 常数，即 $r=$ 常数，为以原点为中心的一族同心圆。

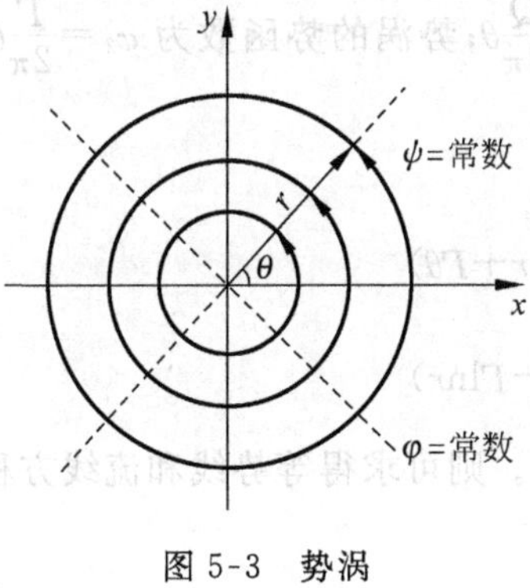

图 5-3 势涡

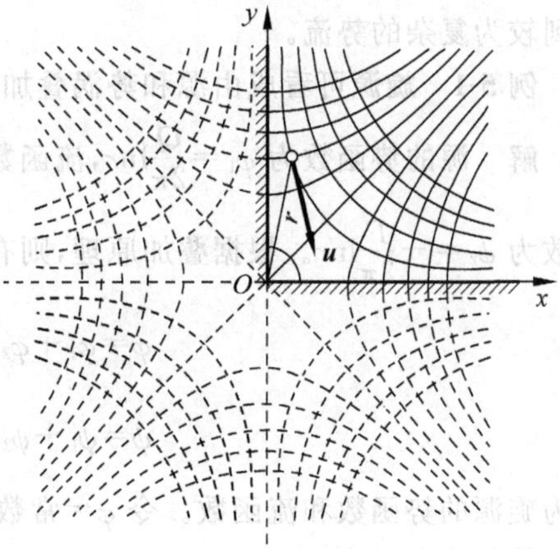

图 5-4 直角内的流动

4. 直角内的流动

图 5-4 所示为**直角内的流动**流型。

速度场：$u_x=2ax, u_y=-2ay$（a 为常数）；

势函数：$\varphi=a(x^2-y^2)$；

流函数：$\psi=2axy$；

等势线：$\varphi=a(x^2-y^2)=$常数，是以坐标轴的等分线为渐近线的一族双曲线；

流线：$\psi=2axy=$常数，即 $xy=C=$常数，是以两坐标轴为渐近线的双曲线族。当 $C>0$ 时在Ⅰ，Ⅲ象限；当 $C<0$ 时，在Ⅱ，Ⅳ象限；当 $C=0$ 时流线与 x,y 轴重合，如图 5-4 所示。

若仅考虑第Ⅰ象限的流动，并把 x,y 轴当作固体壁面，便代表直角内的流动，如图 5-4 所示。

5.4 势流的叠加

势流的基本方程为拉普拉斯方程，该方程为线性方程，所以可对几个简单势流进行**叠加**。叠加公式为

$$\varphi=\varphi_1+\varphi_2+\cdots+\varphi_k \tag{5-10}$$

$$\psi=\psi_1+\psi_2+\cdots+\psi_k \tag{5-11}$$

$$\boldsymbol{u}=\boldsymbol{u}_1+\boldsymbol{u}_2+\cdots+\boldsymbol{u}_k \tag{5-12}$$

式中：φ,ψ 和 $\boldsymbol{u}$ 分别代表叠加后的势函数、流函数和速度矢量；$\varphi_1,\cdots,\varphi_k,\psi_1,\cdots,\psi_k,\boldsymbol{u}_1,\cdots,\boldsymbol{u}_k$ 则分别代表简单势流的势函数、流函数和速度矢量。可见，通过叠加可以得到较为复杂的势流。

例 5-1 **旋源**可看成由源和势涡叠加而成，试分析这一流动。

解 源的势函数为 $\varphi_1=\frac{Q}{2\pi}\ln r$，流函数为 $\psi_1=\frac{Q}{2\pi}\theta$；势涡的势函数为 $\varphi_2=\frac{\Gamma}{2\pi}\theta$，流函数为 $\psi_2=-\frac{\Gamma}{2\pi}\ln r$。根据叠加原理，则有

$$\varphi=\varphi_1+\varphi_2=\frac{1}{2\pi}(Q\ln r+\Gamma\theta)$$

$$\psi=\psi_1+\psi_2=\frac{1}{2\pi}(Q\theta-\Gamma\ln r)$$

即为旋源的势函数和流函数。令 $\varphi=$常数，$\psi=$常数。则可求得等势线和流线方程。

等势线方程为

$$r=C_1\mathrm{e}^{-\frac{\Gamma}{Q}\theta}$$

流线方程为

$$r=C_2\mathrm{e}^{\frac{Q}{\Gamma}\theta}$$

流线和等势线是互为正交的对数螺线族，如图 5-5 所示。

利用式(5-9)可求出旋源的速度分量

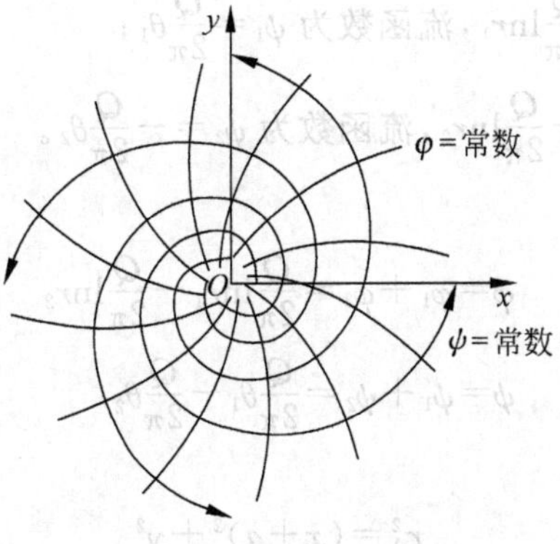

图 5-5 例 5-1 图

$$u_r=\frac{\partial\varphi}{\partial r}=\frac{Q}{2\pi r}$$

$$u_\theta=\frac{1}{r}\frac{\partial\varphi}{\partial\theta}=\frac{\Gamma}{2\pi r}$$

这一结果恰好体现源速度场$\left(u_r=\dfrac{Q}{2\pi r},u_\theta=0\right)$与势涡速度场$\left(u_r=0,u_\theta=\dfrac{\Gamma}{2\pi r}\right)$两者的叠加。旋源的速度值为

$$|\boldsymbol{u}|=\sqrt{u_r^2+u_\theta^2}=u$$

$$=\frac{\sqrt{Q^2+\Gamma^2}}{2\pi r}$$

显然，$ur=\dfrac{\sqrt{Q^2+\Gamma^2}}{2\pi}=$常数。应用拉格朗日积分容易证明在旋源的中心压强最低。

例 5-2 试分析等强度源与汇叠加后的流动。

解 等强度的源与汇分别位于 x 轴$(-a,0)$点及$(a,0)$点，如图 5-6 所示。

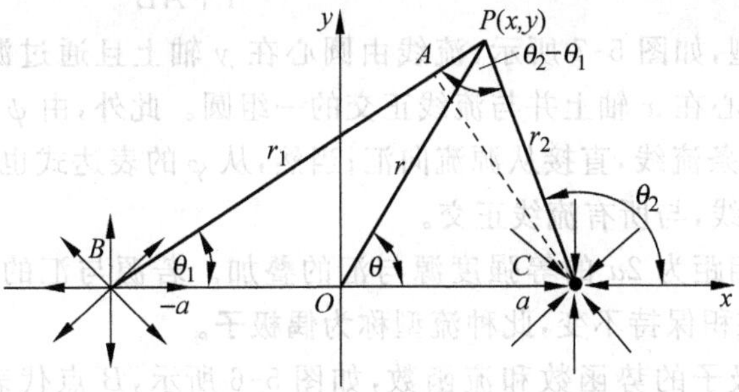

图 5-6 例 5-2 图

源的势函数为 $\varphi_1=\dfrac{Q}{2\pi}\ln r_1$，流函数为 $\psi_1=\dfrac{Q}{2\pi}\theta_1$；

汇的势函数为 $\varphi_2=-\dfrac{Q}{2\pi}\ln r_2$，流函数为 $\psi_2=-\dfrac{Q}{2\pi}\theta_2$。

根据叠加原理则有

$$\varphi=\varphi_1+\varphi_2=\frac{Q}{2\pi}\ln r_1-\frac{Q}{2\pi}\ln r_2$$

$$\psi=\psi_1+\psi_2=\frac{Q}{2\pi}\theta_1-\frac{Q}{2\pi}\theta_2$$

由图 5-6 可知

$$r_1^2=(x+a)^2+y^2$$
$$r_2^2=(x-a)^2+y^2$$

$$\tan\theta_1=\frac{y}{x+a}$$

$$\tan\theta_2=\frac{y}{x-a}$$

则源与汇叠加后的势函数化为

$$\varphi=\frac{Q}{2\pi}\ln\left(\frac{r_1}{r_2}\right)=\frac{Q}{2\pi}\ln\left[\frac{(x+a)^2+y^2}{(x-a)^2+y^2}\right]^{1/2}$$

以及流函数化为

$$\begin{aligned}\psi&=\frac{Q}{2\pi}(\theta_1-\theta_2)\\&=\frac{Q}{2\pi}\left(\arctan\frac{y}{x+a}-\arctan\frac{y}{x-a}\right)\\&=-\frac{Q}{2\pi}\arctan\frac{2ay}{x^2+y^2-a^2}\end{aligned}$$

这里利用了三角公式：$\arctan A-\arctan B=\arctan\dfrac{A-B}{1+AB}$。

叠加后的流型，如图 5-7 所示，流线由圆心在 y 轴上且通过源与汇的一组圆组成；等势线则为圆心在 x 轴上并与流线正交的一组圆。此外，由 ψ 的表达式求得 $y=0$，即 x 轴，也是一条流线，直接从源流向汇；当然，从 φ 的表达式也能求得 $x=0$，即 y 轴，也为一条等势线，与所有流线正交。

上面讨论了相距为 $2a$ 的等强度源与汇的叠加。若源与汇的间距缩小到零（即 $a\to0$），而 Qa 的乘积保持不变，此种流型称为**偶极子**。

为了获得偶极子的势函数和流函数，如图 5-6 所示，B 点代表源，C 点代表汇，$P(x,y)$ 代表流场中任意一点，CA 垂直于 PB，叠加后的势函数为

$$\varphi=\frac{Q}{2\pi}[\ln r_1-\ln r_2]=\frac{Q}{2\pi}\ln\left(\frac{r_1}{r_2}\right)$$

由图 5-6 得

$$r_1=BA+AP=2a\cos\theta_1+r_2\cos(\theta_2-\theta_1)$$

将其代入前式，则

$$\varphi=\frac{Q}{2\pi}\ln\left[\frac{2a}{r_2}\cos\theta_1+\cos(\theta_2-\theta_1)\right]$$

当 $a\to 0$，则有 $r_2\to r$，$\theta_1\to\theta$，以及 $\cos(\theta_2-\theta_1)\to 1$。对上式取极限，得出

$$\varphi=\frac{Q}{2\pi}\ln\left(\frac{2a}{r}\cos\theta+1\right)$$

对于任一小量 δ，若 $\delta\ll 1$，则 $\ln(1+\delta)\approx\delta$。则势函数可简化为

$$\varphi=\frac{Qa}{\pi r}\cos\theta$$

此即偶极子的速度势函数表达式。

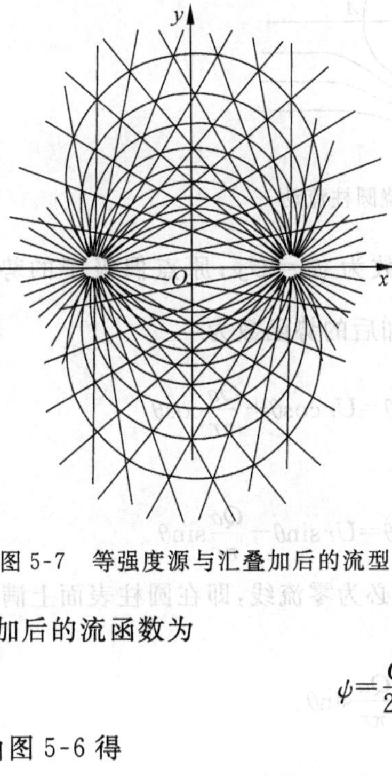

图 5-7　等强度源与汇叠加后的流型

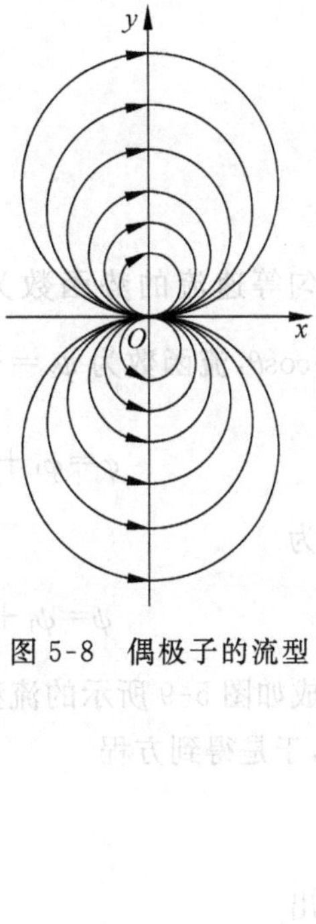

图 5-8　偶极子的流型

叠加后的流函数为

$$\psi=\frac{Q}{2\pi}(\theta_1-\theta_2)$$

同理，由图 5-6 得

$$AC=r_2\sin(\theta_2-\theta_1)=2a\sin\theta_1$$

当 $a\to 0$，则有 $r_2\to r$，以及 $\sin(\theta_2-\theta_1)\to(\theta_2-\theta_1)$，$\theta_1\to\theta$，则上式化为

$$\theta_2-\theta_1=\frac{2a}{r}\sin\theta$$

则偶极子的流函数表达式化为

$$\psi=-\frac{Qa}{\pi r}\sin\theta$$

偶极子的流型，如图5-8所示，其流线是圆心位于 y 轴上且在原点与 x 轴相切的一组圆；等势线是圆心位于 x 轴上并在原点与 y 轴相切的另一组圆。

5.5 绕圆柱流动

1. 无环量绕圆柱流动

均匀等速流和原点偶极子的叠加能形成**无环量绕圆柱流动**，其流型如图5-9所示。

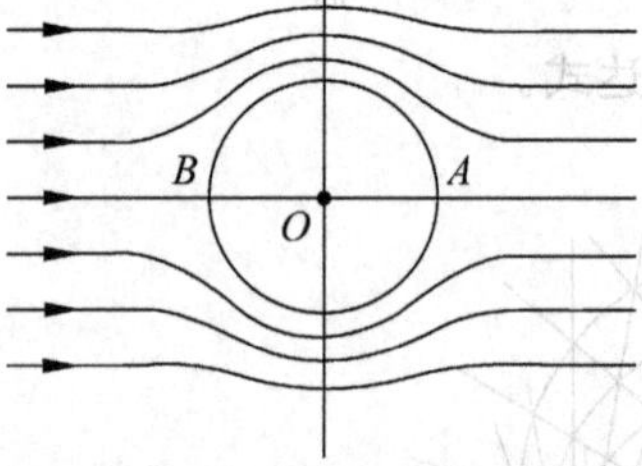

图5-9 无环量绕圆柱流动

均匀等速流的势函数为 $\varphi_1=Ux$，流函数为 $\psi_1=Uy$；原点偶极子的势函数为 $\varphi_2=\dfrac{Qa}{\pi r}\cos\theta$，流函数为 $\psi_2=-\dfrac{Qa}{\pi r}\sin\theta$。则叠加后的势函数为

$$\varphi=\varphi_1+\varphi_2=Ux+\frac{Qa}{\pi r}\cos\theta=Ur\cos\theta+\frac{Qa}{\pi r}\cos\theta \tag{5-13}$$

流函数为

$$\psi=\psi_1+\psi_2=Uy-\frac{Qa}{\pi r}\sin\theta=Ur\sin\theta-\frac{Qa}{\pi r}\sin\theta \tag{5-14}$$

为了形成如图5-9所示的流型，要求圆柱表面必为零流线，即在圆柱表面上满足 $\psi=0$ 的条件，于是得到方程

$$0=Ur\sin\theta-\frac{Qa}{\pi r}\sin\theta \tag{5-15}$$

由此解出

$$r|_{\psi=0}=\sqrt{\frac{Qa}{U\pi}}\overset{令}{=\!=}R \tag{5-16}$$

式中，R 为圆柱半径。则式(5-13)化为

$$\varphi=U\left(r+\frac{R^2}{r}\right)\cos\theta \tag{5-17}$$

式(5-14)化为

$$\psi=U\left(r-\frac{R^2}{r}\right)\sin\theta \tag{5-18}$$

这就是无环量绕圆柱流动的速度势函数及流函数的表达式。进而,可求得速度分布:

$$\left.\begin{aligned}u_r&=\frac{\partial\varphi}{\partial r}=U\left(1-\frac{R^2}{r^2}\right)\cos\theta\\u_\theta&=\frac{1}{r}\frac{\partial\varphi}{\partial\theta}=-U\left(1+\frac{R^2}{r^2}\right)\sin\theta\end{aligned}\right\} \tag{5-19}$$

式中,u_r 为径向速度分量,u_θ 为切向速度分量。在圆柱表面上 $r=R$,此时速度分量为

$$\left.\begin{aligned}u_r\,|_{r=R}&=0\\u_\theta\,|_{r=R}&=-2U\sin\theta\end{aligned}\right\} \tag{5-20}$$

该式表明,在圆柱表面上无径向流速,仅有切向流速。而且,对于上半圆柱而言,切向速度 u_θ 从 $\theta=0$ 处的零值逐渐增大到 $\theta=\pi/2$ 处的最大值($-2U$),之后再逐渐减小到 $\theta=\pi$ 处的零值。显然,在圆柱表面上存在两个**驻点**(速度为零的点):$\theta=0$ 处的 A 点及 $\theta=\pi$ 处的 B 点,如图 5-9 所示。

下面应用拉格朗日积分推求圆柱表面上的压强分布。因本问题属于无旋运动,故可直接利用拉格朗日积分式。若无穷远点处的压强为 p_∞,速度为 U;圆柱表面待求点处的压强为 p,速度为 u,则有

$$\frac{p}{\rho}+\frac{u^2}{2}=\frac{p_\infty}{\rho}+\frac{U^2}{2} \tag{5-21}$$

由于在圆柱表面 $u^2=u_r^2+u_\theta^2=4U^2\sin^2\theta$,则压强分布为

$$\begin{aligned}p&=p_\infty+\frac{\rho}{2}(U^2-u^2)\\&=p_\infty+\frac{\rho U^2}{2}(1-4\sin^2\theta)\end{aligned} \tag{5-22}$$

进而化为

$$C_p=\frac{p-p_\infty}{\frac{1}{2}\rho U^2}=1-4\sin^2\theta \tag{5-23}$$

式中,C_p 为压强系数。用压强系数表示的圆柱表面压强分布如图 5-10 所示。注意:在与流向成 30°角的柱面各点处,其柱面压强等于无穷远处的压强;在驻点处,压强最高($p>p_\infty$);在速度最大点处,压强最低($p<p_\infty$)。

求出压强分布后,就可利用下面公式

$$D=-\int_A p\cos\theta\mathrm{d}A \tag{5-24}$$

$$L=-\int_A p\sin\theta\mathrm{d}A \tag{5-25}$$

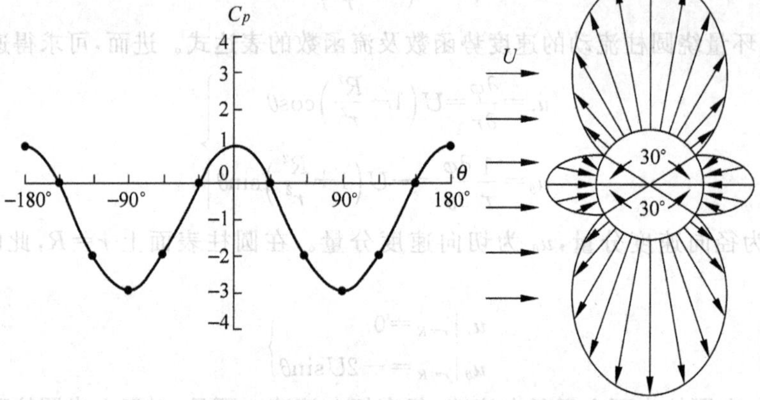

图 5-10 无环量绕圆柱流动时圆柱表面的压强分布

计算阻力 D 和升力 L。

对于绕圆柱流动，单位长度圆柱面上所受到的阻力为

$$\begin{aligned} D &= -\int_0^{2\pi} pR\cos\theta d\theta \\ &= -\int_0^{2\pi}\left[p_\infty + \frac{\rho U^2}{2}(1-4\sin^2\theta)\right]R\cos\theta d\theta = 0 \end{aligned}$$

单位长度圆柱面上所受到的升力为

$$\begin{aligned} L &= -\int_0^{2\pi} pR\sin\theta d\theta \\ &= -\int_0^{2\pi}\left[p_\infty + \frac{\rho U^2}{2}(1-4\sin^2\theta)\right]R\sin\theta d\theta = 0 \end{aligned}$$

得出上述计算结果，是因为压强分布图形在流动方向上及在流动的法线方向上均对称，于是表面力的合力为零，因而其分力也为零，即

$$\left.\begin{aligned} D=0 \\ L=0 \end{aligned}\right\} \tag{5-26}$$

这一结果显然与实际情况不符。不过，产生这样的结果也是自然的，因为上面讨论的是理想流体的无旋流动。在 6.5 节将讨论实际流体绕圆柱流动，并得出与此不同的结果。

2. 有环量绕圆柱流动

均匀等速流、原点偶极子和原点势涡的叠加形成**有环量绕圆柱流动**，其流型如图 5-11 所示。

图中原点势涡的势函数为 $\varphi_3 = -\dfrac{\Gamma\theta}{2\pi}$，流函数为 $\psi_3 = \dfrac{\Gamma}{2\pi}\ln r$。则均匀等速流、原点

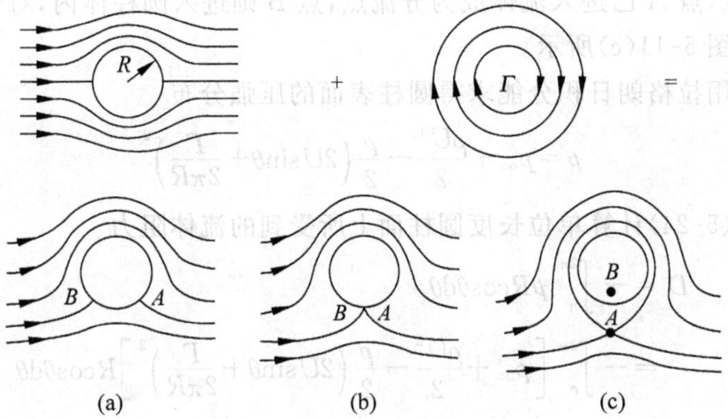

图 5-11 有环量绕圆柱流动

偶极子和原点势涡叠加后的势函数为

$$\varphi=U\left(r+\frac{R^2}{r}\right)\cos\theta-\frac{\Gamma\theta}{2\pi} \tag{5-27}$$

流函数为

$$\psi=U\left(r-\frac{R^2}{r}\right)\sin\theta+\frac{\Gamma}{2\pi}\ln r \tag{5-28}$$

其速度分布为

$$\left.\begin{aligned} u_r&=\frac{\partial\varphi}{\partial r}=U\left(1-\frac{R^2}{r^2}\right)\cos\theta \\ u_\theta&=\frac{1}{r}\frac{\partial\varphi}{\partial\theta}=-U\left(1+\frac{R^2}{r^2}\right)\sin\theta-\frac{\Gamma}{2\pi r}\end{aligned}\right\} \tag{5-29}$$

在圆柱表面上，$r=R$，则有

$$\left.\begin{aligned} u_r|_{r=R}&=0 \\ u_\theta|_{r=R}&=-2U\sin\theta-\frac{\Gamma}{2\pi R}\end{aligned}\right\} \tag{5-30}$$

由于在无环量绕圆柱流动的基础上叠加了势涡，改变了切向速度分量，从而使驻点 A 和 B 分别从 $\theta=0$ 处和 $\theta=\pi$ 处移开。为了说明圆柱表面驻点位置的变化，令

$$u_\theta|_{r=R}=0=-2U\sin\theta-\frac{\Gamma}{2\pi R} \tag{5-31}$$

于是解出

$$\sin\theta=-\frac{\Gamma}{4\pi RU} \tag{5-32}$$

式中，“－”号表示驻点会向圆柱下部移动。当 $\Gamma<4\pi RU$ 时，A，B 两驻点出现在圆柱下半部的表面上，如图 5-11(a)所示；当 $\Gamma=4\pi RU$ 时，A，B 两驻点重合在圆柱下半部表面的 $-\pi/2$ 处，如图 5-11(b)所示；当 $\Gamma>4\pi RU$ 时，因 $|\sin\theta|>1$ 无意义，表明此时

柱面上无驻点，点 A 已进入流体成为分流点，点 B 则进入圆柱体内，对于绕圆柱流动失去意义，如图 5-11(c)所示。

同样，利用拉格朗日积分能求得圆柱表面的压强分布

$$p=p_\infty+\frac{\rho U^2}{2}-\frac{\rho}{2}\left(2U\sin\theta+\frac{\Gamma}{2\pi R}\right)^2 \tag{5-33}$$

进而，利用式(5-24)计算单位长度圆柱面上所受到的流体阻力

$$\begin{aligned} D &= -\int_0^{2\pi} pR\cos\theta\mathrm{d}\theta \\ &= -\int_0^{2\pi}\left[p_\infty+\frac{\rho U^2}{2}-\frac{\rho}{2}\left(2U\sin\theta+\frac{\Gamma}{2\pi R}\right)^2\right]R\cos\theta\mathrm{d}\theta \\ &= 0 \end{aligned}$$

以及利用式(5-25)计算单位长度圆柱面上所受到的升力

$$\begin{aligned} L &= -\int_0^{2\pi} pR\sin\theta\mathrm{d}\theta \\ &= -\int_0^{2\pi}\left[p_\infty+\frac{\rho U^2}{2}-\frac{\rho}{2}\left(2U\sin\theta+\frac{\Gamma}{2\pi R}\right)^2\right]R\sin\theta\mathrm{d}\theta \\ &= -R\left(p_\infty+\frac{\rho U^2}{2}\right)\int_0^{2\pi}\sin\theta\mathrm{d}\theta+2\rho RU^2\int_0^{2\pi}\sin^3\theta\mathrm{d}\theta \\ &\quad +\frac{\rho U\Gamma}{\pi}\int_0^{2\pi}\sin^2\theta\mathrm{d}\theta+\frac{\rho\Gamma^2}{8\pi^2 R}\int_0^{2\pi}\sin\theta\mathrm{d}\theta \\ &= \rho U\Gamma \end{aligned}$$

亦即

$$\left.\begin{aligned} D&=0 \\ L&=\rho U\Gamma \end{aligned}\right\} \tag{5-34}$$

需要指出的是：升力 L 与圆柱半径 R 无关，与流体的密度 ρ、自由流速度 U 及环量 Γ 有关。

图 5-11 所示为有环量绕圆柱流动，其升力不为零的原因在于环量的作用："增大圆柱上方的流体速度并减小圆柱下方的流体速度。"由拉格朗日积分可知，此时圆柱上方的压强降低，而圆柱下方的压强升高。于是，流体对圆柱产生了上举力，即升力。这一现象首先是由马格努斯(Magnus H. G.)于 1852 年通过实验发现的，通常称为**马格努斯效应**。

思考题与习题

5-1 何为势流？速度势函数是怎样引出的？

5-2 试证：不可压缩流体平面势流既存在速度势函数 φ，又存在流函数 ψ，且 φ

与 ψ 均满足拉普拉斯方程。

5-3 试举例说明四种基本平面势流。

5-4 为什么势流可以叠加？

5-5 无环量绕圆柱流动由哪几种基本平面势流叠加而成？为什么会导致阻力与升力均为零的结果？

5-6 有环量绕圆柱流动是由哪几种基本平面势流叠加而成的？为什么此时升力不为零？

5-7 已知 $\varphi=-\dfrac{a}{2}(x^2+2y-z^2)$，$a$ 为常数，求 $\boldsymbol{u}$ 及 xOz 平面上的流线方程。

5-8 若 $u_r=\dfrac{A}{r}$，$u_\theta=\dfrac{A}{r}$，A 为常数，证明该流动满足二维不可压缩流体的连续性方程并求流函数 ψ。

5-9 已知流函数 $\psi=2xy$，试求速度势函数 φ 并绘出等势线及流线。

5-10 已知势函数 $\varphi=-\dfrac{k}{r}\cos\theta$，$k$ 为常数，试求流函数 ψ。

5-11 某一平面流动的流函数 $\psi=A(x^2-1)(y^2-1)$，A 为常数，问该流动是否为有势流动？

5-12 源的速度势函数 $\varphi=\dfrac{Q}{2\pi}\ln r$，试求流函数。若 r_0 处速度为 u_0，压强为 p_0，试证明流速分布和压强分布有下面关系

$$\frac{u}{u_0}=\frac{r_0}{r}$$

$$(p-p_0)\Big/\left(\frac{1}{2}\rho u_0^2\right)=1-\left(\frac{r_0}{r}\right)^2$$

5-13 在圆柱绕流问题中，流函数为 $\psi=U_0\left(r-\dfrac{a^2}{r}\right)\sin\theta$，$a$ 为圆柱半径，U_0 为来流速度，试求速度势函数，并求流速分布$\left(\text{给出无穷远处的流速及圆柱面上 } \theta=0, \dfrac{\pi}{2}, \pi, \dfrac{3}{2}\pi \text{ 四点处的流速}\right)$。

5-14 试求两等强度源叠加时的流动。

5-15 试分析均匀等速流与势涡叠加时的流动。

5-16 试分析均匀等速流与源叠加时的流动。

5-17 若质量力有势，流体不可压缩，不考虑流体的粘性，试证明恒定平面流动的基本方程可用流函数 ψ 表示为

$$\frac{\partial\psi}{\partial y}\nabla^2\frac{\partial\psi}{\partial x}-\frac{\partial\psi}{\partial x}\nabla^2\frac{\partial\psi}{\partial y}=0$$

第 6 章

边界层理论基础

普朗特针对大雷诺数流动，提出边界层概念和正确地简化 N-S 方程组的方法，以求得近似解。边界层理论被誉为近代流体力学的重大发展之一。本章介绍了边界层理论中最基本的内容，包括：边界层概念，边界层基本特征及边界层厚度，边界层方程等；对平板层流边界层问题进行了求解；最后，对边界层分离及阻力等进行了分析和讨论。

6.1 边界层的概念

对于粘性流体的运动，在一般情况下，N-S 方程是难于求解的。仅在少数简单情形下，由于方程中的某些项为零，才得出所谓的精确解。因此，对于一般情形，人们试图寻求它们的近似解。正如第 4 章所介绍的那样，通过分析无量纲形式的 N-S 方程发现：在两种极端雷诺数的情况下，通过略去一些项，可对方程作进一步简化。当 Re 非常小时，可以全部或部分略去惯性力项，从而得到斯托克斯解和奥森解；当 Re 非常大时，由于"粘性力项"与其余项相比显得很小，自然会想到将其略去，于是 N-S 方程便简化为欧拉方程。这意味着，在整个流场把微粘流体运动作为理想流体运动来处理。不可否认，对于某些问题这种处理能够得到比较符合实际的结果。然而，在许多情形下，尤其在那些涉及靠近固体边壁流动的情况下，按照理想流体理论求得的计算结果与实测明显不符。主要表现在：边界条件不符和阻力规律不符，具体来说，对于实际流体，不论其粘性多么小，它都必须粘附在固体壁面上，其切向和法向分速度必须与固体壁面的对应分速相等；但对于理想流体，仅要求其法向速度与固体壁面法向分速相等，而允许流体相对于壁面作切向滑动。可见，按照理想流体理论计算，不能满足实际流体运动的切向边界条件。其次，所谓阻力规律不符是指：对于实际流体，不论流体绕过物体，还是物体在流体中运动，其绕流阻力均不为零；但按理想流体理论计算，却得出阻力为零的结果，这显然也与实际相矛盾。

由此可见，在大雷诺数情形下，对 N-S 方程进行简化是个十分复杂的课题。从方程本身来看，此时粘性力的作用较小，似乎可以略去。但采用这一近似所得到的结果，却又解释不了粘性流体中的许多现象，似乎又不能略去粘性项。而不略去一些项，又难以对方程求解。这便是多年来未能解决的疑难。

1904 年，普朗特对大雷诺数流动中的粘性力作用问题作了变革性的分析，提出了边界层概念，并指出此时应如何正确地简化 N-S 方程以求得近似解，从而使多年的疑难得以解决。

普朗特认为，像空气和水那样微小粘性的流体，运动的全部摩擦损失都发生在紧靠固体边界的薄层内，这个薄层叫作边界层。而边界层以外的流动可看成是无摩阻流动，即可作为理想流体来处理。可见，引入边界层概念之后，微粘流体的广大流场被划分为两个区域：**边界层**和**外流区**，如图 6-1 所示。显然，在边界层内，沿壁面法向的流速梯度很大，μ 值虽小，仍有足够大的 $\mu\dfrac{\partial u_x}{\partial y}$ 值来影响运动。所以，对于此层，必须考虑粘性力的作用；而边界层以外的外流区 $\dfrac{\partial u_x}{\partial y}$ 不大，且 μ 值很小，则 $\mu\dfrac{\partial u_x}{\partial y}$ 值更小。所以，作为合理的近似，完全可以略去粘性力对外流区的影响，把微粘流体作为理想流体看待，应用理想流体理论求解。

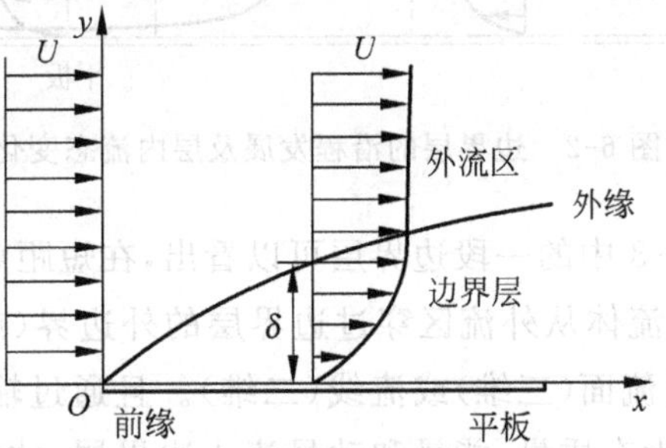

图 6-1 边界层和外流区

正是由于普朗特注意到微小粘性有出乎意外的巨大作用，才使解答满足了“粘附”边界条件，得出阻力不为零的结论，解决了长期未能解决的疑难。同时，又使得理想流体（即无粘性流体）成为一个真正的模型，使相当发展的理想流体理论有了实际价值。这就开始了流体力学中的一个重要进程。所以边界层理论被誉为近代流体力学的重大发展之一。目前，边界层理论已广泛地应用于航空、航海、水利、气象、机械、化工及环境科学等方面。

6.2 边界层的基本特征及边界层厚度

通过研究与自由来流相平行的平板上的流动，能对边界层的基本特征作出描述。

首先，由图6-1看出，速度为U的均匀来流在平板上方流过时，由于受到平板的阻滞作用，来流速度降低，可见边界层为一减速流体薄层。随着沿板长距离的增加，平板的阻滞作用向外传递、扩展，边界层沿程也越来越厚。

其次，由于流体粘附在平板表面上，速度从0沿薄层横向迅速增至外流速度U，显然边界层内速度的横向变化率很大，粘性力的作用可观，因此，在分析边界层内流动时，把粘性力及惯性力视为同一数量级均加以考虑。

此外，由图6-2可以看出，从平板前缘起，随着边界层沿程发展，层内流态也沿程变化，历经层流、过渡区，最后达到紊流状态。而且，在过渡区和紊流边界层下面还有更薄的一层，叫作**粘性底层**。由于边界层内的流态也有层流与紊流之分，所以在分析和计算中应分别考虑。

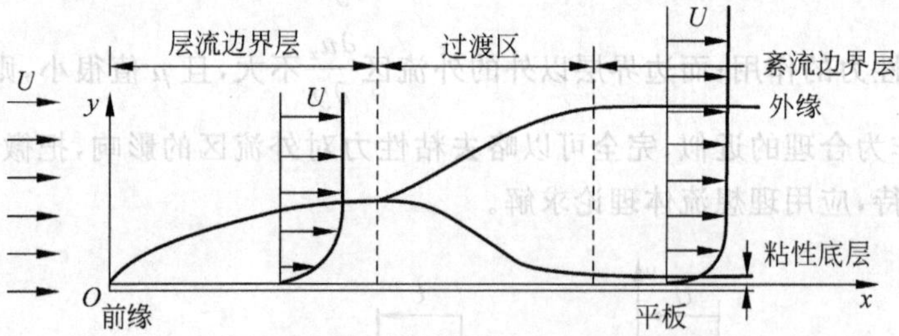

图6-2 边界层的沿程发展及层内流态变化

最近通过考察图6-3中的一段边界层可以看出，在短距离AD内，边界层厚度由AB增至CD，就要求有流体从外流区穿过边界层的外边界（或称外缘）流入（如q_2），可见边界层外表面不是流面（三维）或流线（二维）。且通过输运，使得质量、能量、动量也进入边界层，正因为有质量、能量和动量流入边界层，才得以维持层内流体向前运动。

综上所述，可将边界层特征归纳如下：

(1) 边界层为一减速流体薄层，边界层厚度沿流向增加；

(2) 在边界层内粘性力和惯性力属于同一数量级，均应考虑；

(3) 边界层内也会出现层流及紊流流态，故有**层流边界层**及**紊流边界层**；

(4) 边界层外表面不是流面，所以有质量、能量和动量随流体由外流区流进边界层内，边界层厚度的增加率应满足质量、动量和能量守恒定律。

分析中，往往认为边界层有明确的外边界，但实际并非如此。因为在边界层内，对于给定断面，速度从 0 变到外流速度 U 是逐步发展的过程。所以，理论上不存在清晰而明确的厚度。但不确定**边界层厚度**，又难以作进一步分析，为此给出了一些边界层厚度的定义，主要有：**名义厚度** δ，**位移厚度** δ_1，**动量厚度** δ_2 及**能量厚度** δ_3。现介绍如下。

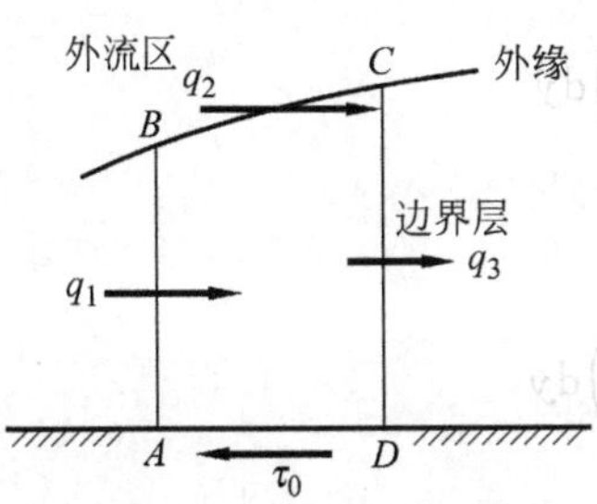

图 6-3 流体从外流区穿过外缘流入边界层

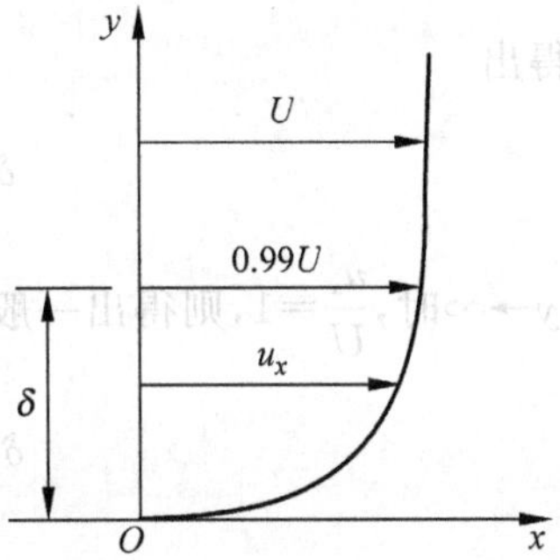

图 6-4 边界层名义厚度定义图

1. 名义厚度 δ

通常将$u_x=0.99U$ 处的 y 值定义为名义厚度，即

$$\delta = y\Big|_{u_x=0.99U} \tag{6-1}$$

式中，U 为外流速度，如图 6-4 所示。名义厚度 δ 为边界层实际厚度的有效量度。在一定程度上能反映出边壁阻滞作用的大小及影响范围，即认为 $y\geqslant\delta$ 后，边壁的阻滞作用对流动已不再有显著影响。可见 δ 能大致描绘出流体减速层的范围。但规定系数为 0.99，这里主观因素很大，不过，为了形象地说明边界层，通常还是绘出这一厚度。

2. 位移厚度 δ_1

这一厚度也叫**排挤厚度**，图 6-5 为位移厚度形成的示意图。U 为不可压缩流体均匀来流速度。由于平板的存在而形成边界层，造成边界层内流体减速，显然，为了保证通过 1—1 断面高度为 H 的均匀来流单宽流量，在 2—2 断面必须逐步向上方移动(或排挤)一个厚度 δ_1，从而满足质量守恒定律。因此有

$$\rho UH = \int_0^h \rho u_x \mathrm{d}y + \rho U(H-h) + \rho U\delta_1$$

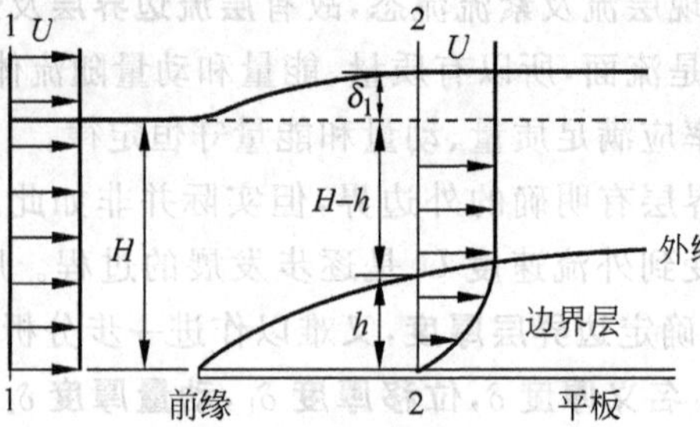

图 6-5　边界层位移厚度形成示意图

于是得出

$$\delta_1 = \int_0^h \left(1 - \frac{u_x}{U}\right) \mathrm{d}y$$

由于 $y \to \infty$ 时，$\frac{u_x}{U} = 1$，则得出一般定义式

$$\delta_1 = \int_0^\infty \left(1 - \frac{u_x}{U}\right) \mathrm{d}y \tag{6-2}$$

3. 动量厚度 δ_2

图 6-5 表明通过 1—1 和 2—2 断面的质量是相等的。但由于两断面流速分布图形不同，因而动量不等。为此，需对 2—2 断面补充厚度为 δ_2 的势流动量 $\rho U^2 \delta_2$，从而满足动量守恒定律，因此有

$$\rho U^2 H = \int_0^h \rho u_x^2 \mathrm{d}y + \rho U^2 (H - h) + \rho U^2 \delta_1 + \rho U^2 \delta_2$$

于是得出

$$\delta_2 = \int_0^h \frac{u_x}{U}\left(1 - \frac{u_x}{U}\right) \mathrm{d}y$$

则一般定义式为

$$\delta_2 = \int_0^\infty \frac{u_x}{U}\left(1 - \frac{u_x}{U}\right) \mathrm{d}y \tag{6-3}$$

4. 能量厚度 δ_3

同理，依据能量守恒定律，可导出能量厚度

$$\delta_3 = \int_0^\infty \frac{u_x}{U}\left(1 - \frac{u_x^2}{U^2}\right) \mathrm{d}y \tag{6-4}$$

上述边界层厚度均取决于速度分布图的形状。δ_1，δ_2 和 δ_3 并非代表边界层的实际厚度，可分别从质量、动量和能量守恒角度去理解它们的含义。位移厚度 δ_1 和动

量厚度 δ_2 将出现在边界层动量方程中，而能量厚度 δ_3 则出现在边界层能量方程中。

6.3 边界层方程

1. 二维不可压缩流体层流边界层微分方程

下面要导出**普朗特层流边界层方程**，即二维不可压缩流体**层流边界层微分方程**。推导是针对水平平板进行的，为简单起见，不计质量力，其结果不仅适用于一般平板，而且也适用于曲率很小的曲面边壁。推导的思路是：根据边界层的特点，对无量纲形式的N-S方程及连续性方程各项进行数量级比较，舍去高阶小项，即得边界层方程。坐标如图6-1所示，取 x 轴沿平板方向，取 y 轴与之垂直，原点取在平板前缘。无穷远均匀来流与平板平行，均匀流速为 U，板长为 L。此时N-S方程及连续性方程为

$$\frac{\partial u_x}{\partial t}+u_x\frac{\partial u_x}{\partial x}+u_y\frac{\partial u_x}{\partial y}=-\frac{1}{\rho}\frac{\partial p}{\partial x}+\nu\left(\frac{\partial^2 u_x}{\partial x^2}+\frac{\partial^2 u_x}{\partial y^2}\right) \tag{6-5}$$

$$\frac{\partial u_y}{\partial t}+u_x\frac{\partial u_y}{\partial x}+u_y\frac{\partial u_y}{\partial y}=-\frac{1}{\rho}\frac{\partial p}{\partial y}+\nu\left(\frac{\partial^2 u_y}{\partial x^2}+\frac{\partial^2 u_y}{\partial y^2}\right) \tag{6-6}$$

$$\frac{\partial u_x}{\partial x}+\frac{\partial u_y}{\partial y}=0 \tag{6-7}$$

引进无量纲量

$$\begin{cases} u_x^*=\dfrac{u_x}{U}, \quad u_y^*=\dfrac{u_y}{U} \\ p^*=\dfrac{p}{\rho U^2} \\ x^*=\dfrac{x}{L}, \quad y^*=\dfrac{y}{L} \\ \delta^*=\dfrac{\delta}{L}, \quad t^*=\dfrac{t}{L/U} \end{cases} \tag{6-8}$$

式中：U 为特征速度，例如无穷远处的均匀来流速度；L 为特征长度，例如板长；L/U 为特征时间；ρU^2 为特征压强。凡右上角带 * 的量都是无量纲量。利用式(6-8)可将式(6-5)、式(6-6)及式(6-7)化为无量纲形式的方程，于是得出

$$\frac{\partial u_x^*}{\partial t^*}+u_x^*\frac{\partial u_x^*}{\partial x^*}+u_y^*\frac{\partial u_x^*}{\partial y^*}=-\frac{\partial p^*}{\partial x^*}+\frac{1}{Re}\left(\frac{\partial^2 u_x^*}{\partial x^{*2}}+\frac{\partial^2 u_x^*}{\partial y^{*2}}\right) \tag{6-9}$$

$$1 \qquad 1 \quad 1 \qquad \delta^* \quad \frac{1}{\delta^*} \qquad\qquad 1 \qquad \delta^{*2}\left(1 \qquad \frac{1}{\delta^{*2}}\right)$$

$$\frac{\partial u_y^*}{\partial t^*}+u_x^*\frac{\partial u_y^*}{\partial x^*}+u_y^*\frac{\partial u_y^*}{\partial y^*}=-\frac{\partial p^*}{\partial y^*}+\frac{1}{Re}\left(\frac{\partial^2 u_y^*}{\partial x^{*2}}+\frac{\partial^2 u_y^*}{\partial y^{*2}}\right) \tag{6-10}$$

$$\delta^* \quad 1 \quad \delta^* \quad \delta^* \quad 1 \quad \delta^* \quad \delta^{*2}\left(\delta^* \quad \frac{1}{\delta^*}\right)$$

$$\frac{\partial u_x^*}{\partial x^*}+\frac{\partial u_y^*}{\partial y^*}=0 \tag{6-11}$$

$$1 \quad 1$$

下面根据边界层的特点，对方程各项进行数量级分析：

由于边界层为一薄层，显然 $\delta \ll L$，则 $\delta^* \ll 1$，可见 δ^* 为微量，于是得出数量级递减的次序为

$$\frac{1}{\delta^{*2}},\ \frac{1}{\delta^*},\ 1,\ \delta^*,\ \delta^{*2}$$

并以此作为数量级比较的依据，同时用符号 $\sim O(\ )$ 表示某量相当于某一数量级。则各量的数量级分别确定如下：

(1) 由图 6-1 可见，在边界层内，除平板前缘附近外，均有 $x \gg \delta$。因为 x 最大为 L，y 最大为 δ，故 $x^* \sim O(1)$，$y^* \sim O(\delta^*)$。

(2) 边界层内 u_x 的最大数量级与 U 相同，于是 $u_x^* \sim O(1)$。进而可以定出

$$\frac{\partial u_x^*}{\partial x^*}\sim O(1),\quad \frac{\partial^2 u_x^*}{\partial x^{*2}}\sim O(1)$$

$$\frac{\partial u_x^*}{\partial y^*}\sim O\left(\frac{1}{\delta^*}\right),\quad \frac{\partial^2 u_x^*}{\partial y^{*2}}\sim O\left(\frac{1}{\delta^{*2}}\right)$$

(3) 由无量纲的连续性方程可知 $\frac{\partial u_y^*}{\partial y^*}$ 也具有 1 的数量级，则 $u_y^* \sim O(\delta^*)$，于是定出

$$\frac{\partial u_y^*}{\partial x^*}\sim O(\delta^*),\quad \frac{\partial^2 u_y^*}{\partial x^{*2}}\sim O(\delta^*)$$

$$\frac{\partial u_y^*}{\partial y^*}\sim O(1),\quad \frac{\partial^2 u_y^*}{\partial y^{*2}}\sim O\left(\frac{1}{\delta^*}\right)$$

(4) 如排除突然的加速，就可以认为当地加速度与迁移加速度的数量级相同，即 $\frac{\partial u_x^*}{\partial t^*}\sim O(1)$，$\frac{\partial u_y^*}{\partial t^*}\sim O(\delta^*)$。

(5) 由于边界层内粘性力与惯性力属于同一数量级，则有

$$\frac{1}{Re}\left(\frac{\partial^2 u_x^*}{\partial x^{*2}}+\frac{\partial^2 u_x^*}{\partial y^{*2}}\right)\sim u_x^*\frac{\partial u_x^*}{\partial x^*}\sim O(1)$$

$$\delta^{*2}\left(1 \quad \frac{1}{\delta^{*2}}\right) \quad 1 \quad 1$$

$$\frac{1}{Re}\left(\frac{\partial^2 u_y^*}{\partial x^{*2}}+\frac{\partial^2 u_y^*}{\partial y^{*2}}\right)\sim u_x^*\ \frac{\partial u_y^*}{\partial x^*}\sim O(\delta^*)$$

$$\delta^{*2}\left(\delta^* \qquad \frac{1}{\delta^*}\right) \quad 1 \quad \delta^*$$

显然,使粘性力与惯性力处于同一数量级的条件是$\frac{1}{Re}\sim O(\delta^{*2})$。则 $\delta^*\sim\frac{1}{\sqrt{Re}}$,于是有

$$\delta\sim\frac{L}{\sqrt{Re}} \quad 或 \quad \delta\sim\sqrt{\frac{\nu L}{U}} \tag{6-12}$$

说明在大雷诺数情形下,边界层很薄。

(6) 根据已定出的各项数量级,可以推论出压力梯度项最大的数量级为$\frac{\partial p^*}{\partial x^*}\sim O(1)$,$\frac{\partial p^*}{\partial y^*}\sim O(\delta^*)$。

(7) 由于式(6-9)及式(6-11)具有 1 的数量级,而式(6-10)具有 δ^* 的数量级,则可略去 y 向方程式(6-10),或写作$\frac{\partial p^*}{\partial y^*}=0$。

综上分析,略去高阶小项,并将方程恢复成有量纲形式,就得到普朗特层流边界层方程

$$\left.\begin{aligned}&\frac{\partial u_x}{\partial t}+u_x\frac{\partial u_x}{\partial x}+u_y\frac{\partial u_x}{\partial y}=-\frac{1}{\rho}\frac{\partial p}{\partial x}+\nu\frac{\partial^2 u_x}{\partial y^2}\\&\frac{\partial u_x}{\partial x}+\frac{\partial u_y}{\partial y}=0\\&\frac{\partial p}{\partial y}=0 \quad 或 \quad p=p(x,t)\end{aligned}\right\} \tag{6-13}$$

显然,方程组(6-13)含有三个未知量,即 u_x,u_y 和 p。但可用于求解问题的方程式仅有前两个,所以要补充方程式,补充的途径是把边界层内与层外联系起来。合理的作法是将层内、层外联立求解,但这是十分困难的,为减轻数学上的困难,普朗特从大雷诺数时边界层很薄的基本事实出发,认为在求解外流时,作为一次近似可先忽略边界层,把外流作为绕原壁面的流动来求解。利用势流理论容易求得壁面上的速度 $U_P(x,t)$并由方程

$$\frac{\partial U_P}{\partial t}+U_P\frac{\partial U_P}{\partial x}=-\frac{1}{\rho}\frac{\partial p_P}{\partial x} \tag{6-14}$$

求得壁面上的压强分布 p_P。之后,再考虑边界层的存在,并注意到边界层的外缘是外流的内边界,从而把 $U_P(x,t)$作为边界层的外缘速度 $U(x,t)$,把求得的压强 p_P 作为边界层的外缘压强 $p(x,t)$,并适用于边界层内。这样,式$\frac{\partial U}{\partial t}+U\frac{\partial U}{\partial x}=-\frac{1}{\rho}\frac{\partial p}{\partial x}$就能作为描述边界层内压强分布的方程而补充进来。于是得到如下形式的边界层方程

$$\left.\begin{aligned}&\frac{\partial u_x}{\partial t}+u_x\frac{\partial u_x}{\partial x}+u_y\frac{\partial u_x}{\partial y}=\frac{\partial U}{\partial t}+U\frac{\partial U}{\partial x}+\nu\frac{\partial^2 u_x}{\partial y^2}\\&\frac{\partial u_x}{\partial x}+\frac{\partial u_y}{\partial y}=0\end{aligned}\right\}\tag{6-15}$$

为了求解该方程，还必须给出定解条件。对于非恒定流动，初始条件：给出 $t=t_0$ 时刻边界层内的流速分布。其边界条件为

$$\left.\begin{aligned}&\text{在壁面上：} y=0, u_x=u_y=0\\&\text{在外缘上：} y\to\infty, u_x=U(x,t)\end{aligned}\right\}\tag{6-16}$$

对于恒定流动，边界层方程化为

$$\left.\begin{aligned}&u_x\frac{\partial u_x}{\partial x}+u_y\frac{\partial u_x}{\partial y}=U\frac{\mathrm{d}U}{\mathrm{d}x}+\nu\frac{\partial^2 u_x}{\partial y^2}\\&\frac{\partial u_x}{\partial x}+\frac{\partial u_y}{\partial y}=0\end{aligned}\right\}\tag{6-17}$$

边界条件为

$$\left.\begin{aligned}&\text{当 } y=0, u_x=u_y=0\\&\text{当 } y\to\infty, u_x=U(x)\end{aligned}\right\}\tag{6-18}$$

依据微分方程求解边界层问题即成为**微分解法**。在普朗特导出边界层方程之后，布拉休斯(Blasius H.)于 1908 年首次依据该方程对平板上的恒定层流边界层问题进行了求解，这就是著名的**布拉休斯精确解**，得出平板边界层的流速分布、边界层厚度及壁面上的摩阻公式等。

2. 层流边界层动量方程

1921 年卡门导出了**层流边界层动量方程**，该方程又叫**卡门积分关系式**，下面用动量定理来推导。

在层流边界层流动中取相距为 $\mathrm{d}x$ 的两个单宽断面 AB 和 CD，如图 6-6 所示。

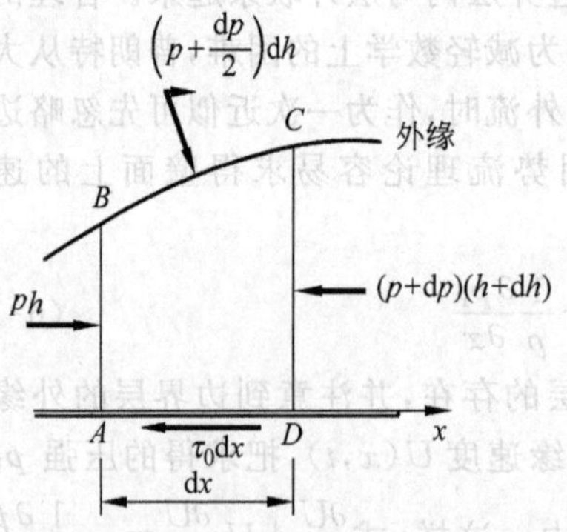

图 6-6 层流边界层动量方程推导示意图

以单位宽度计，通过断面 AB 的流量为 $\int_0^h u_x\mathrm{d}y$，单位时间通过断面 AB 流入的质量为 $m=\int_0^h \rho u_x\mathrm{d}y$，单位时间通过断面 AB 流入的动量为 $J=\int_0^h \rho u_x^2\mathrm{d}y$；单位时间通过断面 CD 流出的质量为 $(m+\mathrm{d}m)$，单位时间通过断面 CD 流出的动量为 $(J+\mathrm{d}J)$。由连续性原理可知，单位时间通过边界层外缘 BC 流入的质量为 $(m+\mathrm{d}m)-m=\mathrm{d}m$，可近似地认为 BC 上的流速为 U，则单位时间通过 BC 流入的动

量为 $U\mathrm{d}m$。于是，在 $ABCD$ 区域内，单位时间流出与流入的动量差为：

$$(J+\mathrm{d}J)-J-U\mathrm{d}m=\mathrm{d}J-U\mathrm{d}m$$

根据动量原理，它应等于作用于 $ABCD$ 上的外力在 x 方向上的分量。因不计质量力，故只有表面力，现约定沿 x 正向的力取正号，沿 x 负向的力取负号，则外力和为

$$ph+\left(p+\frac{\mathrm{d}p}{2}\right)\mathrm{d}h-(p+\mathrm{d}p)(h+\mathrm{d}h)-\tau_0\mathrm{d}x\approx -h\mathrm{d}p-\tau_0\mathrm{d}x$$

令上面二式相等，于是得出

$$-\frac{\mathrm{d}J}{\mathrm{d}x}+U\frac{\mathrm{d}m}{\mathrm{d}x}-h\frac{\mathrm{d}p}{\mathrm{d}x}=\tau_0$$

即

$$-\frac{\mathrm{d}}{\mathrm{d}x}\int_0^h\rho u_x^2\mathrm{d}y+U\frac{\mathrm{d}}{\mathrm{d}x}\int_0^h\rho u_x\mathrm{d}y-h\frac{\mathrm{d}p}{\mathrm{d}x}=\tau_0$$

将 $\frac{\mathrm{d}p}{\mathrm{d}x}$ 用 $-\rho U\frac{\mathrm{d}U}{\mathrm{d}x}$ 替换并将左端第二、三项改写，则有

$$-\frac{\mathrm{d}}{\mathrm{d}x}\int_0^h\rho u_x^2\mathrm{d}y+\frac{\mathrm{d}}{\mathrm{d}x}\int_0^h\rho U u_x\mathrm{d}y-\frac{\mathrm{d}U}{\mathrm{d}x}\int_0^h\rho u_x\mathrm{d}y+\frac{\mathrm{d}U}{\mathrm{d}x}\int_0^h\rho U\mathrm{d}y=\tau_0$$

则得出

$$\frac{\mathrm{d}}{\mathrm{d}x}\int_0^h\rho u_x(U-u_x)\mathrm{d}y+\frac{\mathrm{d}U}{\mathrm{d}x}\int_0^h\rho(U-u_x)\mathrm{d}y=\tau_0$$

令 $h\to\infty$，则有

$$\frac{\mathrm{d}}{\mathrm{d}x}\int_0^\infty\rho u_x(U-u_x)\mathrm{d}y+\frac{\mathrm{d}U}{\mathrm{d}x}\int_0^\infty\rho(U-u_x)\mathrm{d}y=\tau_0$$

对于均质不可压缩流体 $\rho=$ 常数，并利用位移厚度 δ_1 和动量厚度 δ_2 的表达式，可将上式改写成

$$\frac{\mathrm{d}}{\mathrm{d}x}(U^2\delta_2)+\delta_1 U\frac{\mathrm{d}U}{\mathrm{d}x}=\frac{\tau_0}{\rho} \tag{6-19}$$

这就是层流边界层动量方程。依据该方程求解边界层问题就称为**积分解法**。

6.4 平板边界层的计算

1. 平板层流边界层的近似解法

下面以平板层流边界层为例，来说明依据边界层动量方程的积分解法。此法是由波尔豪森(Pohlhausen K.)最早提出的，故称为**波尔豪森近似解**。

平板层流边界层是最简单、最基本的流动情形，如图 6-7 所示。恒定均匀来流平行于水平半无限长薄平板，即 $U=u_0=$ 常数，$\frac{\mathrm{d}U}{\mathrm{d}x}=0$。则边界层动量方程式(6-19)化为

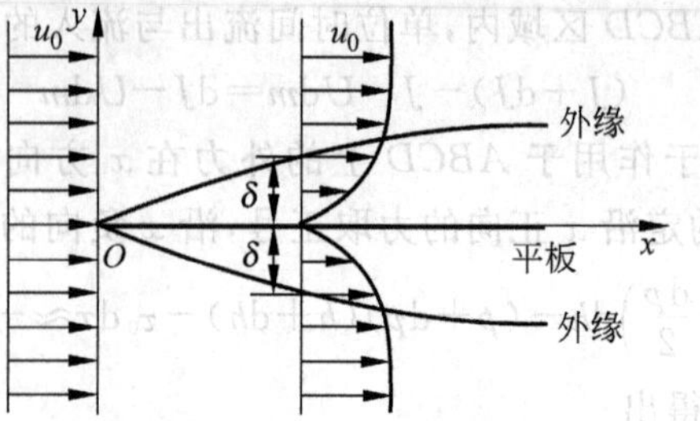

图 6-7 平板层流边界层

$$\frac{\mathrm{d}\delta_2}{\mathrm{d}x}=\frac{\tau_0}{\rho u_0^2} \tag{6-20}$$

波尔豪森假定：

(1) 在 $y=\delta$ 处，$u_x=u_0$；

(2) 在边界层内，各断面速度分布为

$$\frac{u_x}{u_0}=f(\eta) \tag{6-21}$$

式中，$\eta=y/\delta$。于是，可求出

$$\delta_1=\int_0^\infty\left(1-\frac{u_x}{u_0}\right)\mathrm{d}y=\delta\int_0^1(1-f)\,\mathrm{d}\eta$$

$$\delta_2=\int_0^\infty\frac{u_x}{u_0}\left(1-\frac{u_x}{u_0}\right)\mathrm{d}y=\delta\int_0^1 f(1-f)\,\mathrm{d}\eta$$

$$\frac{\tau_0}{\rho}=\nu\left(\frac{\partial u_x}{\partial y}\right)_{y=0}=\frac{\nu u_0}{\delta}f'(0)$$

则方程式(6-20)化为

$$\frac{\mathrm{d}\delta}{\mathrm{d}x}=\frac{1}{\left(\dfrac{u_0\delta}{\nu}\right)}\frac{f'(0)}{\displaystyle\int_0^1 f(1-f)\,\mathrm{d}\eta} \tag{6-22}$$

积分后得出

$$\left.\begin{aligned}
\delta&=\sqrt{\frac{2f'(0)}{\int_0^1 f(1-f)\,\mathrm{d}\eta}}\left(\frac{\nu x}{u_0}\right)^{1/2}\\
\delta_1&=\sqrt{\frac{2f'(0)}{\int_0^1 f(1-f)\,\mathrm{d}\eta}}\left(\int_0^1(1-f)\,\mathrm{d}\eta\right)\left(\frac{\nu x}{u_0}\right)^{1/2}\\
\delta_2&=\sqrt{2f'(0)\int_0^1 f(1-f)\,\mathrm{d}\eta}\left(\frac{\nu x}{u_0}\right)^{1/2}\\
\tau_0&=\sqrt{\frac{f'(0)\int_0^1(1-f)\,\mathrm{d}\eta}{2}}\left(\frac{\nu}{u_0 x}\right)^{1/2}\rho u_0^2
\end{aligned}\right\} \tag{6-23}$$

显然，当函数 $f(\eta)$ 确定后，就能求出 δ,δ_1,δ_2 及 τ_0。波尔豪森选用四次多项式

$$f(\eta)=a_0+a_1\eta+a_2\eta^2+a_3\eta^3+a_4\eta^4 \tag{6-24}$$

利用边界条件

$$\left.\begin{aligned}&y=0,\quad u_x=0,\quad \frac{\partial^2 u_x}{\partial y^2}=0\\&y=\delta,\quad u_x=u_0,\quad \frac{\partial u_x}{\partial y}=0,\quad \frac{\partial^2 u_x}{\partial y^2}=0\end{aligned}\right\} \tag{6-25}$$

解出多项式的系数，并得到

$$f(\eta)=2\eta-2\eta^3+\eta^4 \tag{6-26}$$

从而求得

$$\left.\begin{aligned}&\delta=5.84\left(\frac{\nu x}{u_0}\right)^{1/2}\\&\delta_1=1.751\left(\frac{\nu x}{u_0}\right)^{1/2}\\&\delta_2=0.686\left(\frac{\nu x}{u_0}\right)^{1/2}\\&\tau_0=0.343\mu u_0\left(\frac{u_0}{\nu x}\right)^{1/2}\\&C_d=\frac{0.686}{\sqrt{Re_x}}\\&C_D=\frac{1.372}{\sqrt{Re}}\end{aligned}\right\} \tag{6-27}$$

式中：$C_d=\dfrac{\tau_0}{\frac{1}{2}\rho u_0^2}$为局部阻力系数；$C_D=\dfrac{D}{\frac{1}{2}\rho u_0^2\times 2bL}$为总阻力系数；$L$ 为板长；b 为平板宽度；$Re_x=\dfrac{u_0 x}{\nu}$为局部雷诺数；$Re=\dfrac{u_0 L}{\nu}$为雷诺数，与布拉休斯精确解结果

$$\left.\begin{aligned}&\delta=5.0\left(\frac{\nu x}{u_0}\right)^{1/2}\\&\delta_1=1.721\left(\frac{\nu x}{u_0}\right)^{1/2}\\&\delta_2=0.664\left(\frac{\nu x}{u_0}\right)^{1/2}\\&\tau_0=0.332\mu u_0\left(\frac{u_0}{\nu x}\right)^{1/2}\\&C_d=\frac{0.664}{\sqrt{Re_x}}\\&C_D=\frac{1.328}{\sqrt{Re}}\end{aligned}\right\} \tag{6-28}$$

相对照，可见波尔豪森近似解的结果与布拉休斯精确解结果比较接近，而这种积分解法要比依据普朗特边界层方程的微分解法方便。表 6-1 和图 6-8 给出平板层流边界层动量积分解与布拉休斯精确解几项结果的比较。显然，通过适当选取函数 $f(\eta)$，可以得到比较满意的结果。

表 6-1 平板层流边界层动量积分解与布拉休斯精确解的比较

动量积分解速度剖面	δ	δ_1	C_D
$\frac{u_x}{u_0}=\frac{y}{\delta}$	$\frac{3.46x}{\sqrt{Re_x}}$	$\frac{1.73x}{\sqrt{Re_x}}$	$\frac{1.156}{\sqrt{Re}}$
$\frac{u_x}{u_0}=\frac{2y}{\delta}-\frac{y^2}{\delta^2}$	$\frac{5.48x}{\sqrt{Re_x}}$	$\frac{1.83x}{\sqrt{Re_x}}$	$\frac{1.462}{\sqrt{Re}}$
$\frac{u_x}{u_0}=\frac{3y}{2\delta}-\frac{y^3}{2\delta^3}$	$\frac{4.64x}{\sqrt{Re_x}}$	$\frac{1.74x}{\sqrt{Re_x}}$	$\frac{1.292}{\sqrt{Re}}$
$\frac{u_x}{u_0}=\frac{2y}{\delta}-\frac{2y^3}{\delta^3}+\frac{y^4}{\delta^4}$	$\frac{5.84x}{\sqrt{Re_x}}$	$\frac{1.75x}{\sqrt{Re_x}}$	$\frac{1.372}{\sqrt{Re}}$
$\frac{u_x}{u_0}=\sin\frac{\pi y}{2\delta}$	$\frac{4.80x}{\sqrt{Re_x}}$	$\frac{1.74x}{\sqrt{Re_x}}$	$\frac{1.310}{\sqrt{Re}}$
布拉休斯精确解	$\frac{5.0x}{\sqrt{Re_x}}$	$\frac{1.72x}{\sqrt{Re_x}}$	$\frac{1.328}{\sqrt{Re}}$

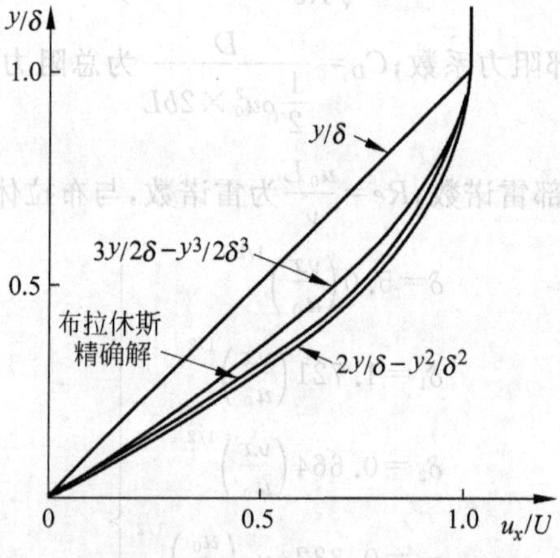

图 6-8 平板层流边界层的近似解与精确解的比较

2. 平板边界层的计算公式及举例

在求解平板层流边界层和紊流边界层的基础上，给出下列计算公式：

1）平板层流边界层（$Re \leqslant 5\times10^5$）

（1）总阻力系数

$$C_D=\frac{1.328}{\sqrt{Re}} \tag{6-29}$$

（2）边界层名义厚度

$$\frac{\delta}{x}=\frac{5.0}{\sqrt{Re_x}} \tag{6-30}$$

（3）切应力

$$\tau_0=\frac{0.332\rho u_0^2}{\sqrt{Re_x}} \tag{6-31}$$

2）平板紊流边界层（光滑壁面）

（1）总阻力系数

$$C_D=\frac{0.074}{Re^{0.2}} \quad (2\times10^5<Re<1\times10^7) \tag{6-32}$$

$$C_D=\frac{0.455}{(\lg Re)^{2.58}} \quad (1\times10^7<Re<1\times10^9) \tag{6-33}$$

（2）边界层名义厚度

$$\frac{\delta}{x}=\frac{0.38}{Re_x^{0.2}} \quad (5\times10^4<Re<1\times10^6) \tag{6-34}$$

$$\frac{\delta}{x}=\frac{0.22}{Re_x^{0.167}} \quad (1\times10^6<Re<5\times10^8) \tag{6-35}$$

（3）切应力

$$\tau_0=\frac{0.0296\rho u_0^2}{(Re_x)^{0.2}} \quad (2\times10^5<Re<1\times10^7) \tag{6-36}$$

3）平板混合边界层（取 $Re_{\text{crit}}=5\times10^5$）

总阻力系数

$$C_D=\frac{0.074}{Re^{0.2}}-\frac{1700}{Re} \quad (2\times10^5<Re<1\times10^7) \tag{6-37}$$

$$C_D=\frac{0.455}{(\lg Re)^{2.58}}-\frac{1700}{Re} \quad (1\times10^7<Re<1\times10^9) \tag{6-38}$$

式中：u_0 为自由来流速度；x 为从平板前缘算起的距离；L 为平板全长；$Re_x=\frac{u_0 x}{\nu}$为 x 处的局部雷诺数；$Re=\frac{u_0 L}{\nu}$则为雷诺数。下面举例说明上述计算公式的应用。

例 6-1 将面积为 1.2m×1.2m 的薄平板，平行设在速度为 3m/s 的标准状态气流中，试计算(1)平板表面阻力；(2)后缘处的边界层厚度；(3)后缘处的切应力。

解 因公式的选取与 Re 有关，故首先求雷诺数。在标准状态下，气流的运动粘度 $\nu=1.486\times10^{-5}\text{m}^2/\text{s}$，则

$$Re=\frac{u_0L}{\nu}=\frac{3\times1.2}{1.486\times10^{-5}}=2.42\times10^5<5\times10^5$$

可见，整个平板边界层处于层流状态。于是，可选取层流边界层公式进行计算。

(1) 平板表面阻力

因
$$C_D=\frac{1.328}{\sqrt{Re}}=\frac{1.328}{\sqrt{2.42\times10^5}}=0.0027$$

且 $\rho=1.20\text{kg/m}^3$，则平板两侧的总阻力

$$\begin{aligned}D&=2C_D\frac{\rho u_0^2}{2}A\\&=2\times0.0027\times\frac{1}{2}(1.20)(3^2)(1.2\times1.2)\\&=0.042\text{N}\end{aligned}$$

(2) 后缘处的边界层厚度

由 $\dfrac{\delta}{x}=\dfrac{5.0}{\sqrt{Re_x}}$，得

$$\delta=\frac{5.0}{\sqrt{Re}}L=\frac{5.0}{\sqrt{2.42\times10^5}}\times1.2=0.012\text{m}$$

可见，后缘处的边界层厚度很薄，仅为板长的百分之一。

(3) 后缘处的切应力

$$\tau_0=\frac{0.332\rho u_0^2}{\sqrt{Re_x}}=\frac{0.332\times1.2\times3^2}{\sqrt{2.42\times10^5}}=0.0073\text{N/m}^2$$

例 6-2 将 3m×1.2m 光滑平板放在以 1.2m/s 速度平行于板面流动的 10℃水中，如图 6-9 所示，试确定(1)从层流边界层过渡到紊流边界层的过渡点位置；(2)过渡点处的边界层厚度；(3)作用于平板的总阻力($\nu=1.31\times10^{-6}\text{m}^2/\text{s}$)。

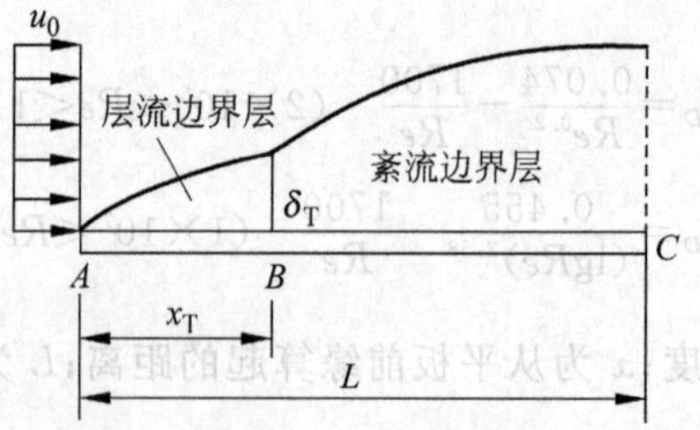

图 6-9 例 6-2 图

解 首先求得 $Re=2.75\times10^6>5\times10^5$。可见，平板前缘附近为层流边界层，后接紊流边界层。

(1) 过渡点的位置

由 $Re_{crit}=\frac{u_0 x_T}{\nu}=5\times10^5$ 求得

$$x_T=0.55\text{m}$$

(2) 过渡点处边界层厚度

$$\delta_T=\frac{5.0x_T}{\sqrt{Re_{crit}}}=0.004\text{m}$$

(3) 作用于平板上的总阻力

作用于平板 AC 上的总阻力 $=AB$ 段层流边界层阻力 $+BC$ 段紊流边界层阻力，而 BC 段紊流边界层阻力可从整板紊流阻力减去 AB 段虚拟紊流阻力得到

$$\begin{aligned}D_{AB\,L}&=2\times C_D\frac{\rho u_0^2}{2}A\\&=2\times\frac{1.328}{\sqrt{5\times10^5}}\times\frac{1}{2}(1000)(1.2)^2(0.55\times1.2)\\&=1.78\text{N}\\D_{BC\,T}&=D_{AC\,T}-D_{AB\,T}\\&=2\times\frac{0.074}{(2.75\times10^6)^{0.2}}\times\frac{1}{2}(1000)(1.2)^2(3\times1.2)\\&\quad-2\times\frac{0.074}{(5\times10^5)^{0.2}}\times\frac{1}{2}(1000)(1.2)^2(0.55\times1.2)\\&=19.77-5.10\\&=14.67\text{N}\end{aligned}$$

则

$$D=D_{AB\,L}+D_{BC\,T}=16.45\text{N}$$

对于此题，也可以利用式(6-37)算出平板混合边界层的总阻力系数 C_D，进而求出总阻力 D。

6.5 边界层分离与绕流阻力

1. 边界层分离

边界层分离是指边界层流动脱离物体表面的现象。发生分离的条件是存在**逆压区**，即存在 $\frac{\mathrm{d}p}{\mathrm{d}x}>0$ 的区域。由恒定层流边界层微分方程

$$u_x\frac{\partial u_x}{\partial x}+u_y\frac{\partial u_x}{\partial y}=-\frac{1}{\rho}\frac{\mathrm{d}p}{\mathrm{d}x}+\nu\frac{\partial^2 u_x}{\partial y^2}$$

可知，边界层内的流动受压强梯度力$\left(-\dfrac{1}{\rho}\dfrac{\mathrm{d}p}{\mathrm{d}x}\right)$和粘性力$\left(\nu\dfrac{\partial^2 u_x}{\partial y^2}\right)$的作用，而粘性力是以摩阻力的形式表现出来的。在**顺压区**，即$\dfrac{\mathrm{d}p}{\mathrm{d}x}<0$区域，尽管始终存在着摩阻力对流动的阻滞作用，且这一作用试图使层内流体减速，但由于有顺压梯度力作用，仍可使流动沿程加速，流动仍能沿壁面前进，不会发生脱离物体表面的现象，即不会分离；但在逆压区，此时摩阻力和逆压梯度力的作用都使流体减速，于是流动沿程越流越慢，最后出现反向流动，反向流动排挤主流就使主流脱离物体表面产生分离形象，如图 6-10 所示。图中，S 为**分离点**，SA 为主流与回流的分界线。

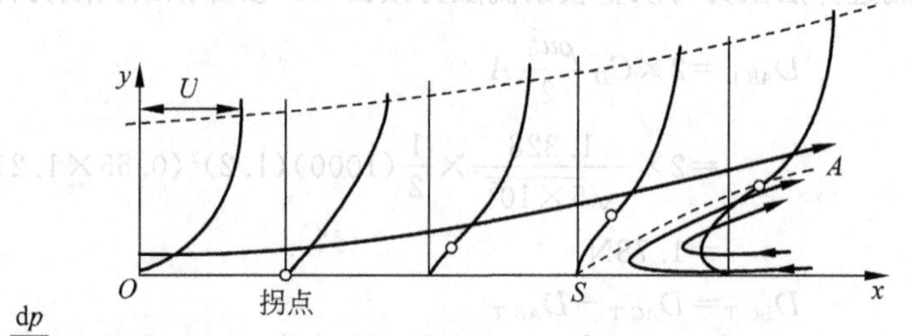

$\dfrac{\mathrm{d}p}{\mathrm{d}x}$	<0	0	>0	>0	>0
$\left.\dfrac{\partial u_x}{\partial y}\right\|_{y=0}$	>0	>0	>0	0 （分离）	<0
$\left.\dfrac{\partial^2 u_x}{\partial y^2}\right\|_{y=0}$	<0	0	>0	>0	>0

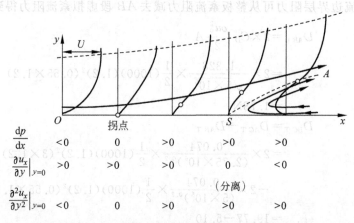

图 6-10　边界层内速度分布的沿程变化及边界层分离

在分离点之前，由于流体质点都向前流动，所以在物面上有$\left(\dfrac{\partial u_x}{\partial y}\right)_{y=0}>0$；而在分离点之后，由于流体质点都向后流动，所以在物面上有$\left(\dfrac{\partial u_x}{\partial y}\right)_{y=0}<0$；则在分离点处必有

$$\left(\frac{\partial u_x}{\partial y}\right)_{y=0}=0 \tag{6-39}$$

从边界层方程出发，利用在物体表面上 $y=0$，$u_x=u_y=0$ 的条件可以得出

$$\mu\left(\frac{\partial^2 u_x}{\partial y^2}\right)_{y=0}=\frac{\mathrm{d}p}{\mathrm{d}x} \tag{6-40}$$

上式表明，在物体表面附近，速度分布图的曲率只依赖于压强梯度。随着压强梯度$\dfrac{\mathrm{d}p}{\mathrm{d}x}$的变号，速度剖面的曲率亦将改变它的符号。在顺压区，因$\dfrac{\mathrm{d}p}{\mathrm{d}x}<0$，则$\left(\dfrac{\partial^2 u_x}{\partial y^2}\right)_{y=0}<0$为凸曲线；在$\dfrac{\mathrm{d}p}{\mathrm{d}x}=0$处，则$\left(\dfrac{\partial^2 u_x}{\partial y^2}\right)_{y=0}=0$为拐点；在逆压区，因$\dfrac{\mathrm{d}p}{\mathrm{d}x}>0$，则$\left(\dfrac{\partial^2 u_x}{\partial y^2}\right)_{y=0}>0$为凹曲线。

图 6-10 绘出边界层内速度分布图的沿程变化，由此可以看出分离发生的过程。

边界层发生分离后，不能由外部势流区直接定出$\frac{\mathrm{d}p}{\mathrm{d}x}$，即$-\frac{1}{\rho}\frac{\mathrm{d}p}{\mathrm{d}x}=U\frac{\mathrm{d}U}{\mathrm{d}x}$不再适用。此时，要借助于某些假设或通过实测物面压强分布来得到$\frac{\mathrm{d}p}{\mathrm{d}x}$。其次，边界层分离后，边界层厚度$\delta$显著加大，因此，将$\delta$作为小量看待只近似得到满足。此外，由于边界层分离而加大了绕流阻力。还应指出，对于分离后的流动部分，普朗特边界层方程不再适用。

2. 二维物体的绕流阻力

首先讨论速度为U的均匀流绕过无限长圆柱体的流动，其流型如图 6-11 所示。A为驻点，S为分离点。S点之后及圆柱下游为**分离区**(或称**尾流区**)。正是由于存在反向压力梯度才导致分离的发生。由于这一流动的复杂性，往往通过实验来确定其压强分布，圆柱表面的测压孔分布及压强分布如图 6-12 所示。实测表明，驻点压强略大于参考压强(大气压强)，因为此点的速度为零。随着θ的增大，压强减小，在点 8 处压强达到最小值，因为此点的速度达到最大值。在点 13 处，流动不能适应边界的突然变化，分离发生了。在分离区，圆柱表面的压强为常数，非常接近分离点处的值。圆柱表面相对压强的分布示于图 6-13。这与理想流体绕圆柱流动的图 5-10 结果不同。显然，圆柱前半部与后半部的压强分布不同，因而流体在流动方向上对圆柱产生了由压差而引起的作用力，这个力叫作压强阻力(或称形状阻力)。形状阻力与摩擦阻力一起则构成了作用于圆柱上的总阻力。

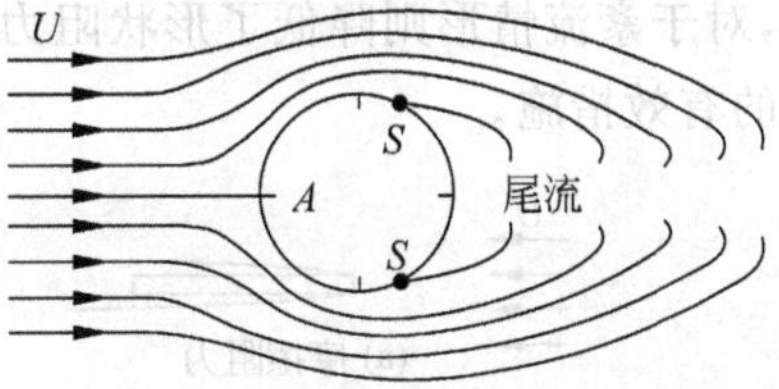

图 6-11 均匀流绕圆柱流动中的驻点、分离点及尾流区

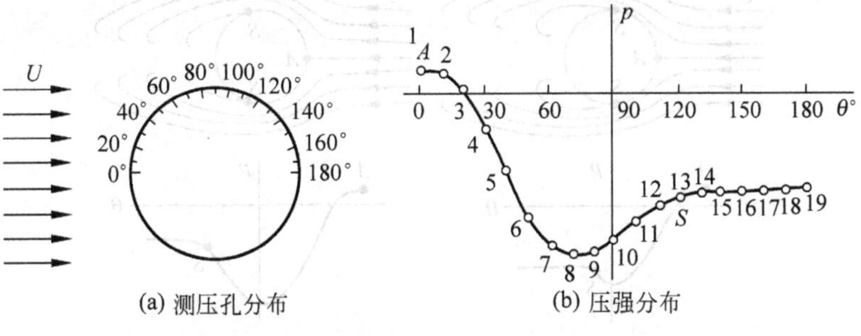

图 6-12 圆柱表面的测压孔及压强分布

为进一步了解摩擦阻力和形状阻力，现考察两种绕平板流动的情形。图 6-14(a)

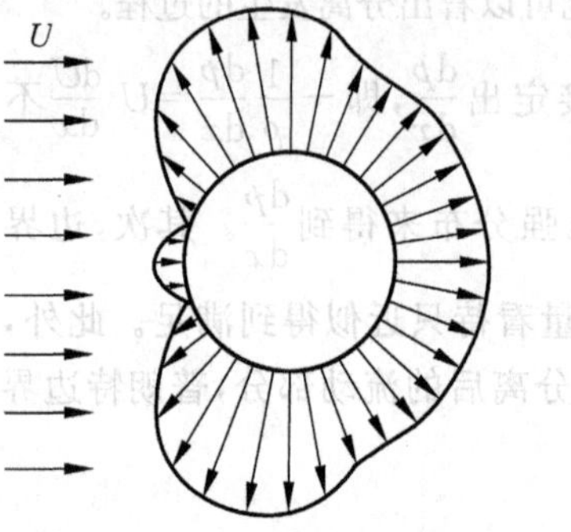

图 6-13 圆柱表面的相对压强分布

平行于流动设置平板，没有分离发生。此时，总阻力仅为摩擦阻力；图 6-14(b)垂直于流动设置平板，发生分离并形成尾流，此时总阻力主要来自平板前后的压力差，即主要为形状阻力。显然，分离点的位置会影响到阻力的大小，而边界层内的流态则又会影响到分离点的位置。

图 6-15 示出两种流态下的速度剖面。图 6-15(a)为层流，图 6-15(b)为紊流。由于在紊流状态下存在强烈的混掺作用，导致流体动能分布比较均匀。因而，紊流速度剖面比层流更能抵住反向压力梯度的作用。因此，可以料到：与层流边界层分离(图 6-16(a))相比，紊流边界层分离会发生在较远处(图 6-16(b))。可见，对于紊流情形则降低了形状阻力。因此，对物体表面加糙，往往成为降低形状阻力的有效措施。

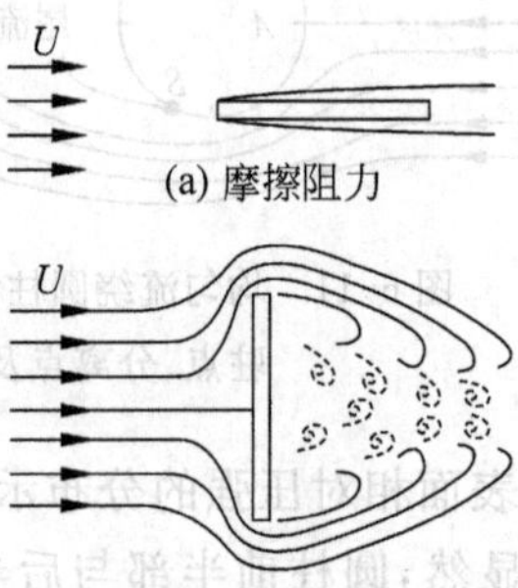

(a) 摩擦阻力

(b) 形状阻力

图 6-14 绕平板流动中的摩擦阻力和形状阻力

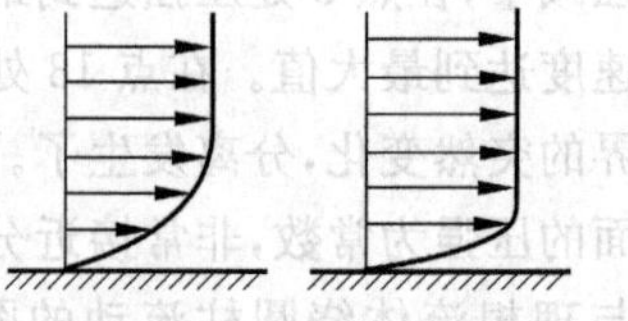

(a) 层流 (b) 紊流

图 6-15 两种流态下的速度分布

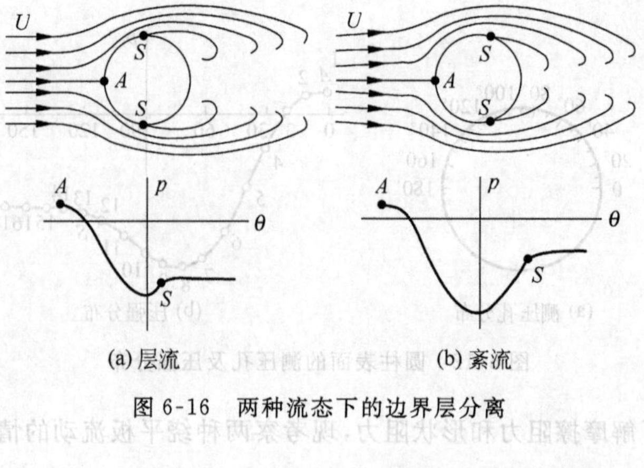

(a) 层流 (b) 紊流

图 6-16 两种流态下的边界层分离

圆柱长度与直径之比很大时的圆柱阻力系数与雷诺数的关系如图 6-17 所示。由图可见，当 Re 从 10^{-1} 增加到 10^3，C_D 逐渐地从 60 减小到 1。在 $Re=10^3\sim10^4$ 范围内 C_D 大致为常数。当 $Re>4\times10^4$ 之后，加糙圆柱与光滑圆柱的 C_D 曲线不同。某些二维型体的阻力系数 C_D 与雷诺数 Re 的关系，如图 6-18 所示。

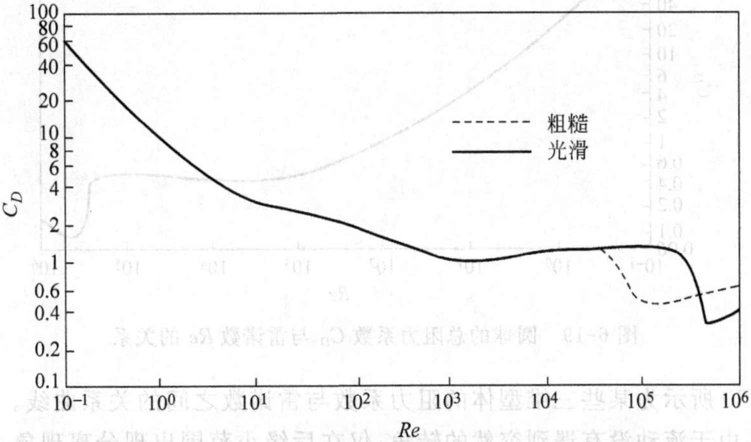

图 6-17 圆柱的总阻力系数 C_D 与雷诺数 Re 的关系

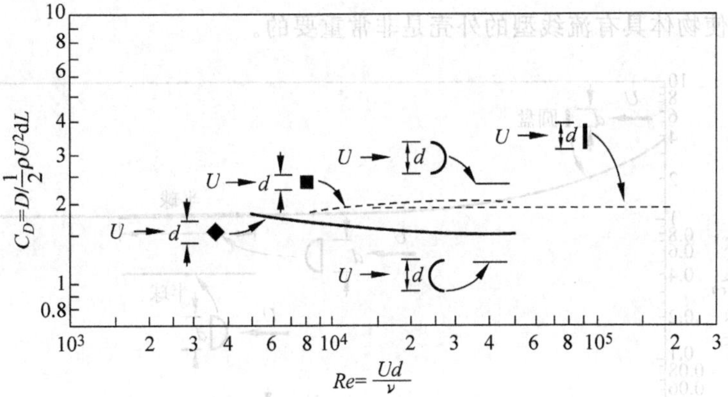

图 6-18 某些二维型体的总阻力系数 C_D 与雷诺数 Re 的关系

3. 三维物体的绕流阻力

下面给出某些三维物体的阻力系数。圆球的阻力系数与雷诺数的关系曲线如图 6-19所示。当 Re 从 10^{-1}增至 10^4 时，C_D 从 200 降到 0.4。当 $Re=10^3\sim2\times10^5$ 时，C_D 大致为常数。而当 $Re>2\times10^5$ 后，C_D 突然变小。当 $Re<1$ 时，则有斯托克斯公式

$$C_D=\frac{24}{Re} \tag{6-41}$$

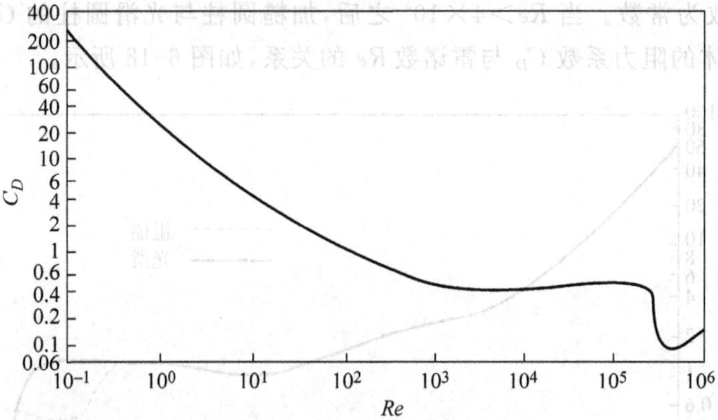

图 6-19 圆球的总阻力系数 C_D 与雷诺数 Re 的关系

图 6-20 所示为某些三维型体的阻力系数与雷诺数之间的关系曲线。对于图中的**流线体**,由于流动没有遇到突然的转角,仅在后缘小范围出现分离现象,故主要为摩擦阻力,与其他形状的物体相比其阻力系数为最小。因此,往往将飞船外壳设计成如图所示的回转流线体形状,因为推动物体穿过流体所需要的动力始终取决于阻力。所以,使物体具有流线型的外壳是非常重要的。

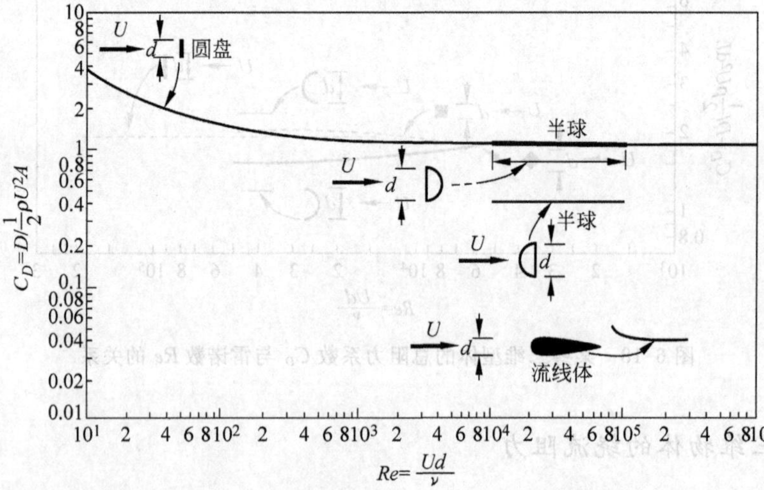

图 6-20 某些三维型体的总阻力系数 C_D 与雷诺数 Re 的关系

思考题与习题

6-1 试述边界层概念是在什么情况下提出来的?

6-2 引入边界层后,整个流场应该怎样求解?

6-3 试述边界层的定义及边界层的基本特征。

6-4 试述边界层厚度的定义及表达式。

6-5 说明推导普朗特边界层方程的思路。

6-6 在推导普朗特边界层方程时,依据什么来确定雷诺数 Re 的量级?

6-7 为使边界层微分方程组闭合,怎样补充方程?

6-8 与特征长度相比,边界层厚度很薄,能否将此层忽略掉,为什么?

6-9 层流边界层的流速分布为$\frac{u_x}{U}=1-e^{k(y/\delta)}$,式中 k 为系数。当已知边界层名义厚度 δ 时,试求系数 k、位移厚度 δ_1、动量厚度 δ_2 及能量厚度 δ_3。

6-10 对于平板边界层问题,若 $U=u_0=$常数,且有$\frac{u_x}{u_0}=f(\eta)=2\eta-\eta^2$,其中 $\eta=\frac{y}{\delta}$,试求 $\delta,\delta_1,\delta_2,\tau_0,C_D$。

6-11 利用$\frac{u_x}{u_0}=f(\eta)=\frac{3}{2}\eta-\frac{1}{2}\eta^3$,重复上题计算。

6-12 将宽 1m,长 2m 的薄平板平行设置在速度为 3.5m/s 的标准状态气流中,试计算:平板表面阻力;后缘处的边界层厚度;后缘处的切应力。

6-13 有一长 24m,宽 1.2m 的光滑矩形平板,沿板长方向穿过 21℃的水而运动,若作用于平板两侧的总阻力为 8kN,试求:平板运动速度;后缘处的边界层厚度;若在前缘出现层流状态,计算层流边界层的长度。

第 7 章 流体动力学积分形式的基本方程

本章主要介绍流体动力学积分形式的基本方程，包括：依据普遍的守恒定律，利用系统随体导数公式导出普遍的积分形式的连续性方程、动量方程和能量方程；在此基础上，通过简化得出恒定、不可压缩流体的一维流动方程（即水力学三大方程），并利用这些方程求解工程问题；最后，介绍了水头损失的分类，并利用第 4 章层流精确解的计算结果导出水头损失计算公式。

7.1 有关概念

为推导基本方程，首先来说明**控制体积**与**系统**等概念。控制体积是指在流场中任意选定且与坐标系无相对运动的空间区域，它包围流体并允许流体流进和流出，通常用 *CV* 表示。控制体积的表面称为**控制面**，通常用 *CS* 表示。系统即流体质点系统，作为整体可随周围流体一起运动，也可改变本身形状，但不允许内部的流体质点穿过系统边界，系统通常用 *S* 表示。

在流体运动的描述中，与控制体积概念相对应的方法称为**控制体积法**，即欧拉法；与系统概念相对应的方法称为**系统法**，即拉格朗日法。在第 3 章中曾介绍过拉格朗日法和欧拉法，并给出计算流体质点随体导数公式(3-13)。与此不同的是，本章将考察流体质点系统穿过控制体积的运动，导出求**流体质点系统随体导数**的公式。

求解流体问题要确定速度，而速度在流场中是变化的，根据速度的变化情况可对流动作进一步分类：如果流体和流动特性在与流动方向相垂直的断面(或称过流断面)上呈均匀分布，则称该流动为**一维流动**，如图7-1所示；如果流体或流动特性在两个方向上存在梯度，则此流动称为**二维流动**，如图7-2所示。图7-2(a)所示为管道中的流动，在每个横断面上速度呈抛物线分布，因此存在径向速度梯度。此外，在轴向又有维持流动的压强梯度，所以该流动为二维流动。二维流动的另一例子如图7-2(b)所示，在等直径圆管的过水断面上速度为一个变量的函数，但在收缩断面上速度则为两个空间变量的函数，此外，还存在维持流动的压强梯度。

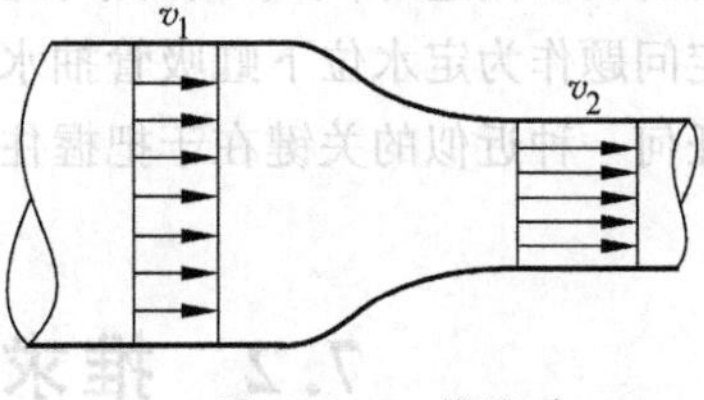

图7-1 一维流动

图7-2(c)则为二维流动的特殊例子，x方向上的速度在y方向上存在梯度。当然，对于许多二维流动情形，出于某种简化计算的需要，有可能把二维流动作为一维流动处理。例如，用断面平均流速代替断面上的抛物线速度分布；如果流体速度或流动特性为三个空间变量的函数时，则称为**三维流动**。典型的三维流动在三个空间方向上均存在梯度。严格地说，实际流动问题一般属于三维问题，但当某一方向的梯度与其他方向相比小到可以忽略不计时，亦可作为二维问题处理。

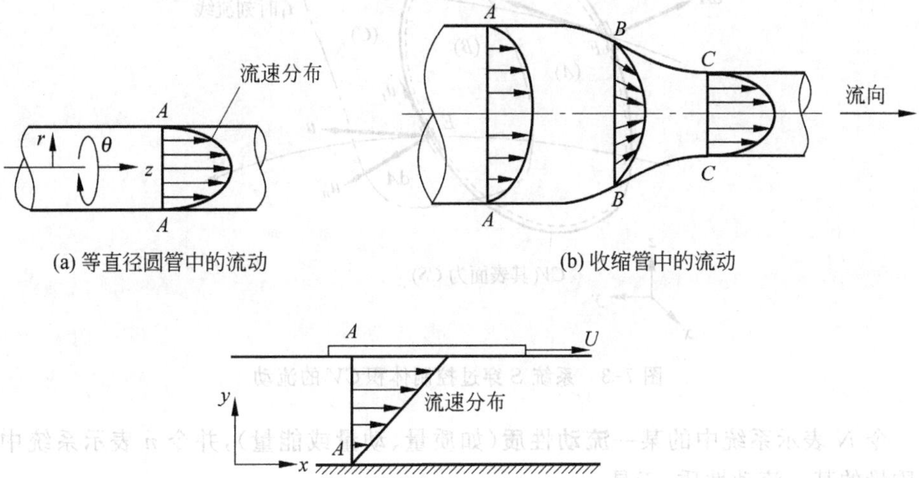

图7-2 二维流动

如果流动性质不随时间改变，则称为恒定流。例如，水位保持不变的等直径管道水流即为恒定流。当流动性质的平均值不随时间变化，而脉动值的变化与时间平均值相比显得很小时，则此流动称为**时均恒定流动**；如果流动性质随时间改变，则称为非恒定流。典型的例子是阀门开启或关闭过程中的管道水流。此外，放空水池亦发生非恒定流动；对于某些非恒定情形，为简化计算将其视作恒定流，通常称之为**准恒定流**。例如，用直径6mm的橡皮管从直径为1.5m的水箱中虹吸抽水，随着水箱水位的降低，管中水的流速也减小，该问题本属于非恒定问题，但是，如果所求问题是虹吸管的出口流速，由于水箱的水位变化比较缓慢，时间的影响不强，因此，可以把这种非恒定问题作为定水位下虹吸管抽水的恒定问题来求解。需要强调指出，任何一种处理或任何一种近似的关键在于把握住物理现象的本质，并对其做出尽可能好的描述。

7.2　推求系统随体导数的公式

系统 S 穿过控制体积 CV 的流动如图7-3所示。图中流线表示 t_1 时刻速度为 $\boldsymbol{u}$ 的流场；实线表示与坐标系无相对运动的控制体积 CV，其表面为 CS；虚线表示 t_1 时刻与控制体积 CV 相重合的系统 $S(t_1)$；点划线表示 t_2 时刻已部分流出 CV 的系统 $S(t_2)$，这里 $t_2=t_1+\Delta t$。

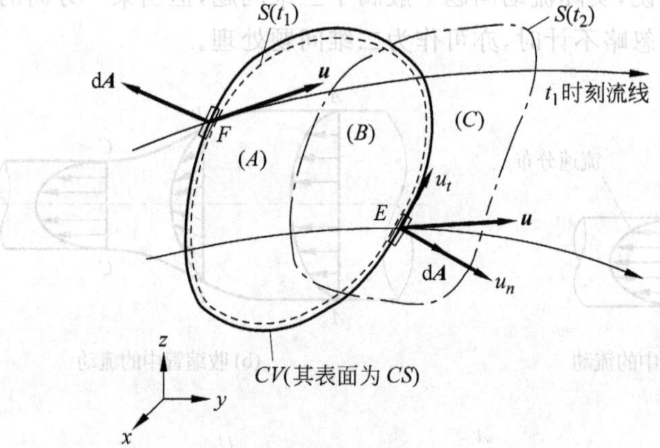

图7-3　系统 S 穿过控制体积 CV 的流动

令 N 表示系统中的某一**流动性质**（如质量、动量或能量），并令 n 表示系统中单位质量的某一流动性质，于是

$$N=\iiint n\rho \mathrm{d}V \tag{7-1}$$

式中：ρ 为系统中流体的密度；$\mathrm{d}V$ 为微分体积。

现考察图7-3中 t_1 和 t_2 时刻的系统，为推导起见，现划分为三个空间区域：(A)，(B)和(C)。显然，t_1 时刻系统的体积 $V_S(t_1)$ 由 $V_A(t_1)$ 和 $V_B(t_1)$ 组成，即 $V_{S1}=V_{A1}+V_{B1}$，这里以下标1代表时刻 t_1；同理，对于 t_2 时刻，有 $V_{S2}=V_{B2}+V_{C2}$。因此，t_1 时刻系统中所含流动性质为 $N_{S1}=N_{A1}+N_{B1}$，t_2 时刻系统中所含流动性质为 $N_{S2}=$

$N_{B2}+N_{C2}$。则在时段 Δt 内系统流动性质的变化为

$$\begin{aligned}\Delta N &= N_{S2}-N_{S1}\\ &=(N_{B2}+N_{C2})-(N_{A1}+N_{B1})\\ &=N_{B2}-N_{B1}+N_{C2}-N_{A1}\end{aligned}$$

对于单位时间则为

$$\frac{\Delta N}{\Delta t}=\frac{N_{B2}-N_{B1}}{\Delta t}+\frac{N_{C2}-N_{A1}}{\Delta t}$$

当 $\Delta t\to 0$ 时取极限，则得到系统中流动性质 N 的**瞬时变化率**

$$\lim_{\Delta t\to 0}\frac{\Delta N}{\Delta t}=\lim_{\Delta t\to 0}\frac{N_{B2}-N_{B1}}{\Delta t}+\lim_{\Delta t\to 0}\frac{N_{C2}-N_{A1}}{\Delta t} \tag{7-2}$$

式中：

$\lim\limits_{\Delta t\to 0}\dfrac{\Delta N}{\Delta t}=\left.\dfrac{\mathrm{d}N}{\mathrm{d}t}\right|_{\text{系统}}$ = 系统中流动性质 N 的瞬时变化率；

$\lim\limits_{\Delta t\to 0}\dfrac{N_{B2}-N_{B1}}{\Delta t}=\left.\dfrac{\partial N}{\partial t}\right|_{\text{控制体积}}$ = 流动性质 N 在控制体内的累积率；

$\lim\limits_{\Delta t\to 0}\dfrac{N_{C2}-N_{A1}}{\Delta t}=\lim\limits_{\Delta t\to 0}\dfrac{\delta N}{\Delta t}$ = 流动性质 N 穿过控制面的**净通率**(流出－流入)。

这里，用 δN 表示在不同时刻不同区域的流动性质的变化。为得到最后一项的极限表达式，现考察图 7-3 中穿过微分面积 $\mathrm{d}A$ 的流体。在 $\mathrm{d}A$ 的 E 点处，流体的速度为 $\boldsymbol{u}$，其垂直分量为 u_n，切向分量为 u_t。显然，u_t 不能携带流体离开控制体积，可见穿过 $\mathrm{d}A$ 的流体均沿 u_n 方向。则 Δt 时间内穿过 $\mathrm{d}A$ 的质量为 $(\rho u_n \mathrm{d}A)\Delta t$ 及流动性质为 $(n\rho u_n \mathrm{d}A)\Delta t$。于是

穿过控制面流出的流动性质为 $N_{C2}=\left[\int_{CS\text{流出}} n\rho u_n \mathrm{d}A\right]\Delta t$，

穿过控制面流入的流动性质为 $N_{A1}=\left[\int_{CS\text{流入}} n\rho u_n \mathrm{d}A\right]\Delta t$

则

$$\begin{aligned}\frac{\delta N}{\Delta t} &= \int_{CS\text{流出}} n\rho u_n \mathrm{d}A-\int_{CS\text{流入}} n\rho u_n \mathrm{d}A\\ &=\int_{CS\text{流出}} n\rho \boldsymbol{u}\cdot \mathrm{d}\boldsymbol{A}+\int_{CS\text{流入}} n\rho \boldsymbol{u}\cdot \mathrm{d}\boldsymbol{A}\end{aligned}$$

当 $\Delta t\to 0$，取极限得

$$\lim_{\Delta t\to 0}\frac{\delta N}{\Delta t}=\oint_{CS} n\rho\boldsymbol{u}\cdot \mathrm{d}\boldsymbol{A}$$

式中，$\oint_{CS}$ 为施于整个控制面的面积分符号。在计算面积分时，必须注意速度矢量 $\boldsymbol{u}$ 和微分面积矢量 $\mathrm{d}\boldsymbol{A}$ 的方向。由图 7-3 可知，对于 CS 流出部分，标量积 $\boldsymbol{u}\cdot\mathrm{d}\boldsymbol{A}$ 为正，则面积分具有正值；而对于 CS 流入部分，标量积 $\boldsymbol{u}\cdot\mathrm{d}\boldsymbol{A}$ 为负，则这部分面积分具有

负值。因此$\oint_{CS} n\rho \boldsymbol{u} \cdot \mathrm{d}\boldsymbol{A}$代表流动性质穿过整个控制面的净通率，即（流出－流入）的净通率。将上述各项极限表达式代入式(7-2)中，得

$$\left.\frac{\mathrm{d}N}{\mathrm{d}t}\right|_{S}=\left.\frac{\partial N}{\partial t}\right|_{CV}+\oint_{CS} n\rho \boldsymbol{u} \cdot \mathrm{d}\boldsymbol{A} \tag{7-3}$$

式中：S代表系统；CV代表控制体积以及CS代表控制面。引入随体导数算符$\frac{D}{Dt}$，则得出推求系统随体导数的公式

$$\left.\frac{\mathrm{D}N}{\mathrm{D}t}\right|_{S}=\frac{\partial}{\partial t}\int_{CV} n\rho \mathrm{d}V+\oint_{CS} n\rho \boldsymbol{u} \cdot \mathrm{d}\boldsymbol{A} \tag{7-4}$$

式中：左端表示系统中N的**随体变化率**（全导数）；右端第一项表示控制体积内N的**局部变化率**（局部导数），描述了场的非恒定性；右端第二项表示N流出控制面的净通率（流出－流入），即**迁移变化率**，描述了场的非均匀性。该式的意义在于将系统法与控制体积法直接联系起来，从而做到：一方面，可将系统的随体导数直接代入普遍的、全导数形式的守恒方程，以满足推导方程的需要；另一方面，通过化“随体导数”为“局部与迁移两项之和”，才能使导出的方程适应于流体运动的欧拉描述。

7.3 连续性方程

连续性方程是依据质量守恒定律导出的。质量守恒定律表明，物体在运动过程中，质量既不会产生，也不会消灭。其数学表达式为

$$\frac{\mathrm{d}m}{\mathrm{d}t}=0 \tag{7-5}$$

式中，m为物体的质量。

对于流体而言，应考察质量为m的流体质点系统，则式(7-5)化为

$$\left.\frac{\mathrm{d}m}{\mathrm{d}t}\right|_{S}=0 \tag{7-6}$$

由于此时$N=m$，$n=1$，利用式(7-4)，则上式化为

$$\left.\frac{\mathrm{d}m}{\mathrm{d}t}\right|_{S}=\left.\frac{\mathrm{D}m}{\mathrm{D}t}\right|_{S}=\frac{\partial}{\partial t}\int_{CV} \rho \mathrm{d}V+\oint_{CS} \rho \boldsymbol{u} \cdot \mathrm{d}\boldsymbol{A}=0$$

于是得出

$$-\frac{\partial}{\partial t}\int_{CV} \rho \mathrm{d}V=\oint_{CS} \rho \boldsymbol{u} \cdot \mathrm{d}\boldsymbol{A} \tag{7-7}$$

或

$$-\frac{\partial}{\partial t}\int_{CV} \rho \mathrm{d}V=\int_{CS流出} \rho u_n \mathrm{d}A-\int_{CS流入} \rho u_n \mathrm{d}A \tag{7-8}$$

此即**积分形式的连续性方程**。其物理意义是：控制体积内流体质量的减少率等于流出控制面的质量净通率。该方程适用于均质流体和均匀混合的非均质流体。

对于恒定流，因$\frac{\partial}{\partial t}\int_{CV}\rho \mathrm{d}V=0$，则有

$$\oint_{CS}\rho \boldsymbol{u}\cdot \mathrm{d}\boldsymbol{A}=0 \tag{7-9}$$

或

$$\int_{CS流入}\rho u_n \mathrm{d}A=\int_{CS流出}\rho u_n \mathrm{d}A \tag{7-10}$$

该式表明：对于恒定流动，因控制体积内无质量累积率，则单位时间流入与流出控制体积的质量相等。对于均质不可压缩流体，ρ＝常数。显然，恒定不可压缩流体的连续性方程为

$$\oint_{CS}\boldsymbol{u}\cdot \mathrm{d}\boldsymbol{A}=0 \tag{7-11}$$

或

$$\int_{CS流入}u_n \mathrm{d}A=\int_{CS流出}u_n \mathrm{d}A \tag{7-12}$$

该式表明：对于恒定不可压缩流体，流入与流出控制体积的流量相等。

为求解连续性方程，须已知法向分速 u_n 沿控制面的分布规律。但对于许多流动情形，流速分布为未知或难于求出。此时，比较方便的方法是利用断面平均流速 v，如图 7-4 所示。

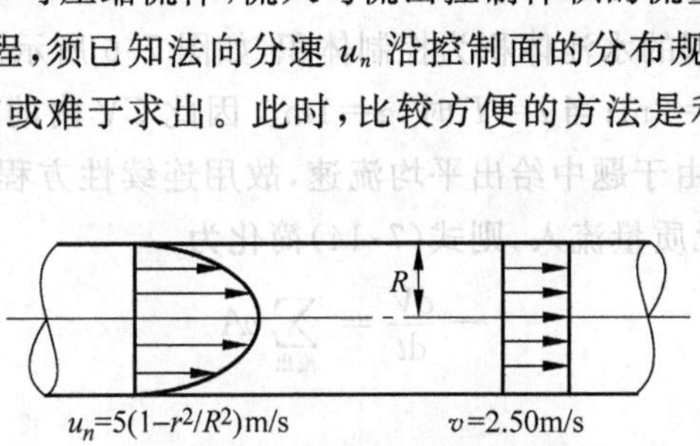

图 7-4　断面平均流速

由流量 $Q=\int_A u_n \mathrm{d}A=v\int_A \mathrm{d}A=vA$，得

$$v=\frac{\int_A u_n \mathrm{d}A}{A} \tag{7-13}$$

则用断面平均流速表示的连续性方程为

$$-\frac{\partial}{\partial t}\int_{CV}\rho \mathrm{d}V=\sum_{流出}\rho vA-\sum_{流入}\rho vA \tag{7-14}$$

式中：$\sum_{流出}$（或$\sum_{流入}$）表示几个不同的出流（或入流）的累加。这一处理方法同样可用于方程的简化情形。对于如图 7-5 所示的恒定不可压缩流体一维流动情形，则用平

均速度表示的连续性方程为

$$v_2A_2-v_1A_1=0 \tag{7-15}$$

或

$$v_1A_1=v_2A_2 \tag{7-16}$$

该式表明：对于恒定不可压缩流体的一维流动，入流量等于出流量，且断面平均流速与过流断面面积成反比。

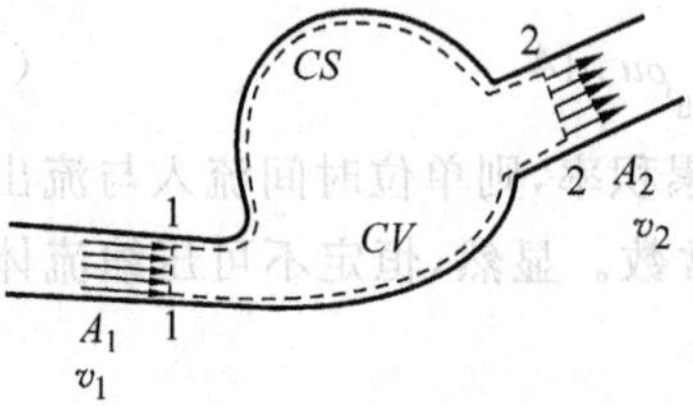

图 7-5 恒定不可压缩流体的一维流动

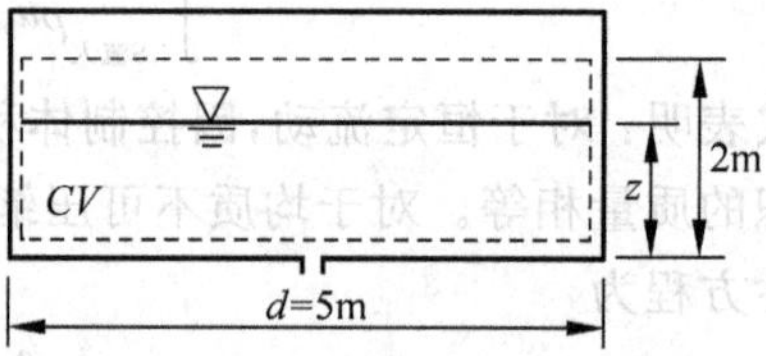

图 7-6 例 7-1 图

例 7-1 直径 d 为 5m 的圆柱形水池，其底部设一内径为 5cm 的放水管，如图 7-6 所示。若放水管断面平均流速 v 与水深 z 的关系为 $v=\sqrt{2gz}$，试计算将池中水从 2m 放至 1m 时所需放水时间。

解 选择 2m 水深的水池体积为控制体积，如图 7-6 所示。显然，水深 z 随时间 t 改变。当 $t=0$ 时，$z=2\text{m}$；当 $t=T$ 时，$z=1\text{m}$。因此 CV 内的质量亦随 t 改变，则该问题为非恒定问题。由于题中给出平均流速，故用连续性方程(7-14)来求解。由于为不可压缩流体，且无质量流入，则式(7-14)简化为

$$-\frac{\mathrm{d}V}{\mathrm{d}t}=\sum_{流出}vA$$

左端

$$-\frac{\mathrm{d}V}{\mathrm{d}t}=-\frac{\mathrm{d}}{\mathrm{d}t}\left(\frac{\pi}{4}\times 5^2\times z\right)=-\frac{\pi}{4}\times 5^2\times\frac{\mathrm{d}z}{\mathrm{d}t}$$

右端

$$\sum_{流出}vA=\frac{\pi}{4}\times 0.05^2\times\sqrt{2gz}$$

则方程化为

$$-\frac{\mathrm{d}z}{\mathrm{d}t}=4.429\times 10^{-4}\sqrt{z}$$

$$-\frac{\mathrm{d}z}{\sqrt{z}}=4.429\times 10^{-4}\,\mathrm{d}t$$

$$-\mathrm{d}\sqrt{z}=2.215\times 10^{-4}\,\mathrm{d}t$$

积分得

$$-\sqrt{z}\Big|_2^1 = 2.215\times10^{-4}t\Big|_0^T$$

$$T = \frac{1}{2.215}\times10^4\times(\sqrt{2}-\sqrt{1}) = 1870\text{s}$$

则所需放水时间为 1870s。

例 7-2 已知等直径圆管的流速分布为 $u_n = 5\left(1-\frac{r^2}{R^2}\right)\text{m/s}$，式中 R 为圆管半径，试求断面平均流速(参见图 7-4)。

解 在与轴向正交的横断面上，平均流速为

$$v = \frac{\int_A u_n\text{d}A}{A} = \frac{\int_0^{2\pi}\int_0^R 5\times(1-r^2/R^2)r\text{d}r\text{d}\theta}{\pi R^2}$$

$$= \frac{\int_0^R 5\times(1-r^2/R^2)\times2\pi r\text{d}r}{\pi R^2} = \frac{10\pi\times\left(\frac{r^2}{2}-\frac{r^2}{4R^2}\right)\Big|_0^R}{\pi R^2}$$

$$= 10\left(\frac{1}{2}-\frac{1}{4}\right) = 2.5\text{m/s}$$

则断面平均流速 $v=2.5\text{m/s}$。

7.4 动量方程

动量方程是依据动量守恒定律导出的。动量守恒定律可表述为：作用于物体上所有外力的矢量和，等于物体动量对时间的变化率。其数学表达式为

$$\boldsymbol{F} = \frac{\text{d}\boldsymbol{M}}{\text{d}t} \tag{7-17}$$

式中：$\boldsymbol{F}$ 为作用于物体上的合外力；$\boldsymbol{M}=m\boldsymbol{u}$ 是质量为 m、速度为 $\boldsymbol{u}$ 的物体所具有的动量。

对于流体，所考察的是质量为 m、速度为 $\boldsymbol{u}$ 的流体质点系统，则式(7-17)化为

$$\boldsymbol{F} = \frac{\text{d}(m\boldsymbol{u})}{\text{d}t}\Big|_s \tag{7-18}$$

由于此时 $N=m\boldsymbol{u}$，$n=\boldsymbol{u}$，利用式(7-4)，则上式化为

$$\boldsymbol{F} = \frac{\text{d}(m\boldsymbol{u})}{\text{d}t}\Big|_s = \frac{\text{D}(m\boldsymbol{u})}{\text{D}t}\Big|_s = \frac{\partial}{\partial t}\int_{CV}\boldsymbol{u}\rho\text{d}V + \oint_{CS}\boldsymbol{u}(\rho\boldsymbol{u}\cdot\text{d}\boldsymbol{A}) \tag{7-19}$$

或

$$\boldsymbol{F}_n + \boldsymbol{F}_t + \boldsymbol{F}_b = \frac{\partial}{\partial t}\int_{CV}\boldsymbol{u}\rho\text{d}V + \oint_{CS}\boldsymbol{u}(\rho\boldsymbol{u}\cdot\text{d}\boldsymbol{A}) \tag{7-20}$$

式中：$\boldsymbol{F}_n$ 为作用于与控制体积相重合的流体质点系统上的表面力的法向分力；$\boldsymbol{F}_t$ 为

表面力的切向分力；$\boldsymbol{F}_b$ 为质量力。以上二式即为**积分形式的动量方程**。左端代表作用于与控制体积相重合的流体质点系统上的合外力；右端第一项代表控制体积内动量的累积率，第二项则代表流出控制面的动量净通率。

对于恒定流，因 $\frac{\partial}{\partial t}\int_{CV}\boldsymbol{u}\rho\mathrm{d}V=\boldsymbol{0}$，则有

$$\boldsymbol{F}=\oint_{CS}\boldsymbol{u}(\rho\boldsymbol{u}\cdot\mathrm{d}\boldsymbol{A}) \tag{7-21}$$

该式表明：对于恒定流动，因控制体积内无动量累积率，则作用于与控制体积相重合的流体质点系统上的合外力等于流出控制面的动量净通率。

对于恒定一维流动，则式(7-21)化为

$$\boldsymbol{F}=\int_{A_2}\boldsymbol{u}\rho u_n\mathrm{d}A-\int_{A_1}\boldsymbol{u}\rho u_n\mathrm{d}A \tag{7-22}$$

式中：A_1 和 A_2 分别表示入流和出流断面面积。由于流速在断面上呈不均匀分布，当引入断面平均流速时，必然导致动量的实际值与平均计算值间的差异。为此作如下修正

令
$$\int_{A}\boldsymbol{u}\rho u_n\mathrm{d}A=\alpha_0\boldsymbol{v}\rho Q \tag{7-23}$$

式中：$\alpha_0=1.02\sim1.05$ 为**动量校正系数**。于是有

$$\boldsymbol{F}=(\alpha_0\boldsymbol{v}\rho Q)_2-(\alpha_0\boldsymbol{v}\rho Q)_1 \tag{7-24}$$

式中：下标1和下标2分别表示入流和出流断面。由恒定流连续性方程可知 $(\rho Q)_1=(\rho Q)_2=\rho Q$，则得

$$\boldsymbol{F}=\rho Q(\alpha_{02}\boldsymbol{v}_2-\alpha_{01}\boldsymbol{v}_1) \tag{7-25}$$

即为恒定一维流动的动量方程。当取 $\alpha_{01}=\alpha_{02}=\alpha_0$ 时，方程可进一步简化为

$$\boldsymbol{F}=\alpha_0\rho Q(\boldsymbol{v}_2-\boldsymbol{v}_1) \tag{7-26}$$

此即水力学中常用的动量方程。

例 7-3 用皮管冲洗房屋边墙，喷嘴直径 $d=1.3\text{cm}$，产生速度 $v_0=1.5\text{m/s}$ 的射流。当射流与边墙垂直时，试确定射流对边墙的作用力。

解 边墙附近的射流及所选控制体积如图7-7所示。对于光滑壁面，当水流被墙壁阻挡后将对称地散开。沿 v_0 方向选取 x 轴，作用于控制体积上 x 方向的外力有：入流断面上的动水压力及边墙对水体的反作用力 R(负 x 向)。在不计空气阻力时，反作用力 R 的大小，等于射流对边墙的作用力 R'(其方向沿正 x 向)。因射流从喷嘴流入大气，可以认为入流断面上的动水压强 p_0 与大气压强 p_a 相等，故其相对压力为零。于是，x 方向的动量方程为：

$$-R=\rho Q(\alpha_{02}v_{2x}-\alpha_{01}v_{1x})$$

取 $\alpha_{01}=1.02$，$Q=Av_0$，并代入各量

$$-R=1000\times\frac{\pi}{4}\times\left(\frac{1.3}{100}\right)^2\times1.5\times(0-1.02\times1.5)$$

解得 $R=0.305\text{N}$。则射流对边墙的作用力 $R'=0.305\text{N}$,其方向沿 x 的正向。

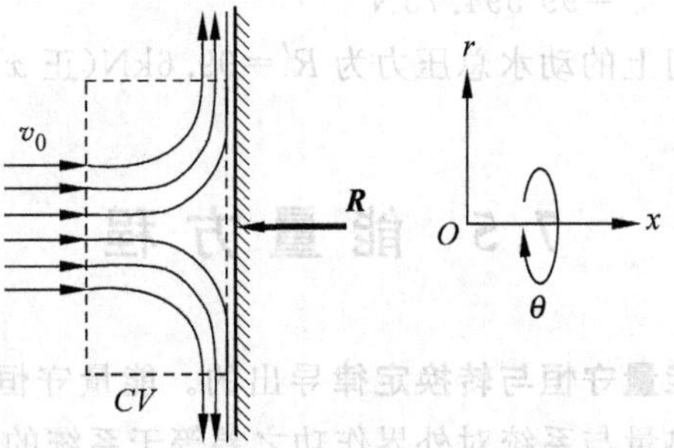

图 7-7 例 7-3 图

例 7-4 闸孔出流如图 7-8(a)所示,平板闸门宽 $b=2\text{m}$,当通过 $Q=8\text{m}^3/\text{s}$ 的流量时,闸前水深为 $H=4\text{m}$,收缩断面水深为 $h=0.5\text{m}$。若不计摩阻力,试计算作用于平板闸门上的动水总压力。

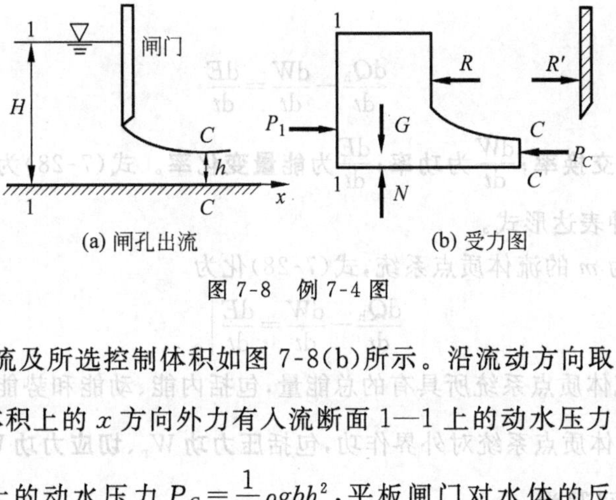

图 7-8 例 7-4 图

解 闸孔出流及所选控制体积如图 7-8(b)所示。沿流动方向取为 x 轴,因不计摩阻力,则控制体积上的 x 方向外力有入流断面 1—1 上的动水压力 $P_1=\frac{1}{2}\rho gbH^2$;出流断面 C—C 上的动水压力 $P_C=\frac{1}{2}\rho gbh^2$,平板闸门对水体的反作用力 R(负 x 向)。显然,反作用力 R 的大小,等于水体作用于平板闸门上的动水总压力 R'(正 x 向)。于是,x 方向的动量方程为

$$P_1-P_C-R=\rho Q(\alpha_{02}v_{cx}-\alpha_{01}v_{1x})$$

由连续性方程求出 $v_{cx}=Q/hb=8\text{m/s}$,$v_{1x}=Q/Hb=1\text{m/s}$,且取 $\alpha_{01}=\alpha_{02}=\alpha_0=1.02$,解得

$$R=\frac{1}{2}\rho gbH^2-\frac{1}{2}\rho gbh^2-\alpha_0\rho Q(v_{cx}-v_{1x})$$

$$=\frac{1}{2}\times1000\times9.81\times2\times(4^2-0.5^2)$$

$$-1.02\times1000\times8\times(8-1)$$
$$=99\ 594.75\text{N}$$

则水体作用于平板闸门上的动水总压力为 $R'=99.6\text{kN}$(正 x 方向)。

7.5 能量方程

能量方程是依据**能量守恒与转换定律**导出的。能量守恒与转换定律可表述为：外界加给质量系统的热量与系统对外界作功之差等于系统的能量增加。此即**热力学第一定律**,其数学表达式为

$$\mathrm{d}Q_\mathrm{h}-\mathrm{d}W=\mathrm{d}E \tag{7-27}$$

式中：$\mathrm{d}Q_\mathrm{h}$ 为外界加给系统的**热量**;$\mathrm{d}W$ 为系统对外界作功;$\mathrm{d}E$ 为系统的能量增加。从上式可见,当对系统加热或对系统作功时,则系统的能量增加;反之,当系统向外界传递热量或系统对外界作功时,则系统的能量减少。将式(7-27)两端同除以 $\mathrm{d}t$,即对时间求导,得

$$\frac{\mathrm{d}Q_\mathrm{h}}{\mathrm{d}t}-\frac{\mathrm{d}W}{\mathrm{d}t}=\frac{\mathrm{d}E}{\mathrm{d}t} \tag{7-28}$$

式中：$\frac{\mathrm{d}Q_\mathrm{h}}{\mathrm{d}t}$为**热交换率**;$\frac{\mathrm{d}W}{\mathrm{d}t}$为**功率**;$\frac{\mathrm{d}E}{\mathrm{d}t}$为**能量变化率**。式(7-28)为能量守恒与转换定律的另外一种表达形式。

对于质量为 m 的流体质点系统,式(7-28)化为

$$\frac{\mathrm{d}Q_\mathrm{h}}{\mathrm{d}t}-\frac{\mathrm{d}W}{\mathrm{d}t}=\left.\frac{\mathrm{d}E}{\mathrm{d}t}\right|_s \tag{7-29}$$

式中：E 为该流体质点系统所具有的总能量,包括内能、动能和势能。单位质量的能量为 $e=\frac{E}{m}$。流体质点系统对外界作功,包括**压力功** W_p、**切应力功** W_t 和**轴传功** W_S。因此,能量方程可写为

$$\frac{\mathrm{d}Q_\mathrm{h}}{\mathrm{d}t}-\frac{\mathrm{d}W_\mathrm{p}}{\mathrm{d}t}-\frac{\mathrm{d}W_\mathrm{t}}{\mathrm{d}t}-\frac{\mathrm{d}W_\mathrm{S}}{\mathrm{d}t}=\left.\frac{\mathrm{d}E}{\mathrm{d}t}\right|_s \tag{7-30}$$

由图 7-3 可见,在微分面积 $\mathrm{d}A$ 上,流体质点系统对外界所作压力功的功率等于压力 $p\mathrm{d}A$ 与速度分量 u_n 的乘积 $pu_n\mathrm{d}A$,即 $p(\boldsymbol{u}\cdot\mathrm{d}\boldsymbol{A})$。对于流出面而言,$(\boldsymbol{u}\cdot\mathrm{d}\boldsymbol{A})$为正;而对于流入面,$(\boldsymbol{u}\cdot\mathrm{d}\boldsymbol{A})$则为负。因此,流体压力对控制体积以外的周围介质(外界)作功的净功率为

$$\frac{\mathrm{d}W_\mathrm{p}}{\mathrm{d}t}=\oint_{CS}p(\boldsymbol{u}\cdot\mathrm{d}\boldsymbol{A}) \tag{7-31}$$

显然,此时 $N=E,n=e$,则由式(7-4) 得出

$$\frac{\mathrm{d}Q_{\mathrm{h}}}{\mathrm{d}t}-\frac{\mathrm{d}W_{t}}{\mathrm{d}t}-\frac{\mathrm{d}W_{\mathrm{S}}}{\mathrm{d}t}=\frac{\partial}{\partial t}\int_{CV}e\rho\mathrm{d}V+\oint_{CS}\left(\frac{p}{\rho}+e\right)(\rho\boldsymbol{u}\cdot\mathrm{d}\boldsymbol{A}) \tag{7-32}$$

此即**普遍的能量方程**。

根据一定的条件可简化上述方程：对于恒定流动，则 $\frac{\partial}{\partial t}\int_{CV}e\rho\mathrm{d}V=0$；对于如图 7-5所示的一维流动，一方面由于流体粘附在固体壁面上，另一方面则由于流入和流出断面上的切应力与速度方向相垂直，从而导致切应力功率为零，即$\frac{\mathrm{d}W_t}{\mathrm{d}t}=0$；对于均质不可压缩流体，$\rho$= 常数；对于重力场，当取 z 与铅直方向 h 重合时，单位质量的势能为 gz，则单位质量的能量为

$$e=e_{\mathrm{I}}+gz+\frac{u^2}{2} \tag{7-33}$$

式中：e_{I} 为单位质量的内能；$u^2/2$ 为单位质量的动能。当同时满足上述简化条件时，则式(7-32)化为

$$\frac{\mathrm{d}Q_{\mathrm{h}}}{\mathrm{d}t}-\frac{\mathrm{d}W_{\mathrm{S}}}{\mathrm{d}t}=\oint_{CS}\left(e_{\mathrm{I}}+gz+\frac{p}{\rho}+\frac{u^2}{2}\right)(\rho\boldsymbol{u}\cdot\mathrm{d}\boldsymbol{A}) \tag{7-34}$$

或

$$\frac{\mathrm{d}Q_{\mathrm{h}}}{\mathrm{d}t}-\frac{\mathrm{d}W_{\mathrm{S}}}{\mathrm{d}t}=\int_{A_2}\left(e_{\mathrm{I}}+gz+\frac{p}{\rho}+\frac{u^2}{2}\right)\rho u_n\mathrm{d}A-\int_{A_1}\left(e_{\mathrm{I}}+gz+\frac{p}{\rho}+\frac{u^2}{2}\right)\rho u_n\mathrm{d}A \tag{7-35}$$

式中：A_1 和 A_2 分别表示流入和流出断面的面积。由于流速在断面上呈不均匀分布，当引入断面平均流速时，亦必然导致动能的实际值与平均计算值间的差异。为此作如下修正

$$\int_A\frac{u^2}{2}\rho u_n\mathrm{d}A=\alpha\frac{v^2}{2}\rho Q=\frac{\alpha v^2}{2g}\rho gQ \tag{7-36}$$

式中：ρg 为流体的容重；α=1.05～1.10 为**动能校正系数**。于是，式(7-35)化为

$$z_1+\frac{p_1}{\rho g}+\frac{\alpha_1v_1^2}{2g}=z_2+\frac{p_2}{\rho g}+\frac{\alpha_2v_2^2}{2g}+H_{\mathrm{M}}+h_{\mathrm{W}} \tag{7-37}$$

式中：各项均对单位重量流体而言；下标 1 代表流入断面，下标 2 代表流出断面；方程各项均具有长度的量纲，称为水头，代表某种能量（或功）。具体而言，z 为过流断面上任一点的位置水头，代表该点的势能；$\frac{p}{\rho g}$为该点处的压强水头，代表该点的压力势能；$\frac{\alpha v^2}{2g}$为该断面的断面平均**流速水头**，代表该断面的平均动能；$\left(z+\frac{p}{\rho g}\right)$为该点的测压管水头，对于同一过流断面$\left(z+\frac{p}{\rho g}\right)=\mathrm{const}$；$\left(z+\frac{p}{\rho g}+\frac{\alpha v^2}{2g}\right)$为该过流断面的**总水头**，代表该断面的平均**机械能**；$H_{\mathrm{M}}=\frac{1}{\rho gQ}\frac{\mathrm{d}W_{\mathrm{S}}}{\mathrm{d}t}$为系统中水轮机作轴功所需的水头，

代表系统向外界传递的**轴功**。当系统中无水轮机而有水泵时，表示外界向系统传递轴功，则系统的水头增加。对于式(7-37)，应以"$-H_P$"代替"H_M"，显然流入断面(1—1断面)的总水头为$\left(z_1+\frac{p_1}{\rho g}+\frac{\alpha_1 v_1^2}{2g}+H_P\right)$。$H_P$为外界通过水泵使系统增加的水头，代表水泵向系统传递的轴功；$h_W=\frac{e_{I2}-e_{I1}}{g}-\frac{1}{\rho g Q}\frac{dQ_h}{dt}$为**水头损失**，代表**机械能损失**，因为这部分能量作为热量被耗散掉，不能再恢复为机械能。

当系统中无轴功时，能量方程可进一步简化为

$$z_1+\frac{p_1}{\rho g}+\frac{\alpha_1 v_1^2}{2g}=z_2+\frac{p_2}{\rho g}+\frac{\alpha_2 v_2^2}{2g}+h_W \tag{7-38}$$

此即水力学中常用的**伯努利方程**。

图7-9所示为管道水流的能量方程式(7-38)各项、**总水头线**和**测压管水头线**的示意图。可见，1—1断面的总水头等于2—2断面的总水头与两断面之间的水头损失之和。图7-10所示为明渠水流的能量方程式(7-38)各项、总水头线和测压管水头线的示意图。水面线即为测压管水头线。对于同一过水断面，例如1—1断面，$z_1+\frac{p_1}{\rho g}=C_1=\text{const}$。当取计算点在水面时，$p_1=0$，$z_1$为最大；当取计算点在渠底时，$z_1$为最小，$p_1$为最大；当取计算点在水中时，$z_1$和$p_1$介于前面两种情形之间。对于明渠水流，通常将计算点选在计算断面的水面上，因为计算点处的压强为大气压强，采用相对压强表示时，其值为零。对于管道水流，通常将计算点选在计算断面的中心即管轴上，因为该点处的压强等于该断面的平均压强。这样选取计算点，可使计算方便。

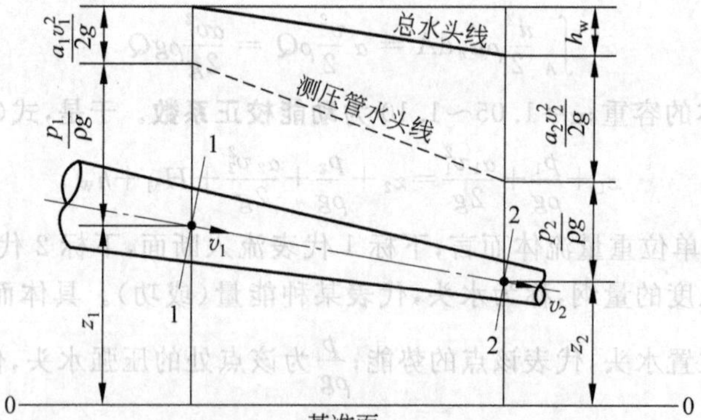

图7-9　管道水流的能量方程各项含义示意图

例7-5　自水塔引出水平管路如图7-11所示。已知小管直径$d=20$cm，大管直径$D=40$cm，水塔水面保持不变$H=4$m，若水塔至管路出口的水头损失等于出口流

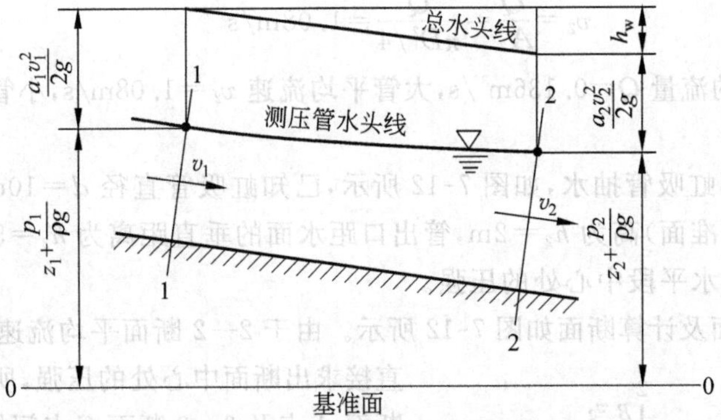

图 7-10 明渠水流的能量方程各项含义示意图

速水头的 3 倍，试求管路所通过的流量及大、小管的断面平均流速。

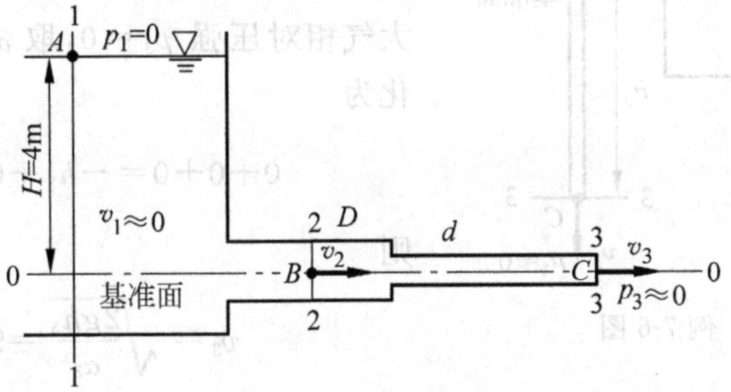

图 7-11 例 7-5 图

解 因水塔水面保持不变，本题属于恒定流问题，且因待求速度均对断面平均值而言，故可用一维恒定流方程求解。选管路中心线 0—0 作为基准面，列 1—1 断面 A 点、3—3 断面 C 点的伯努利方程

$$z_1+\frac{p_1}{\rho g}+\frac{\alpha_1 v_1^2}{2g}=z_3+\frac{p_3}{\rho g}+\frac{\alpha_3 v_3^2}{2g}+h_{\mathrm{w}}$$

将出口断面压强近似取为大气压强并用相对压强表示，取 $\alpha_1=\alpha_3=1.05$，且将 $h_{\mathrm{w}}=3\frac{\alpha_3 v_3^3}{2g}$代入方程，则伯努利方程化为

$$4+0+0=0+0+\frac{\alpha_3 v_3^2}{2g}+3\frac{\alpha_3 v_3^2}{2g}$$

于是

$$v_3=\sqrt{\frac{2g}{\alpha_3}}=\sqrt{\frac{2\times 9.81}{1.05}}=4.32\mathrm{m/s}$$

$$Q=v_3 A_3=v_3\frac{\pi d^2}{4}=0.136\mathrm{m^3/s}$$

$$v_2=\frac{Q}{A_2}=\frac{Q}{\pi D^2/4}=1.08\text{m/s}$$

则管路所通过的流量 $Q=0.136\text{m}^3/\text{s}$，大管平均流速 $v_2=1.08\text{m/s}$，小管平均流速 $v_3=4.32\text{m/s}$。

例 7-6　用虹吸管抽水，如图 7-12 所示，已知虹吸管直径 $d=10\text{cm}$，管水平段中心线距水面(基准面)高为 $h_2=2\text{m}$，管出口距水面的垂直距离为 $h_3=5\text{m}$，若忽略水头损失，试计算管水平段中心处的压强。

解　基准面及计算断面如图 7-12 所示。由于 2—2 断面平均流速为未知量，难以直接求出断面中心处的压强，所以首先列 1—1 断面 A 点及 3—3 断面 C 点间的伯努利方程

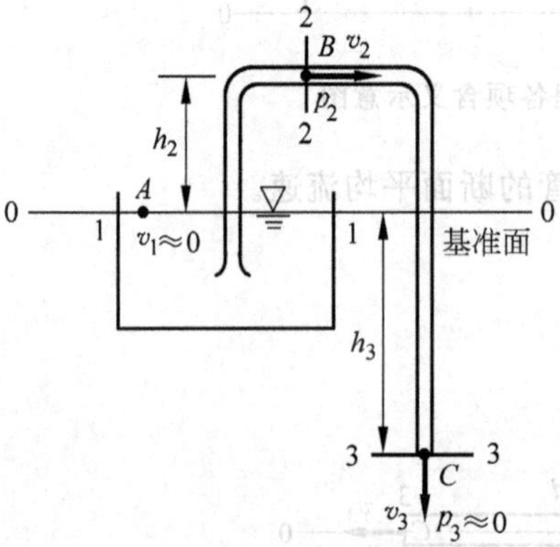

图 7-12　例 7-6 图

$$z_1+\frac{p_1}{\rho g}+\frac{\alpha_1 v_1^2}{2g}=z_3+\frac{p_3}{\rho g}+\frac{\alpha_3 v_3^2}{2g}+h_W$$

同样，将出口断面 3—3 中心点 C 处的压强取为大气相对压强 $p_3=0$，取 $\alpha_3=1.05$，于是方程化为

$$0+0+0=-h_3+0+\frac{\alpha_3 v_3^2}{2g}+0$$

则

$$v_3=\sqrt{\frac{2gh_3}{\alpha_3}}=9.67\text{m/s}$$

由连续性方程求得

$$v_2=v_3=\sqrt{\frac{2gh_3}{\alpha_3}}=9.67\text{m/s}$$

进而可列出 1—1 断面 A 点及 2—2 断面 B 点间的方程

$$z_1+\frac{p_1}{\rho g}+\frac{\alpha_1 v_1^2}{2g}=z_2+\frac{p_2}{\rho g}+\frac{\alpha_2 v_2^2}{2g}+h_W$$

即

$$0+0+0=h_2+\frac{p_2}{\rho g}+h_3+0$$

于是，$p_2=-\rho g(h_2+h_3)=-68.7\text{kPa}$，则虹吸管水平段中心处的压强为 $p_2=-68.7\text{kPa}$。

7.6　水头损失

1. 水头损失的分类

由于能量方程(7-38)中含有水头损失 h_W，因此，确定 h_W 是求解问题的关键。

水头损失 h_W 包括**沿程水头损失** h_f 和**局部水头损失** h_j 两大类。其中，h_f 是因沿程摩擦而引起的水头损失；h_j 是因水流分离，产生漩涡而引起的局部水头损失。对于实际工程问题，往往存在多段沿程水头损失和多处局部水头损失，所以通常给出下列表达式

$$h_W = \sum h_f + \sum h_j \tag{7-39}$$

2. 圆管均匀层流沿程水头损失

在 4.4 节，通过求"等直径圆管恒定层流运动"的精确解得到圆管均匀层流的速度分布

$$u_z = -\frac{1}{4\mu}\frac{\partial(p+\rho g h)}{\partial z}(r_0^2 - r^2)$$

和断面平均流速

$$v = -\frac{\partial(p+\rho g h)}{\partial z}\frac{r_0^2}{8\mu}$$

引入**水力坡度**

$$J = -\frac{\partial\left(h+\dfrac{p}{\rho g}\right)}{\partial z}$$

则断面平均流速式可改写为

$$v = \frac{\rho g J}{8\mu}r_0^2 \tag{7-40}$$

由于 $J=\dfrac{h_f}{l}$，其中 h_f 为圆管沿程水头损失，l 为管长，且 d 为圆管直径，则有

$$h_f = \frac{32\mu l}{\rho g d^2}v = \frac{64}{Re}\frac{l}{d}\frac{v^2}{2g} \tag{7-41}$$

式中，$Re=\dfrac{vd}{\nu}$为雷诺数。该式表明：对于圆管均匀层流，沿程水头损失 h_f 与断面平均流速 v 的一次方成正比。现引入圆管**沿程水头损失系数**

$$\lambda = \frac{64}{Re} \tag{7-42}$$

于是，得出圆管均匀层流沿程水头损失计算公式

$$h_f = \lambda\ \frac{l}{d}\frac{v^2}{2g} \tag{7-43}$$

3. 二维明渠均匀层流沿程水头损失

在 4.4 节，通过求"斜面上具有等深自由面的二维恒定层流运动"的精确解，得到

二维明渠均匀层流的速度分布

$$u_x=\frac{\rho g\sin\alpha}{2\mu}(2Hz-z^2)$$

和断面平均流速

$$v=\frac{\rho g\sin\alpha}{3\mu}H^2$$

对于宽浅河道，由于河宽 B 远远大于水深 H，则**水力半径**

$$R=\frac{A}{\chi}=\frac{BH}{B+2H}\approx\frac{BH}{B}=H \tag{7-44}$$

式中：A 为河道**过水断面面积**；χ 为**湿周**。对于**明渠均匀流**，由于水力坡度 J 与河道底坡 $i=\sin\alpha$ 相等，即

$$J=i=\sin\alpha \tag{7-45}$$

则断面平均流速式可改写为

$$v=\frac{\rho gJ}{3\mu}R^2 \tag{7-46}$$

由于 $J=\frac{h_f}{l}$，其中 h_f 为二维明渠沿程水头损失，l 为渠长，且容重为 ρg，则有

$$h_f=\frac{3\mu l}{\rho gR^2}v=\frac{24}{Re}\frac{l}{4R}\frac{v^2}{2g} \tag{7-47}$$

式中，$Re=\frac{vR}{\nu}$ 为雷诺数。该式表明：对于二维明渠均匀层流，沿程水头损失 h_f 与断面平均流速 v 的一次方成正比。现引入二维明渠沿程水头损失系数

$$\lambda=\frac{24}{Re} \tag{7-48}$$

于是，得出二维明渠均匀层流沿程水头损失计算公式

$$h_f=\lambda\frac{l}{4R}\frac{v^2}{2g} \tag{7-49}$$

4. 圆管沿程水头损失试验结果分析

尼古拉兹通过试验，揭示了人工粗糙管道中沿程水头损失系数 λ 的规律及其影响因素。图 7-13 所示为试验结果(分区)，其中，Δ 为**绝对粗糙度**(即**粒径**)；d 为圆管直径；$\frac{\Delta}{d}$ 为**相对粗糙度**；$\lambda=\frac{2g}{v^2}\frac{d}{l}h_f$；$Re=\frac{vd}{\nu}$；$h_f$ 为沿程水头损失；v 为管中断面平均流速；l 为管长。

试验结果(分区)分析如下。

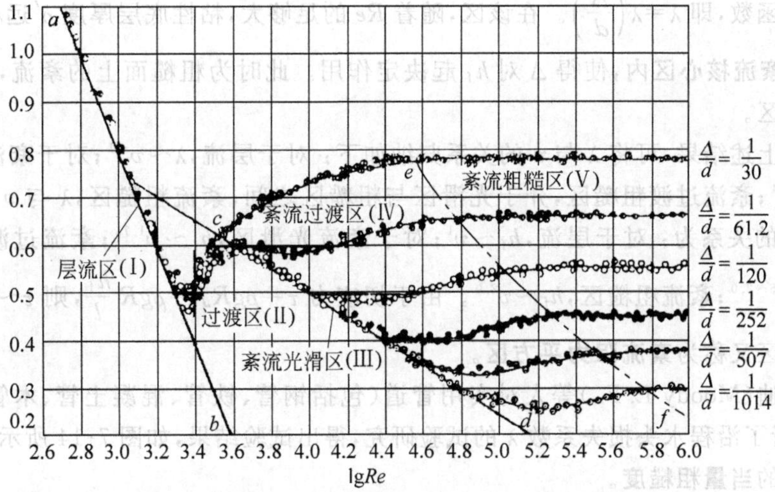

图 7-13 人工粗糙管道中沿程水头损失系数 λ 与雷诺数 Re 的关系

(1) **层流区(Ⅰ)**

由图 7-13 可见，试验点落在 ab 线上，雷诺数 $Re<2320(\lg Re<3.36)$。这表明 λ 与 $\frac{\Delta}{d}$ 无关，仅为 Re 的函数，即 $\lambda=\lambda(Re)$。此时方程为 $\lambda=\frac{64}{Re}$。

(2) **过渡区(Ⅱ)**

由层流向紊流过渡，雷诺数的范围为：$2320<Re<4000(3.36<\lg Re<3.6)$。过渡区范围小，且复杂。

(3) **紊流区(Ⅲ,Ⅳ,Ⅴ)**

当 $Re>4000(\lg Re>3.6)$，属于紊流区。该区又可以划分为：

① **紊流光滑区(Ⅲ)**

由图 7-13 可见，不同 $\frac{\Delta}{d}$ 的试验点均落在直线 cd 上，说明 λ 与 $\frac{\Delta}{d}$ 无关，仅与 Re 有关，即 $\lambda=\lambda(Re)$。此区有**布拉休斯公式** $\lambda=\frac{0.3164}{Re^{1/4}}(Re<10^5)$。在此区，粘性底层厚度 δ' 大于绝对粗糙度 Δ，即 $\delta'>\Delta$。因此 Δ 对 λ 无影响，称此区为紊流光滑区。

② **紊流过渡粗糙区(Ⅳ)**

在直线 cd 与分界线 ef 之间有一系列 $\frac{\Delta}{d}$ 曲线，说明 λ 与 $\frac{\Delta}{d}$ 及 Re 均有关，即 $\lambda=\lambda\left(\frac{\Delta}{d},Re\right)$，此时为过渡粗糙面上的紊流，该区为紊流过渡粗糙区。

③ **紊流粗糙区(Ⅴ)**

图 7-13 显示，在分界线 ef 的右侧有一系列 $\frac{\Delta}{d}$ 的水平线，这表明 λ 与 Re 无关，仅

为$\dfrac{\Delta}{d}$的函数，即 $\lambda=\lambda\left(\dfrac{\Delta}{d}\right)$。在该区，随着 Re 的足够大，粘性底层厚度 δ' 远小于 Δ，因 Δ 伸入**紊流核心区**内，使得 Δ 对 h_f 起决定作用。此时为粗糙面上的紊流，该区为紊流粗糙区。

由上述结果，可将 λ 与 v 的关系归纳如下：对于层流，$\lambda\sim v^{-1}$；对于紊流光滑区，$\lambda\sim v^{-1/4}$；紊流过渡粗糙区，介于光滑区与粗糙区之间；紊流粗糙区，λ 与 v 无关。则 h_f 与 v 的关系为：对于层流，$h_f\sim v^1$；对于紊流光滑区，$h_f\sim v^{1.75}$；紊流过渡粗糙区，$h_f\sim v^{1.75\sim2.0}$；紊流粗糙区，$h_f\sim v^{2.0}$。由于切应力 $\tau=\rho gRJ=\rho gR\dfrac{h_f}{l}$，则 $\tau\sim v^{2.0}$，故紊流粗糙区又称为**紊流阻力平方区**。

莫迪(Moody L. F.)等人对实用管道(包括钢管、铁管、混凝土管、木管、玻璃管等)进行了沿程水头损失系数 λ 的试验研究，得出试验结果，如图 7-14 所示。k_s 为实用管道的**当量粗糙度**。

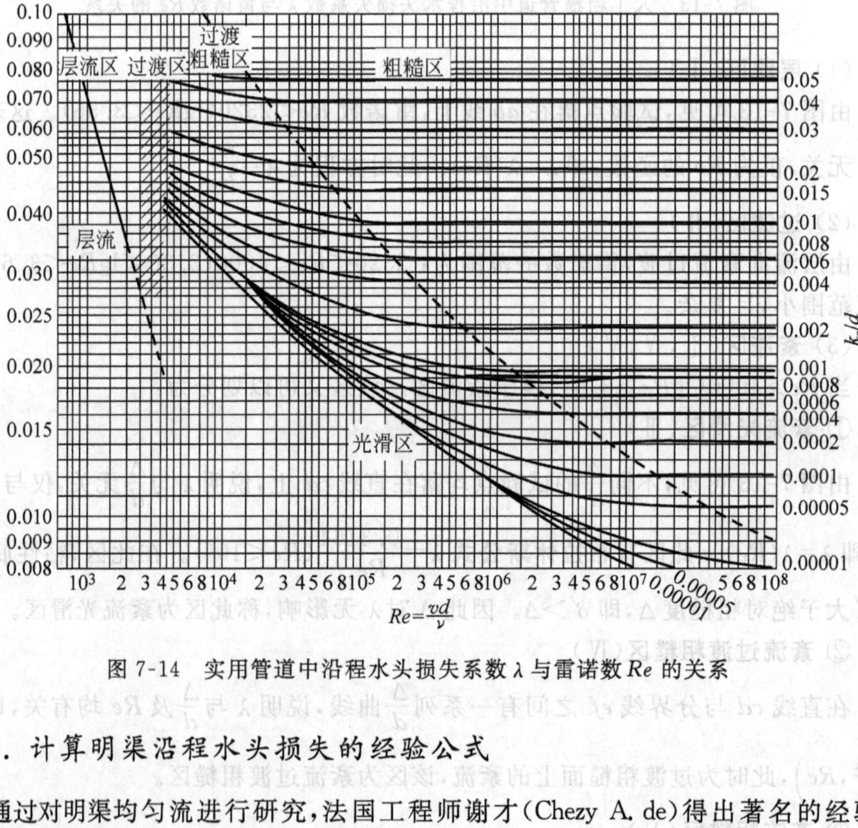

图 7-14 实用管道中沿程水头损失系数 λ 与雷诺数 Re 的关系

5. 计算明渠沿程水头损失的经验公式

通过对明渠均匀流进行研究，法国工程师谢才(Chezy A. de)得出著名的经验公式——**谢才公式**

$$v=C\sqrt{RJ} \tag{7-50}$$

式中：R 为水力半径；J 为水力坡度；C 为**谢才系数**；C 的量纲与$\sqrt{g}$相同。则流量

$$Q=vA=CA\sqrt{RJ} \tag{7-51}$$

式中，A 为过水断面面积。可将式(7-50)化为

$$h_{\mathrm{f}}=\frac{v^2}{C^2R}l=\frac{Q^2}{C^2A^2R}l \tag{7-52}$$

利用式(7-49)得出谢才系数 C 与沿程水头损失系数 λ 的关系式

$$C=\sqrt{\frac{8g}{\lambda}} \tag{7-53}$$

当已知 C 时，可用该式求出 λ。

常用的推求谢才系数 C 的经验公式如下。

(1) **曼宁(Manning)公式**

$$C=\frac{1}{n}R^{1/6} \tag{7-54}$$

式中：R 为水力半径；n 为**糙率系数**(或**糙率**)，其值可查表。对于重要的工程，n 应实测确定，因为 n 值对计算影响很大。

(2) **巴甫洛夫斯基(Павловский)公式**

$$C=\frac{1}{n}R^{y} \tag{7-55}$$

式中：

$$y=2.5\sqrt{n}-0.13-0.75\sqrt{R}(\sqrt{n}-0.10) \tag{7-56}$$

适用范围：$0.1\mathrm{m}\leqslant R\leqslant 3.0\mathrm{m}$；$0.011\leqslant n\leqslant 0.04$。当 $R<1.0\mathrm{m}$ 时，可近似取

$$y=1.5\sqrt{n} \tag{7-57}$$

当 $R>1.0\mathrm{m}$ 时，可近似取

$$y=1.3\sqrt{n} \tag{7-58}$$

6. 局部水头损失 h_{j}

产生局部水头损失的部位会出现分离现象，在分离区有漩涡存在。现对圆管突然扩大情形进行分析，如图 7-15 所示。

选取突然扩大断面为 1—1，选取漩涡区末端断面为 2—2，取 0—0 线为基准线。可认为 1—1、2—2 断面为**渐变流断面**。则可列出 1—1 及 2—2 断面形心点的能量方程(不计 h_{f})：

$$z_1+\frac{p_1}{\rho g}+\frac{\alpha_1 v_1^2}{2g}=z_2+\frac{p_2}{\rho g}+\frac{\alpha_2 v_2^2}{2g}+h_{\mathrm{j}} \tag{7-59}$$

进而可对“突然扩大段 AB 与 CD 之间的液体”沿流向列动量方程：

$$\sum F_s=\alpha_0\rho Q(v_2-v_1) \tag{7-60}$$

其中，$\sum F_s$ 包括：作用于 A_1 上的动水压力 $P_1=p_1A_1$(+s 向)；作用于 A_2 上的

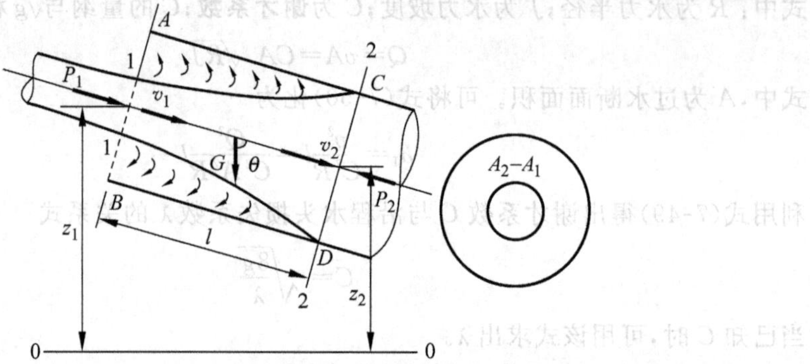

图 7-15 圆管突然扩大局部水头损失

动水压力 $P_2=p_2A_2(-s\text{ 向})$；作用于(A_2-A_1)环形面积上的动水压力，假设按静水压强分布计算，则可用 AB 断面形心处的压强 p_1 乘面积(A_2-A_1)，则 $P_3=p_1(A_2-A_1)(+s\text{ 向})$；重力 G 在 s 向的分量 $G\cos\theta=\rho gA_2l\cos\theta=\rho gA_2(z_1-z_2)$，因为 $\cos\theta=\dfrac{(z_1-z_2)}{l}$。忽略管壁对水流的摩阻力，则得出

$$p_1A_1-p_2A_2+p_1(A_2-A_1)+\rho gA_2(z_1-z_2)=\alpha_0\rho Q(v_2-v_1)$$

即

$$\left(z_1+\frac{p_1}{\rho g}\right)-\left(z_2+\frac{p_2}{\rho g}\right)=\alpha_0\frac{v_2}{g}(v_2-v_1) \tag{7-61}$$

将式(7-61)代入式(7-59)，得

$$h_j=\frac{\alpha_0v_2(v_2-v_1)}{g}+\frac{\alpha_1v_1^2}{2g}-\frac{\alpha_2v_2^2}{2g}$$

为简便起见，令 $\alpha_0=\alpha_1=\alpha_2=1$，则

$$h_j=\frac{(v_1-v_2)^2}{2g} \tag{7-62}$$

该式亦称**波达(Borda)公式**，表明突然扩大局部水头损失 h_j 等于流速差(v_1-v_2)的速度水头。应用连续性方程 $Q=v_1A_1=v_2A_2$，可将上式改写为

$$h_j=\left(1-\frac{A_1}{A_2}\right)^2\frac{v_1^2}{2g}=\zeta_1\frac{v_1^2}{2g} \tag{7-63}$$

或

$$h_j=\left(\frac{A_2}{A_1}-1\right)^2\frac{v_2^2}{2g}=\zeta_2\frac{v_2^2}{2g} \tag{7-64}$$

式中：$\zeta_1=\left(1-\dfrac{A_1}{A_2}\right)^2$；$\zeta_2=\left(\dfrac{A_2}{A_1}-1\right)^2$ 均为**局部水头损失系数**。

在图7-16上，绘出了突然扩大的总水头线及测压管水头线。式(7-61)描述了突然扩大前后测压管水头线的变化。因该式右端 v_2 为正，而 $v_2<v_1$，(v_2-v_1)为负，则 $\alpha_0\dfrac{v_2}{g}\times(v_2-v_1)<0$，于是该式左端 $\left(z_1+\dfrac{p_1}{\rho g}\right)-\left(z_2+\dfrac{p_2}{\rho g}\right)<0$。由于 $\left(z_2+\dfrac{p_2}{\rho g}\right)>\left(z_1+\dfrac{p_1}{\rho g}\right)$，所以，突然扩大后，测压管水头线上升。

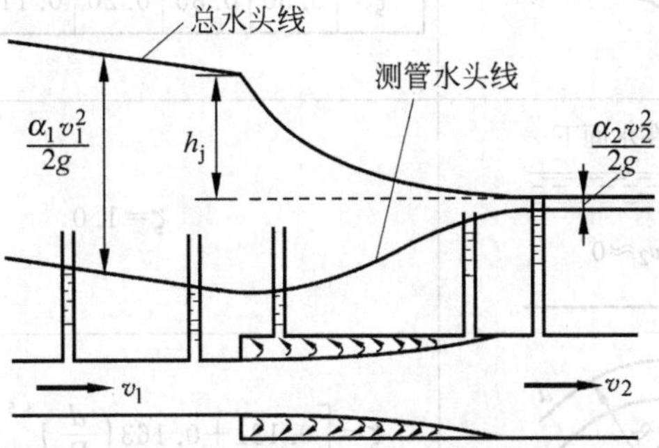

图 7-16 圆管突然扩大的总水头线和测压管水头线

其他情形下的局部水头损失 h_j 可表为

$$h_j=\zeta\frac{v^2}{2g} \tag{7-65}$$

式中，ζ 为局部水头损失系数，可查表确定。表 7-1 列出了一些常用管道的 ζ 值，更详细的 ζ 值可查阅有关水力计算方面的手册。

表 7-1 局部阻力系数 ζ

名称	简 图	ζ	公 式
管道突然扩大	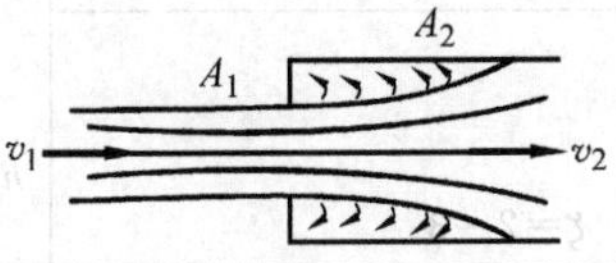	$\zeta=\left(1-\dfrac{A_1}{A_2}\right)^2$	$h_j=\zeta\dfrac{v_1^2}{2g}$
管道突然收缩	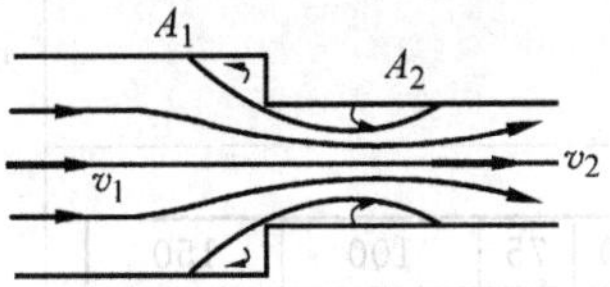	$\zeta=0.5\left(1-\dfrac{A_2}{A_1}\right)$	$h_j=\zeta\dfrac{v_2^2}{2g}$
管道进口	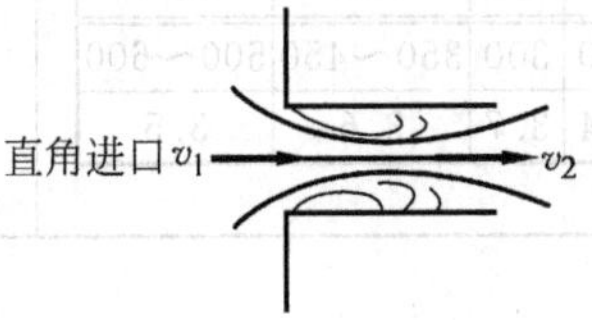	$\zeta=0.5$	$h_j=\zeta\dfrac{v_2^2}{2g}$

续表

<table>
<tr><th>名称</th><th>简 图</th><th>ζ</th><th>公 式</th></tr>
<tr><td>管道进口</td><td>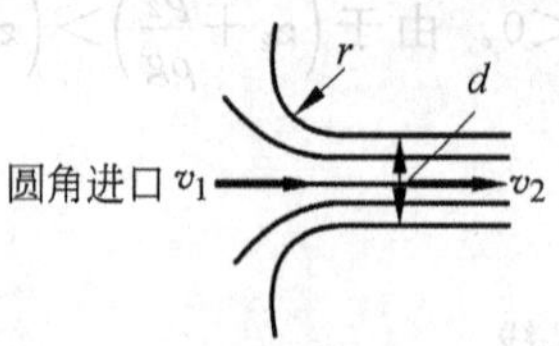</td><td><table><tr><td>r/d</td><td>0</td><td>0.02</td><td>0.06</td><td>0.10</td><td>0.16</td><td>0.22</td></tr><tr><td>ζ</td><td>0.50</td><td>0.35</td><td>0.20</td><td>0.11</td><td>0.05</td><td>0.03</td></tr></table></td><td>$h_j=\zeta\dfrac{v_2^2}{2g}$</td></tr>
<tr><td>管道出口</td><td>出口淹没在水面下
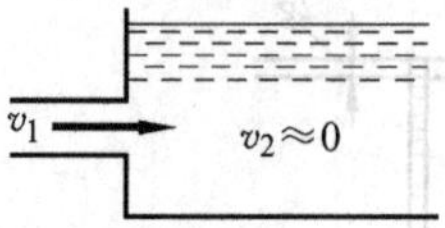</td><td>$\zeta=1.0$</td><td>$h_j=\zeta\dfrac{v_1^2}{2g}$</td></tr>
<tr><td>圆角弯管</td><td>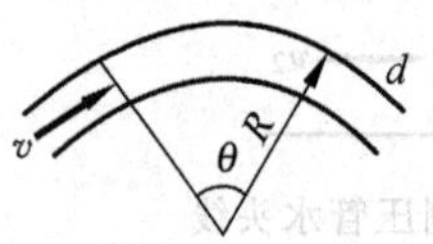</td><td>$\zeta=\left[0.131+0.163\left(\dfrac{d}{R}\right)^{3.5}\right]\left(\dfrac{\theta^\circ}{90^\circ}\right)^{1/2}$</td><td>$h_j=\zeta\dfrac{v^2}{2g}$</td></tr>
<tr><td>折角弯管</td><td>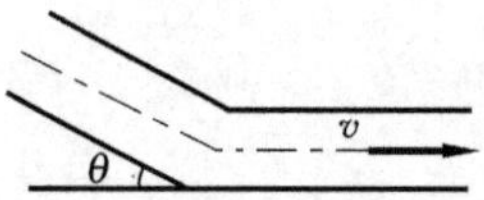</td><td>$\zeta=0.946\sin^2\left(\dfrac{\theta}{2}\right)+2.05\sin^4\left(\dfrac{\theta}{2}\right)$</td><td>$h_j=\zeta\dfrac{v^2}{2g}$</td></tr>
<tr><td>闸阀</td><td>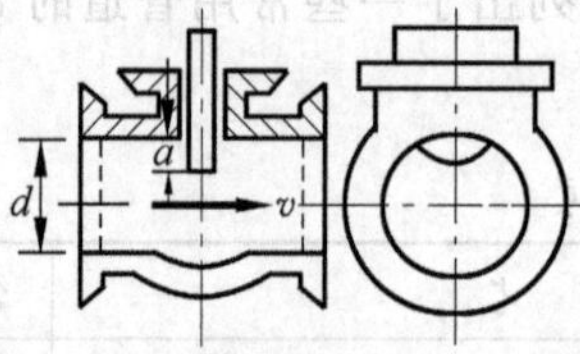</td><td>在各种关闭度时：<table><tr><td>a/d</td><td>0</td><td>1/8</td><td>2/8</td><td>3/8</td><td>4/8</td><td>5/8</td><td>6/8</td><td>7/8</td></tr><tr><td>ζ</td><td>0.00</td><td>0.15</td><td>0.26</td><td>0.81</td><td>2.06</td><td>5.52</td><td>17.0</td><td>97.8</td></tr></table></td><td>$h_j=\zeta\dfrac{v^2}{2g}$
（v为管中流速）</td></tr>
<tr><td rowspan="2">滤水网</td><td>没有底阀
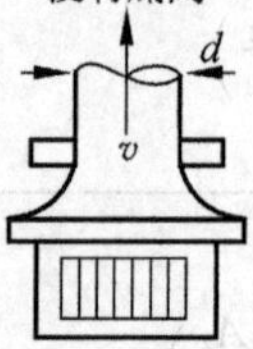</td><td>$\zeta=2\sim3$</td><td rowspan="2"></td></tr>
<tr><td>有底阀
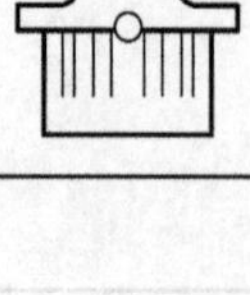</td><td><table><tr><td>d(mm)</td><td>40</td><td>50</td><td>75</td><td>100</td><td>150</td></tr><tr><td>ζ</td><td>12</td><td>10</td><td>8.5</td><td>7.0</td><td>6.0</td></tr><tr><td>d(mm)</td><td>200</td><td>250</td><td>300</td><td>350～450</td><td>500～600</td></tr><tr><td>ζ</td><td>5.2</td><td>4.4</td><td>3.7</td><td>3.6</td><td>3.5</td></tr></table></td></tr>
</table>

思考题与习题

7-1 何为控制体积与系统，何为控制体积法与系统法？

7-2 何为一维、二维、三维流动，何为恒定、非恒定、准恒定流动，举例说明。

7-3 推求系统随体导数公式各项的含义及该式的意义。

7-4 为什么要引入动量校正系数和动能校正系数？

7-5 试述水头损失的分类，确定圆管均匀层流沿程水头损失和二维明渠均匀层流沿程水头损失。

7-6 说明尼古拉兹试验结果(分区)及其含义。

7-7 进行圆管突然扩大情形局部水头损失的计算与分析。

7-8 输油管道流速分布为 $u=u_{max}(1-r^2/R^2)$，R 为圆管半径，u_{max} 为管轴中心处的最大流速，试求流量 Q 及断面平均流速 v。

7-9 两条支流汇合成干流，已知支流流量 $Q_1=3.0\text{m}^3/\text{s}$，$Q_2=5.0\text{m}^3/\text{s}$，以及一支流的过水断面面积为 $A_1=40\text{m}^2$，如干、支流断面平均流速相等，试求干流的过水断面面积和所通过的流量。

7-10 在直径 $d=15\text{cm}$ 的输水管道中，装有水银压差计的毕托管，如图 7-17 所示。已测得压差 $\Delta h=2.0\text{cm}$，若此时断面平均流速 $v=0.84u_{max}$，试求管中流量。

7-11 有一沿铅直墙壁敷设的弯管，如图 7-18 所示。弯头转角为 90°，起始断面 1—1 与终止断面 2—2 间的轴线长度 L 为 3.14m，两断面中心高差 Δz 为 2.0m，1—1 断面中心处的动水压强 p_1 为 11.76N/cm^2，两断面之间的水头损失 h_W 为 0.1m，管径 d 为 0.2m，当管中通过流量 Q 为 $0.06\text{m}^3/\text{s}$ 时，试求水流对弯头的作用力。

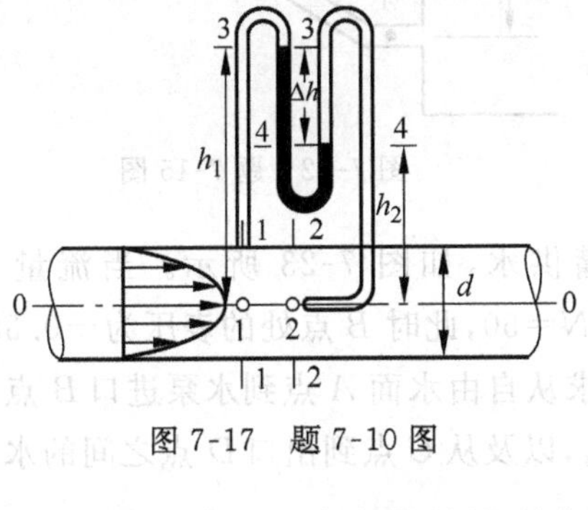

图 7-17 题 7-10 图

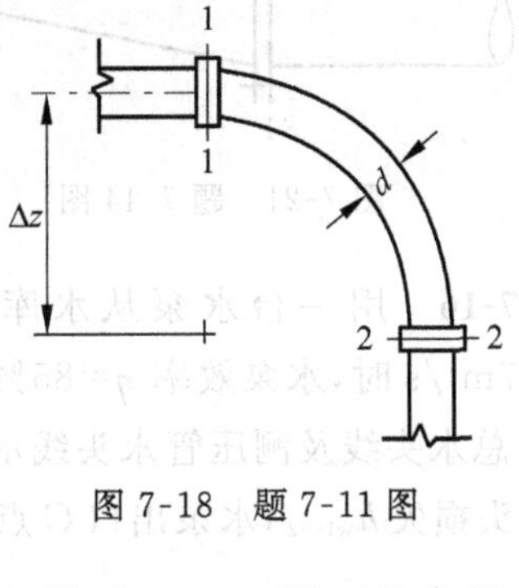

图 7-18 题 7-11 图

7-12 有一直径逐渐变化的锥形水管，如图 7-19 所示。1—1 断面的直径 $d_1=0.15\text{m}$，中心点 A 处相对压强 $p_1=0.72\text{N/cm}^2$，2—2 断面的直径 $d_2=0.3\text{m}$，中心点 B 处相对压强 $p_2=0.61\text{N/cm}^2$，断面平均流速 $v_2=1.5\text{m/s}$，A、B 两点高差 $\Delta z=$

1.0m，试判别管中水流方向，并求两断面间的水头损失 h_W。

7-13　如图 7-20 所示，在一管路上测得其过水断面 1—1 的压强水头 $\frac{p_1}{\rho g}=1.5\text{m}$，断面面积 $A_1=0.05\text{m}^2$，$A_2=0.02\text{m}^2$，两断面间水头损失 $h_W=0.5\frac{v_1^2}{2g}$，管中流量 $Q=0.02\text{m}^3/\text{s}$，试求 2—2 断面压强水头 $\frac{p_2}{\rho g}$。已知 $z_1=2.5\text{m}$，$z_2=1.6\text{m}$。

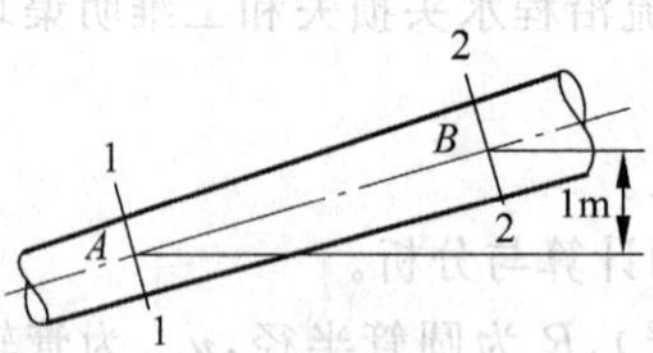

图 7-19　题 7-12 图

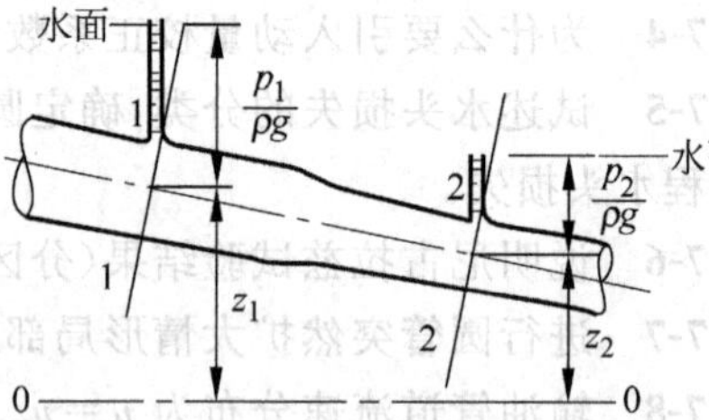

图 7-20　题 7-13 图

7-14　有一直径 $d_1=15\text{cm}$ 的钢管水平放置，其末端用螺钉连接一收缩段，见图 7-21。收缩段出口直径 $d_2=5.0\text{cm}$，管中平均流速 $v_1=3.0\text{m/s}$，若不计水头损失，试求铆钉受到的总拉力。

7-15　用一虹吸管由水池引水跨过山冈，如图 7-22 所示，水流于 D 处注入大气，已知 $H=6.5\text{m}$，$M=1.5\text{m}$，$h=2.2\text{m}$。若不计水头损失，试计算 A，B，C，D 四点处的动水压强。

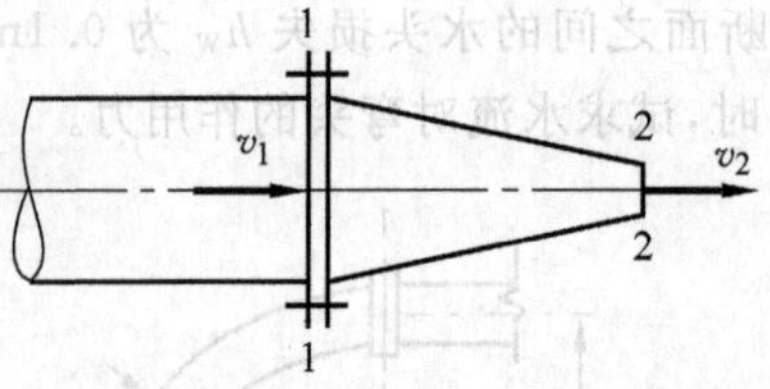

图 7-21　题 7-14 图

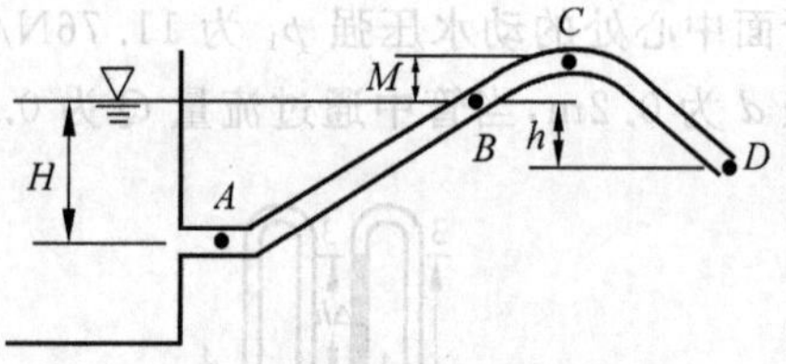

图 7-22　题 7-15 图

7-16　用一台水泵从水库取水向喷嘴供水，如图 7-23 所示。当流量 $Q=0.057\text{m}^3/\text{s}$ 时，水泵效率 $\eta=85\%$，极限马力 $N=50$，此时 B 点处的表压为 -0.35kg/cm^2，总水头线及测压管水头线示于图中，试求从自由水面 A 点到水泵进口 B 点之间的水头损失 h_{w1-2}，水泵出口 C 点处的压强 p_3，以及从 C 点到出口 D 点之间的水头损失 h_{w3-4}。

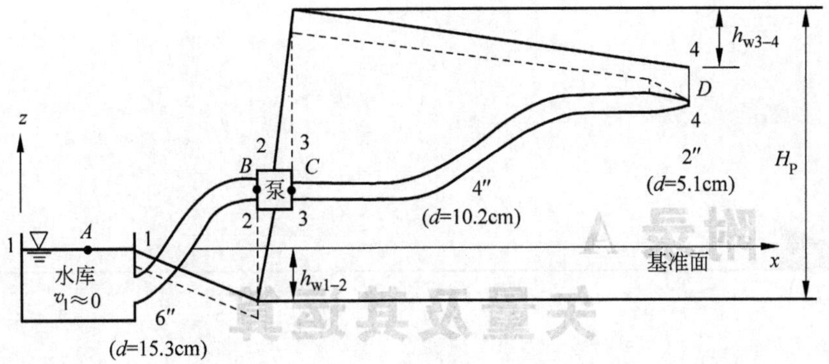
z
1
A
水库
$v_1\approx 0$
1
6″
(d=15.3cm)
2
B
泵
C
3
2
3
h_{w1-2}
4″
(d=10.2cm)
基准面
x
4
D
4
h_{w3-4}
2″
(d=5.1cm)
H_P

图 7-23　题 7-16 图

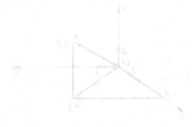

附录 A 矢量及其运算

A.1 矢量概念

既有大小、又有方向的量称为**矢量**，例如速度 $\boldsymbol{u}$，加速度 $\boldsymbol{a}$ 等。

速度矢量的表达式为

$$\boldsymbol{u}=u_x\boldsymbol{i}+u_y\boldsymbol{j}+u_z\boldsymbol{k} \tag{A-1}$$

式中：$\boldsymbol{i},\boldsymbol{j},\boldsymbol{k}$ 为直角坐标系的**单位矢量**，其大小 $|\boldsymbol{i}|=|\boldsymbol{j}|=|\boldsymbol{k}|=1$，其方向分别沿着 x,y,z 坐标轴的正向；若前面有负号，表示沿坐标轴的负向。u_x,u_y,u_z 分别为速度矢量沿 x,y,z 坐标轴的分量，或称 $\boldsymbol{u}$ 在坐标轴上的投影。矢量 $\boldsymbol{u}$ 的大小为

$$|\boldsymbol{u}|=u=\sqrt{u_x^2+u_y^2+u_z^2} \tag{A-2}$$

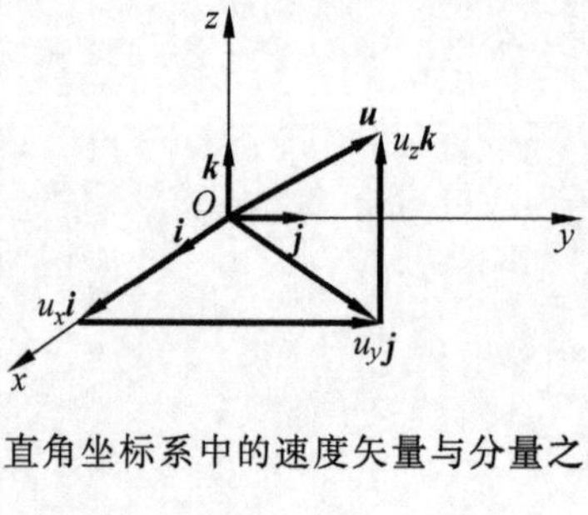

图 A-1　直角坐标系中的速度矢量与分量之间的关系

矢量 $\boldsymbol{u}$ 的方向则用 $\boldsymbol{u}$ 与三个坐标轴夹角的方向余弦来表示。右手直角坐标系中的矢量 $\boldsymbol{u}$ 及其分量之间的关系，如图 A-1 所示，符合首尾相接法则。

A.2 矢量计算

1. 矢量加、减法

若矢量 $\boldsymbol{A}=A_x\boldsymbol{i}+A_y\boldsymbol{j}+A_z\boldsymbol{k}$，$\boldsymbol{B}=B_x\boldsymbol{i}+B_y\boldsymbol{j}+B_z\boldsymbol{k}$，则

$$\boldsymbol{A}\pm\boldsymbol{B}=(A_x\pm B_x)\boldsymbol{i}+(A_y\pm B_y)\boldsymbol{j}+(A_z\pm B_z)\boldsymbol{k} \tag{A-3}$$

注意：只有对应分量才能相加、减，且不可遗漏单位矢量。

2. 矢量标量积

标量积是指二矢量点乘后结果为一标量，其定义式为

$$\boldsymbol{A}\cdot\boldsymbol{B}=|\boldsymbol{A}||\boldsymbol{B}|\cos(\boldsymbol{A},\boldsymbol{B}) \tag{A-4}$$

如图 A-2 所示。显然，对于非零的二矢量，当 $\boldsymbol{A}\cdot\boldsymbol{B}=0$ 时，必有 $\cos(\boldsymbol{A},\boldsymbol{B})=0$，则表示 $\boldsymbol{A}\perp\boldsymbol{B}$。标量积的展开式为

$$\boldsymbol{A}\cdot\boldsymbol{B}=A_xB_x+A_yB_y+A_zB_z \tag{A-5}$$

可见，二矢量的标量积等于对应分量相乘再相加，不再出现单位矢量。

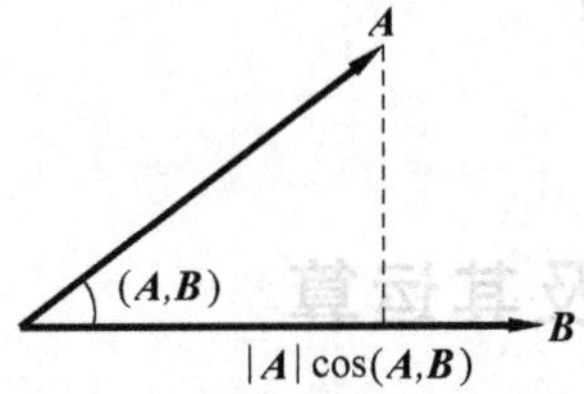

图 A-2　二矢量的标量积

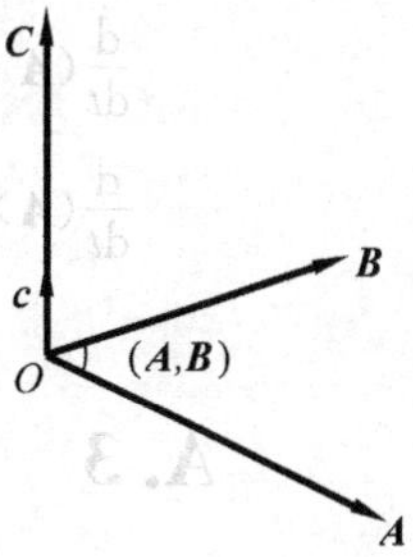

图 A-3　二矢量的矢量积

3. 矢量矢量积

矢量积是指二矢量叉乘后结果仍为矢量，其定义式为

$$\boldsymbol{A}\times\boldsymbol{B}=\{|\boldsymbol{A}||\boldsymbol{B}|\sin(\boldsymbol{A},\boldsymbol{B})\}\boldsymbol{c}=\boldsymbol{C} \tag{A-6}$$

如图 A-3 所示。根据右手定则，$\boldsymbol{A}\times\boldsymbol{B}$ 的结果为 $\boldsymbol{C}$ 矢量，$\boldsymbol{c}$ 为单位矢量；而 $\boldsymbol{B}\times\boldsymbol{A}=-\boldsymbol{C}$。

显然，对于非零的二矢量，当 $\boldsymbol{A}\times\boldsymbol{B}=\boldsymbol{0}$，必有 $\sin(\boldsymbol{A},\boldsymbol{B})=0$，则表示 $\boldsymbol{A}$ 和 $\boldsymbol{B}$ 共线。矢量积的展开式为

$$\boldsymbol{A}\times\boldsymbol{B}=\begin{vmatrix}\boldsymbol{i} & \boldsymbol{j} & \boldsymbol{k}\\ A_x & A_y & A_z\\ B_x & B_y & B_z\end{vmatrix}$$

$$=(A_yB_z-A_zB_y)\boldsymbol{i}+(A_zB_x-A_xB_z)\boldsymbol{j}+(A_xB_y-A_yB_x)\boldsymbol{k} \tag{A-7}$$

4. 矢量混合积

$$\boldsymbol{A}\cdot(\boldsymbol{B}\times\boldsymbol{C})=\begin{vmatrix}A_x & A_y & A_z\\ B_x & B_y & B_z\\ C_x & C_y & C_z\end{vmatrix} \tag{A-8}$$

显然，上式展开后其结果为一标量。

5. 矢量微分

若矢量 $\boldsymbol{A}=\boldsymbol{A}(t)$，$\boldsymbol{B}=\boldsymbol{B}(t)$，$\boldsymbol{C}$ 为常矢量，k 为常系数，则

$$\frac{\mathrm{d}\boldsymbol{C}}{\mathrm{d}t}=\boldsymbol{0} \tag{A-9}$$

$$\frac{\mathrm{d}}{\mathrm{d}t}(\boldsymbol{A}+\boldsymbol{B})=\frac{\mathrm{d}\boldsymbol{A}}{\mathrm{d}t}+\frac{\mathrm{d}\boldsymbol{B}}{\mathrm{d}t} \tag{A-10}$$

$$\frac{\mathrm{d}}{\mathrm{d}t}(k\boldsymbol{A})=k\frac{\mathrm{d}\boldsymbol{A}}{\mathrm{d}t} \tag{A-11}$$

$$\frac{\mathrm{d}}{\mathrm{d}t}(\boldsymbol{A}\cdot\boldsymbol{B})=\frac{\mathrm{d}\boldsymbol{A}}{\mathrm{d}t}\cdot\boldsymbol{B}+\boldsymbol{A}\cdot\frac{\mathrm{d}\boldsymbol{B}}{\mathrm{d}t} \tag{A-12}$$

$$\frac{\mathrm{d}}{\mathrm{d}t}(\boldsymbol{A}\times\boldsymbol{B})=\frac{\mathrm{d}\boldsymbol{A}}{\mathrm{d}t}\times\boldsymbol{B}+\boldsymbol{A}\times\frac{\mathrm{d}\boldsymbol{B}}{\mathrm{d}t} \tag{A-13}$$

A.3 矢量微分算符及其运算

矢量微分算符∇，即哈密顿算子

$$\nabla=\boldsymbol{i}\frac{\partial}{\partial x}+\boldsymbol{j}\frac{\partial}{\partial y}+\boldsymbol{k}\frac{\partial}{\partial z} \tag{A-14}$$

显然，∇既是矢量，又是微分算符，但它仅对写在其后的量有微分作用。常见的有如下几种运算：

1. 梯度∇p

$$\nabla p=\left(\boldsymbol{i}\frac{\partial}{\partial x}+\boldsymbol{j}\frac{\partial}{\partial y}+\boldsymbol{k}\frac{\partial}{\partial z}\right)p=\boldsymbol{i}\frac{\partial p}{\partial x}+\boldsymbol{j}\frac{\partial p}{\partial y}+\boldsymbol{k}\frac{\partial p}{\partial z} \tag{A-15}$$

可见,**梯度**∇p 为矢量。

2. 旋度$\nabla\times\boldsymbol{u}$

$$\nabla\times\boldsymbol{u}=\begin{vmatrix}\boldsymbol{i} & \boldsymbol{j} & \boldsymbol{k}\\ \dfrac{\partial}{\partial x} & \dfrac{\partial}{\partial y} & \dfrac{\partial}{\partial z}\\ u_x & u_y & u_z\end{vmatrix}$$

$$=\left(\frac{\partial u_z}{\partial y}-\frac{\partial u_y}{\partial z}\right)\boldsymbol{i}+\left(\frac{\partial u_x}{\partial z}-\frac{\partial u_z}{\partial x}\right)\boldsymbol{j}+\left(\frac{\partial u_y}{\partial x}-\frac{\partial u_x}{\partial y}\right)\boldsymbol{k}\qquad\text{(A-16)}$$

显然,旋度$\nabla\times\boldsymbol{u}$ 为矢量。

3. 散度$\nabla\cdot\boldsymbol{u}$

$$\nabla\cdot\boldsymbol{u}=\frac{\partial}{\partial x}u_x+\frac{\partial}{\partial y}u_y+\frac{\partial}{\partial z}u_z=\frac{\partial u_x}{\partial x}+\frac{\partial u_y}{\partial y}+\frac{\partial u_z}{\partial z}\qquad\text{(A-17)}$$

可见,**散度**$\nabla\cdot\boldsymbol{u}$ 为标量。

例 A-1 计算 $\boldsymbol{u}\cdot\nabla$。

解
$$\boldsymbol{u}\cdot\nabla=u_x\frac{\partial}{\partial x}+u_y\frac{\partial}{\partial y}+u_z\frac{\partial}{\partial z}$$

显然,其结果为一标量。

例 A-2 计算$(\boldsymbol{u}\cdot\nabla)\boldsymbol{u}$。

解
$$\begin{aligned}(\boldsymbol{u}\cdot\nabla)\boldsymbol{u}&=\left(u_x\frac{\partial}{\partial x}+u_y\frac{\partial}{\partial y}+u_z\frac{\partial}{\partial z}\right)\boldsymbol{u}\\&=\left(u_x\frac{\partial u_x}{\partial x}+u_y\frac{\partial u_x}{\partial y}+u_z\frac{\partial u_x}{\partial z}\right)\boldsymbol{i}\\&\quad+\left(u_x\frac{\partial u_y}{\partial x}+u_y\frac{\partial u_y}{\partial y}+u_z\frac{\partial u_y}{\partial z}\right)\boldsymbol{j}\\&\quad+\left(u_x\frac{\partial u_z}{\partial x}+u_y\frac{\partial u_z}{\partial y}+u_z\frac{\partial u_z}{\partial z}\right)\boldsymbol{k}\end{aligned}$$

可见,其结果为一矢量。

4. 几个公式

(1) $\nabla(c\phi)=c\nabla\phi$

(2) $\nabla(\phi_1\pm\phi_2)=\nabla\phi_1\pm\nabla\phi_2$

(3) $\nabla(\phi_1\phi_2)=\phi_1\nabla\phi_2+\phi_2\nabla\phi_1$

(4) $\nabla(\phi_1/\phi_2)=\dfrac{1}{\phi_2^2}(\phi_2\nabla\phi_1-\phi_1\nabla\phi_2)$

(5) $\nabla[f(\phi)]=f'(\phi)\nabla\phi$

(6) $\nabla\cdot(\boldsymbol{a}\pm\boldsymbol{b})=\nabla\cdot\boldsymbol{a}\pm\nabla\cdot\boldsymbol{b}$

(7) $\nabla\cdot(c\boldsymbol{a})=c\nabla\cdot\boldsymbol{a}$

(8) $\nabla\cdot(\phi\boldsymbol{a})=\phi\nabla\cdot\boldsymbol{a}+\boldsymbol{a}\cdot\nabla\phi$

(9) $\nabla\times(\boldsymbol{a}\pm\boldsymbol{b})=\nabla\times\boldsymbol{a}\pm\nabla\times\boldsymbol{b}$

(10) $\nabla\times(c\boldsymbol{a})=c\nabla\times\boldsymbol{a}$

(11) $\nabla\times(\phi\boldsymbol{a})=\phi\nabla\times\boldsymbol{a}+\nabla\phi\times\boldsymbol{a}$

(12) $\nabla\cdot(\nabla\times\boldsymbol{a})=0$

(13) $\nabla\times(\nabla\phi)=\boldsymbol{0}$

(14) $\nabla\cdot(\nabla\phi)=\nabla^2\phi$

(15) $\nabla\cdot(\boldsymbol{a}\times\boldsymbol{b})=\boldsymbol{b}\cdot(\nabla\times\boldsymbol{a})-\boldsymbol{a}\cdot(\nabla\times\boldsymbol{b})$

(16) $\nabla\times(\boldsymbol{a}\times\boldsymbol{b})=(\boldsymbol{b}\cdot\nabla)\boldsymbol{a}-(\boldsymbol{a}\cdot\nabla)\boldsymbol{b}+\boldsymbol{a}(\nabla\cdot\boldsymbol{b})-\boldsymbol{b}(\nabla\cdot\boldsymbol{a})$

(17) $\nabla(\boldsymbol{a}\cdot\boldsymbol{b})=(\boldsymbol{b}\cdot\nabla)\boldsymbol{a}+(\boldsymbol{a}\cdot\nabla)\boldsymbol{b}+\boldsymbol{b}\times(\nabla\times\boldsymbol{a})+\boldsymbol{a}\times(\nabla\times\boldsymbol{b})$

(18) $(\boldsymbol{a}\cdot\nabla)\boldsymbol{a}=\nabla\left(\frac{a^2}{2}\right)-\boldsymbol{a}\times(\nabla\times\boldsymbol{a})$

(19) $\nabla\times(\nabla\times\boldsymbol{a})=\nabla(\nabla\cdot\boldsymbol{a})-\nabla^2\boldsymbol{a}$

式中：$\boldsymbol{a}$,$\boldsymbol{b}$ 为矢量函数；ϕ 为标量函数；c 为常数。

附录 B 正交曲线坐标系中的基本方程

B.1 正交曲线坐标系

1. 正交曲线坐标系与坐标轴

任意空间点 M 的位置可用直角坐标(x,y,z)，即(x_1,x_2,x_3)描述，也可用曲线坐标(q_1,q_2,q_3)描述。且直角坐标(x_1,x_2,x_3)可表示为曲线坐标(q_1,q_2,q_3)的函数

$$x_1=x_1(q_1,q_2,q_3),\quad x_2=x_2(q_1,q_2,q_3),\quad x_3=x_3(q_1,q_2,q_3) \tag{B-1}$$

反函数可表示为

$$q_1=q_1(x_1,x_2,x_3),\quad q_2=q_2(x_1,x_2,x_3),\quad q_3=q_3(x_1,x_2,x_3) \tag{B-2}$$

当上式中的函数均为单值，具有一阶连续偏导数，并满足**雅可比行列式**不等于零和无穷大的条件，即

$$J=\frac{\partial(x_1,x_2,x_3)}{\partial(q_1,q_2,q_3)}=\begin{vmatrix}\dfrac{\partial x_1}{\partial q_1} & \dfrac{\partial x_1}{\partial q_2} & \dfrac{\partial x_1}{\partial q_3}\\ \dfrac{\partial x_2}{\partial q_1} & \dfrac{\partial x_2}{\partial q_2} & \dfrac{\partial x_2}{\partial q_3}\\ \dfrac{\partial x_3}{\partial q_1} & \dfrac{\partial x_3}{\partial q_2} & \dfrac{\partial x_3}{\partial q_3}\end{vmatrix}\neq 0,\infty \tag{B-3}$$

时，(x_1,x_2,x_3)与(q_1,q_2,q_3)之间的变换是一一对应的。

令式(B-2)中的三式分别等于常数 c_1,c_2,c_3，得出坐标曲面

$$\left.\begin{aligned} q_1(x_1,x_2,x_3)=c_1 \\ q_2(x_1,x_2,x_3)=c_2 \\ q_3(x_1,x_2,x_3)=c_3 \end{aligned}\right\} \tag{B-4}$$

坐标曲面两两相交的交线称为坐标曲线，即曲线坐标系中的坐标轴。当坐标曲面相互正交，则坐标曲线也两两正交，此曲线坐标系称为**正交曲线坐标系**。正交的坐标曲线 q_1,q_2,q_3 即为正交曲线坐标系中的坐标轴。

2. 正交曲线坐标系中的单位矢量及拉梅系数

由正交曲线坐标系原点作三条坐标曲线的切线，并取单位矢量($\boldsymbol{e}_1,\boldsymbol{e}_2,\boldsymbol{e}_3$)，显然三者两两正交，即

$$\boldsymbol{e}_i\cdot\boldsymbol{e}_j=\delta_{ij}=\begin{cases}1 & (i=j)\\ 0 & (i\neq j)\end{cases} \tag{B-5}$$

式中：$\boldsymbol{e}_i$ 和 $\boldsymbol{e}_j$ 为正交曲线坐标系的单位矢量。对于直角坐标系 $Oxyz$，$\boldsymbol{e}_1,\boldsymbol{e}_2,\boldsymbol{e}_3$ 相当于 $\boldsymbol{i},\boldsymbol{j},\boldsymbol{k}$，分别沿 x,y,z 轴正向，均为常矢量；对于圆柱坐标系 $Or\theta z$，$\boldsymbol{e}_1,\boldsymbol{e}_2,\boldsymbol{e}_3$ 相当于 $\boldsymbol{e}_r,\boldsymbol{e}_\theta,\boldsymbol{e}_z$，分别沿 r,θ,z 正向，仅 $\boldsymbol{e}_z$ 为常矢量，$\boldsymbol{e}_r,\boldsymbol{e}_\theta$ 为变矢量；对于球坐标系 $OR\theta\beta$，$\boldsymbol{e}_1$，$\boldsymbol{e}_2,\boldsymbol{e}_3$ 相当于 $\boldsymbol{e}_R,\boldsymbol{e}_\theta,\boldsymbol{e}_\beta$，分别沿 R,θ,β 正向，均为变矢量。

在直角坐标系中，M 点的矢径表示为 $\boldsymbol{r}=x_1\boldsymbol{i}+x_2\boldsymbol{j}+x_3\boldsymbol{k}$；由式(B-1)，在正交曲线坐标系中，该点的矢径可表示为 $\boldsymbol{r}=\boldsymbol{r}(q_1,q_2,q_3)$，则 $\mathrm{d}\boldsymbol{r}$ 的全微分为

$$\mathrm{d}\boldsymbol{r}=\frac{\partial\boldsymbol{r}}{\partial q_1}\mathrm{d}q_1+\frac{\partial\boldsymbol{r}}{\partial q_2}\mathrm{d}q_2+\frac{\partial\boldsymbol{r}}{\partial q_3}\mathrm{d}q_3 \tag{B-6}$$

式中：

$$\frac{\partial\boldsymbol{r}}{\partial q_1}=\left|\frac{\partial\boldsymbol{r}}{\partial q_1}\right|\boldsymbol{e}_1,\quad \frac{\partial\boldsymbol{r}}{\partial q_2}=\left|\frac{\partial\boldsymbol{r}}{\partial q_2}\right|\boldsymbol{e}_2,\quad \frac{\partial\boldsymbol{r}}{\partial q_3}=\left|\frac{\partial\boldsymbol{r}}{\partial q_3}\right|\boldsymbol{e}_3 \tag{B-7}$$

由于$\dfrac{\partial\boldsymbol{r}}{\partial q_1}=\dfrac{\partial x_1}{\partial q_1}\boldsymbol{i}+\dfrac{\partial x_2}{\partial q_1}\boldsymbol{j}+\dfrac{\partial x_3}{\partial q_1}\boldsymbol{k}$，则$\left|\dfrac{\partial\boldsymbol{r}}{\partial q_1}\right|=\sqrt{\left(\dfrac{\partial x_1}{\partial q_1}\right)^2+\left(\dfrac{\partial x_2}{\partial q_1}\right)^2+\left(\dfrac{\partial x_3}{\partial q_1}\right)^2}$

于是有

$$\left|\frac{\partial\boldsymbol{r}}{\partial q_i}\right|=\sqrt{\left(\frac{\partial x_1}{\partial q_i}\right)^2+\left(\frac{\partial x_2}{\partial q_i}\right)^2+\left(\frac{\partial x_3}{\partial q_i}\right)^2}=h_i\quad(i=1,2,3) \tag{B-8}$$

式中：h_i 称为**拉梅(Lamé)系数**。则式(B-6)可表示为

$$\mathrm{d}\boldsymbol{r}=h_1\mathrm{d}q_1\boldsymbol{e}_1+h_2\mathrm{d}q_2\boldsymbol{e}_2+h_3\mathrm{d}q_3\boldsymbol{e}_3 \tag{B-9}$$

3. 微分弧长、微分面积、微分体积

利用式(B-9)，可求出微分弧长 $\mathrm{d}s$，即 $\mathrm{d}\boldsymbol{r}$ 的大小为

$$\mathrm{d}s=\sqrt{\mathrm{d}\boldsymbol{r}\cdot\mathrm{d}\boldsymbol{r}}=\sqrt{h_1^2\mathrm{d}q_1^2+h_2^2\mathrm{d}q_2^2+h_3^2\mathrm{d}q_3^2} \tag{B-10}$$

$\mathrm{d}\boldsymbol{r}$ 在坐标轴上的投影 $\mathrm{d}s_1,\mathrm{d}s_2,\mathrm{d}s_3$ 分别为

$$ds_1 = h_1 dq_1, \quad ds_2 = h_2 dq_2, \quad ds_3 = h_3 dq_3 \tag{B-11}$$

微分面积在各坐标曲面上的投影面积分别为

$$\left.\begin{aligned} dA_1 &= ds_2 ds_3 = h_2 h_3 dq_2 dq_3 \\ dA_2 &= ds_3 ds_1 = h_3 h_1 dq_3 dq_1 \\ dA_3 &= ds_1 ds_2 = h_1 h_2 dq_1 dq_2 \end{aligned}\right\} \tag{B-12}$$

微分体积为

$$dV = ds_1 ds_2 ds_3 = h_1 h_2 h_3 dq_1 dq_2 dq_3 \tag{B-13}$$

B.2 正交曲线坐标系中的梯度、散度、旋度

1. 哈密顿算子

$$\nabla = \boldsymbol{e}_1 \frac{1}{h_1}\frac{\partial}{\partial q_1} + \boldsymbol{e}_2 \frac{1}{h_2}\frac{\partial}{\partial q_2} + \boldsymbol{e}_3 \frac{1}{h_3}\frac{\partial}{\partial q_3} \tag{B-14}$$

2. 标量函数的梯度

$$\text{grad}\ \phi = \nabla \phi = \frac{1}{h_1}\frac{\partial \phi}{\partial q_1}\boldsymbol{e}_1 + \frac{1}{h_2}\frac{\partial \phi}{\partial q_2}\boldsymbol{e}_2 + \frac{1}{h_3}\frac{\partial \phi}{\partial q_3}\boldsymbol{e}_3 \tag{B-15}$$

3. 矢量函数的散度

$$\text{div}\ \boldsymbol{a} = \nabla \cdot \boldsymbol{a} = \frac{1}{h_1 h_2 h_3}\left[\frac{\partial}{\partial q_1}(h_2 h_3 a_1) + \frac{\partial}{\partial q_2}(h_3 h_1 a_2) + \frac{\partial}{\partial q_3}(h_1 h_2 a_3)\right] \tag{B-16}$$

4. 矢量函数的旋度

$$\text{rot}\ \boldsymbol{a} = \nabla \times \boldsymbol{a} = \frac{1}{h_1 h_2 h_3}\begin{vmatrix} h_1 \boldsymbol{e}_1 & h_2 \boldsymbol{e}_2 & h_3 \boldsymbol{e}_3 \\ \dfrac{\partial}{\partial q_1} & \dfrac{\partial}{\partial q_2} & \dfrac{\partial}{\partial q_3} \\ h_1 a_1 & h_2 a_2 & h_3 a_3 \end{vmatrix} \tag{B-17}$$

5. 标量函数的拉普拉斯算子

$$\nabla^2 \phi = \frac{1}{h_1 h_2 h_3}\left[\frac{\partial}{\partial q_1}\left(\frac{h_2 h_3}{h_1}\frac{\partial \phi}{\partial q_1}\right) + \frac{\partial}{\partial q_2}\left(\frac{h_3 h_1}{h_2}\frac{\partial \phi}{\partial q_2}\right) + \frac{\partial}{\partial q_3}\left(\frac{h_1 h_2}{h_3}\frac{\partial \phi}{\partial q_3}\right)\right] \tag{B-18}$$

式中：ϕ 为标量函数；$\boldsymbol{a}$ 为矢量函数。

B.3 圆柱坐标系中的基本方程

1. 圆柱坐标(r,θ,z)和拉梅系数

(1) 圆柱坐标(r,θ,z)与直角坐标(x,y,z)的对应关系

$$\left.\begin{aligned}x&=r\cos\theta\\y&=r\sin\theta\\z&=z\end{aligned}\right\}\tag{B-19}$$

$$\left.\begin{aligned}r&=+\sqrt{x^2+y^2}\\\theta&=\arctan(y/x)\\z&=z\end{aligned}\right\}\tag{B-20}$$

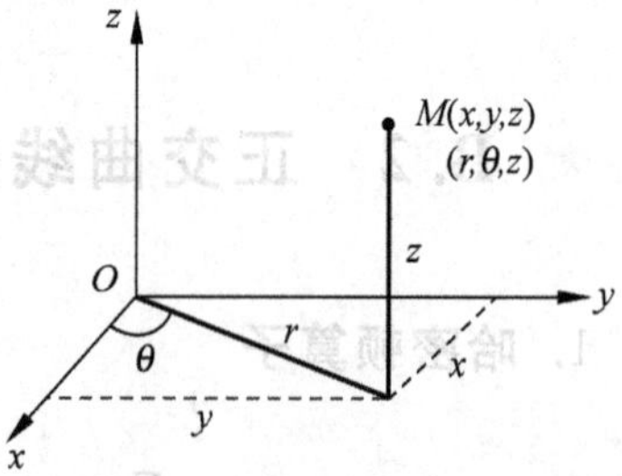

图B-1 圆柱坐标与直角坐标的对应关系

式中：$r\geqslant0$；$2\pi\geqslant\theta\geqslant0$；$\infty>z>-\infty$。

(2) 拉梅系数

$$h_r=1,\quad h_\theta=r,\quad h_z=1\tag{B-21}$$

注意：对于极坐标(r,θ)可以去掉含z坐标的项，使方程大为简化。

2. 哈密顿算子、梯度、散度、旋度、拉普拉斯算子和加速度

(1) 哈密顿算子

$$\nabla=\boldsymbol{e}_r\frac{\partial}{\partial r}+\boldsymbol{e}_\theta\frac{1}{r}\frac{\partial}{\partial\theta}+\boldsymbol{e}_z\frac{\partial}{\partial z}\tag{B-22}$$

(2) 梯度

$$\nabla\phi=\frac{\partial\phi}{\partial r}\boldsymbol{e}_r+\frac{1}{r}\frac{\partial\phi}{\partial\theta}\boldsymbol{e}_\theta+\frac{\partial\phi}{\partial z}\boldsymbol{e}_z\tag{B-23}$$

(3) 散度

$$\nabla\cdot\boldsymbol{u}=\frac{1}{r}\frac{\partial(ru_r)}{\partial r}+\frac{1}{r}\frac{\partial u_\theta}{\partial\theta}+\frac{\partial u_z}{\partial z}$$

(4) 旋度

$$\begin{aligned}\nabla\times\boldsymbol{u}&=\frac{1}{r}\begin{vmatrix}\boldsymbol{e}_r & r\boldsymbol{e}_\theta & \boldsymbol{e}_z\\\dfrac{\partial}{\partial r} & \dfrac{\partial}{\partial\theta} & \dfrac{\partial}{\partial z}\\u_r & ru_\theta & u_z\end{vmatrix}\\&=\left(\frac{1}{r}\frac{\partial u_z}{\partial\theta}-\frac{\partial u_\theta}{\partial z}\right)\boldsymbol{e}_r+\left(\frac{\partial u_r}{\partial z}-\frac{\partial u_z}{\partial r}\right)\boldsymbol{e}_\theta\\&\quad+\left(\frac{1}{r}\frac{\partial(ru_\theta)}{\partial r}-\frac{1}{r}\frac{\partial u_r}{\partial\theta}\right)\boldsymbol{e}_z\end{aligned}\tag{B-24}$$

(5) 拉普拉斯算子

$$\nabla^2\phi=\frac{1}{r}\frac{\partial}{\partial r}\left(r\frac{\partial\phi}{\partial r}\right)+\frac{1}{r^2}\frac{\partial^2\phi}{\partial\theta^2}+\frac{\partial^2\phi}{\partial z^2} \tag{B-25}$$

(6) 加速度

$$\boldsymbol{a}=\frac{\partial\boldsymbol{u}}{\partial t}+(\boldsymbol{u}\cdot\nabla)\boldsymbol{u}=a_r\boldsymbol{e}_r+a_\theta\boldsymbol{e}_\theta+a_z\boldsymbol{e}_z \tag{B-26}$$

$$a_r=\frac{\partial u_r}{\partial t}+u_r\frac{\partial u_r}{\partial r}+\frac{u_\theta}{r}\frac{\partial u_r}{\partial\theta}+u_z\frac{\partial u_r}{\partial z}-\frac{u_\theta^2}{r} \tag{B-27}$$

$$a_\theta=\frac{\partial u_\theta}{\partial t}+u_r\frac{\partial u_\theta}{\partial r}+\frac{u_\theta}{r}\frac{\partial u_\theta}{\partial\theta}+u_z\frac{\partial u_\theta}{\partial z}+\frac{u_r u_\theta}{r} \tag{B-28}$$

$$a_z=\frac{\partial u_z}{\partial t}+u_r\frac{\partial u_z}{\partial r}+\frac{u_\theta}{r}\frac{\partial u_z}{\partial\theta}+u_z\frac{\partial u_z}{\partial z} \tag{B-29}$$

3. 不可压缩粘性流体的应变率分量和应力分量

(1) 应变率分量

$$\left.\begin{aligned}
\varepsilon_{rr}&=\frac{\partial u_r}{\partial r}\\
\varepsilon_{\theta\theta}&=\frac{1}{r}\frac{\partial u_\theta}{\partial\theta}+\frac{u_r}{r}\\
\varepsilon_{zz}&=\frac{\partial u_z}{\partial z}\\
\varepsilon_{r\theta}&=\frac{1}{2}\left(\frac{\partial u_\theta}{\partial r}-\frac{u_\theta}{r}+\frac{1}{r}\frac{\partial u_r}{\partial\theta}\right)=\varepsilon_{\theta r}\\
\varepsilon_{\theta z}&=\frac{1}{2}\left(\frac{1}{r}\frac{\partial u_z}{\partial\theta}+\frac{\partial u_\theta}{\partial z}\right)=\varepsilon_{z\theta}\\
\varepsilon_{zr}&=\frac{1}{2}\left(\frac{\partial u_r}{\partial z}+\frac{\partial u_z}{\partial r}\right)=\varepsilon_{rz}
\end{aligned}\right\} \tag{B-30}$$

(2) 应力分量

$$\left.\begin{aligned}
\sigma_{rr}&=-p+2\mu\varepsilon_{rr}\\
\sigma_{\theta\theta}&=-p+2\mu\varepsilon_{\theta\theta}\\
\sigma_{zz}&=-p+2\mu\varepsilon_{zz}\\
\tau_{r\theta}&=2\mu\varepsilon_{r\theta}=2\mu\varepsilon_{\theta r}=\tau_{\theta r}\\
\tau_{\theta z}&=2\mu\varepsilon_{\theta z}=2\mu\varepsilon_{z\theta}=\tau_{z\theta}\\
\tau_{zr}&=2\mu\varepsilon_{zr}=2\mu\varepsilon_{rz}=\tau_{rz}
\end{aligned}\right\} \tag{B-31}$$

4. 不可压缩流体的连续性方程

$$\frac{1}{r}\frac{\partial(ru_r)}{\partial r}+\frac{1}{r}\frac{\partial u_\theta}{\partial\theta}+\frac{\partial u_z}{\partial z}=0 \tag{B-32}$$

5. 不可压缩粘性流体的运动方程

$$\left.\begin{aligned}
&\frac{\mathrm{D}u_r}{\mathrm{D}t}-\frac{u_\theta^2}{r}=f_r-\frac{1}{\rho}\frac{\partial p}{\partial r}+\nu\left(\nabla^2 u_r-\frac{u_r}{r^2}-\frac{2}{r^2}\frac{\partial u_\theta}{\partial\theta}\right)\\
&\frac{\mathrm{D}u_\theta}{\mathrm{D}t}+\frac{u_r u_\theta}{r}=f_\theta-\frac{1}{\rho r}\frac{\partial p}{\partial\theta}+\nu\left(\nabla^2 u_\theta-\frac{u_\theta}{r^2}+\frac{2}{r^2}\frac{\partial u_r}{\partial\theta}\right)\\
&\frac{\mathrm{D}u_z}{\mathrm{D}t}=f_z-\frac{1}{\rho}\frac{\partial p}{\partial z}+\nu\,\nabla^2 u_z
\end{aligned}\right\} \tag{B-33}$$

式中：

$$\frac{\mathrm{D}}{\mathrm{D}t}=\frac{\partial}{\partial t}+u_r\frac{\partial}{\partial r}+\frac{u_\theta}{r}\frac{\partial}{\partial\theta}+u_z\frac{\partial}{\partial z} \tag{B-34}$$

$$\nabla^2=\frac{\partial^2}{\partial r^2}+\frac{1}{r}\frac{\partial}{\partial r}+\frac{1}{r^2}\frac{\partial^2}{\partial\theta^2}+\frac{\partial^2}{\partial z^2} \tag{B-35}$$

B.4　球坐标系中的基本方程

1. 球坐标(R,θ,β)和拉梅系数

(1) 球坐标(R,θ,β)与直角坐标(x,y,z)的对应关系(图B-2)

$$\left.\begin{aligned}
x&=R\sin\theta\cos\beta\\
y&=R\sin\theta\sin\beta\\
z&=R\cos\theta
\end{aligned}\right\} \tag{B-36}$$

$$\left.\begin{aligned}
R&=+\sqrt{x^2+y^2+z^2}\\
\theta&=\arctan\left(\sqrt{x^2+y^2}/z\right)\\
\beta&=\arctan(y/x)
\end{aligned}\right\} \tag{B-37}$$

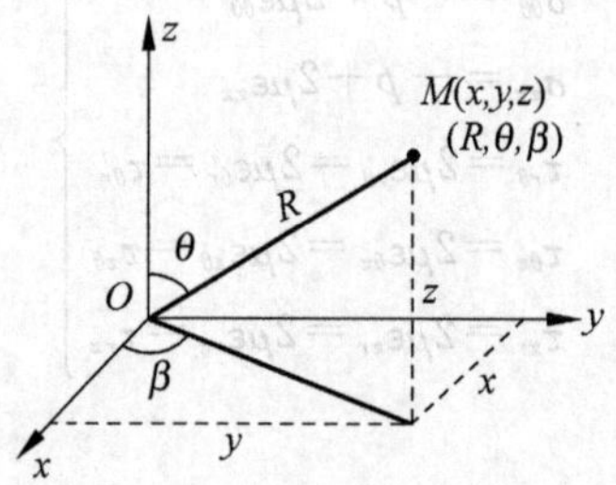

图 B-2　球坐标与直角坐标的对应关系

式中：$R\geqslant 0$；$\pi\geqslant\theta\geqslant 0$；$2\pi\geqslant\beta\geqslant 0$。

(2) 拉梅系数

$$h_R=1,\quad h_\theta=R,\quad h_\beta=R\sin\theta \tag{B-38}$$

2. 哈密顿算子、梯度、散度、旋度、拉普拉斯算子和加速度

(1) 哈密顿算子

$$\nabla=\boldsymbol{e}_R\frac{\partial}{\partial R}+\boldsymbol{e}_\theta\frac{1}{R}\frac{\partial}{\partial\theta}+\boldsymbol{e}_\beta\frac{1}{R\sin\theta}\frac{\partial}{\partial\beta} \tag{B-39}$$

(2) 梯度

$$\nabla\phi=\frac{\partial\phi}{\partial R}\boldsymbol{e}_R+\frac{1}{R}\frac{\partial\phi}{\partial\theta}\boldsymbol{e}_\theta+\frac{1}{R\sin\theta}\frac{\partial\phi}{\partial\beta}\boldsymbol{e}_\beta \tag{B-40}$$

(3) 散度

$$\nabla\cdot\boldsymbol{u}=\frac{1}{R^2}\frac{\partial}{\partial R}(R^2u_R)+\frac{1}{R\sin\theta}\frac{\partial}{\partial\theta}(u_\theta\sin\theta)+\frac{1}{R\sin\theta}\frac{\partial u_\beta}{\partial\beta} \tag{B-41}$$

(4) 旋度

$$\begin{aligned}\nabla\times\boldsymbol{u}&=\frac{1}{R^2\sin\theta}\begin{vmatrix}\boldsymbol{e}_R & R\boldsymbol{e}_\theta & R\sin\theta\boldsymbol{e}_\beta\\ \dfrac{\partial}{\partial R} & \dfrac{\partial}{\partial\theta} & \dfrac{\partial}{\partial\beta}\\ u_R & Ru_\theta & R\sin\theta u_\beta\end{vmatrix}\\&=\left[\frac{1}{R\sin\theta}\frac{\partial}{\partial\theta}(u_\beta\sin\theta)-\frac{1}{R\sin\theta}\frac{\partial u_\theta}{\partial\beta}\right]\boldsymbol{e}_R\\&\quad+\left[\frac{1}{R\sin\theta}\frac{\partial u_R}{\partial\beta}-\frac{1}{R}\frac{\partial}{\partial R}(Ru_\beta)\right]\boldsymbol{e}_\theta\\&\quad+\left[\frac{1}{R}\frac{\partial}{\partial R}(Ru_\theta)-\frac{1}{R}\frac{\partial u_R}{\partial\theta}\right]\boldsymbol{e}_\beta\end{aligned} \tag{B-42}$$

(5) 拉普拉斯算子

$$\nabla^2\phi=\frac{1}{R^2}\frac{\partial}{\partial R}\left(R^2\frac{\partial\phi}{\partial R}\right)+\frac{1}{R^2\sin\theta}\frac{\partial}{\partial\theta}\left(\sin\theta\frac{\partial\phi}{\partial\theta}\right)+\frac{1}{R^2\sin^2\theta}\frac{\partial^2\phi}{\partial\beta^2} \tag{B-43}$$

(6) 加速度

$$\boldsymbol{a}=\frac{\partial\boldsymbol{u}}{\partial t}+(\boldsymbol{u}\cdot\nabla)\boldsymbol{u}=a_R\boldsymbol{e}_R+a_\theta\boldsymbol{e}_\theta+a_\beta\boldsymbol{e}_\beta \tag{B-44}$$

$$a_R=\frac{\partial u_R}{\partial t}+u_R\frac{\partial u_R}{\partial R}+\frac{u_\theta}{R}\frac{\partial u_R}{\partial\theta}+\frac{u_\beta}{R\sin\theta}\frac{\partial u_R}{\partial\beta}-\frac{u_\theta^2+u_\beta^2}{R} \tag{B-45}$$

$$a_\theta=\frac{\partial u_\theta}{\partial t}+u_R\frac{\partial u_\theta}{\partial R}+\frac{u_\theta}{R}\frac{\partial u_\theta}{\partial\theta}+\frac{u_\beta}{R\sin\theta}\frac{\partial u_\theta}{\partial\beta}+\frac{u_Ru_\theta}{R}-\frac{u_\beta^2\cot\theta}{R} \tag{B-46}$$

$$a_\beta=\frac{\partial u_\beta}{\partial t}+u_R\frac{\partial u_\beta}{\partial R}+\frac{u_\theta}{R}\frac{\partial u_\beta}{\partial\theta}+\frac{u_\beta}{R\sin\theta}\frac{\partial u_\beta}{\partial\beta}+\frac{u_Ru_\beta}{R}+\frac{u_\theta u_\beta\cot\theta}{R} \tag{B-47}$$

3. 不可压缩粘性流体的应变率分量和应力分量

(1) 应变率分量

$$\left.\begin{aligned}
\varepsilon_{RR}&=\frac{\partial u_R}{\partial R}\\
\varepsilon_{\theta\theta}&=\frac{1}{R}\frac{\partial u_\theta}{\partial\theta}+\frac{u_R}{R}\\
\varepsilon_{\beta\beta}&=\frac{1}{R\sin\theta}\frac{\partial u_\beta}{\partial\beta}+\frac{u_R}{R}+\frac{u_\theta\cot\theta}{R}\\
\varepsilon_{R\theta}&=\frac{1}{2}\left(\frac{\partial u_\theta}{\partial R}-\frac{u_\theta}{R}+\frac{1}{R}\frac{\partial u_R}{\partial\theta}\right)=\varepsilon_{\theta R}\\
\varepsilon_{\theta\beta}&=\frac{1}{2}\left(\frac{1}{R}\frac{\partial u_\beta}{\partial\theta}-\frac{u_\beta\cot\theta}{R}+\frac{1}{R\sin\theta}\frac{\partial u_\theta}{\partial\beta}\right)=\varepsilon_{\beta\theta}\\
\varepsilon_{\beta R}&=\frac{1}{2}\left(\frac{1}{R\sin\theta}\frac{\partial u_R}{\partial\beta}+\frac{\partial u_\beta}{\partial R}-\frac{u_\beta}{R}\right)=\varepsilon_{R\beta}
\end{aligned}\right\}\tag{B-48}$$

(2) 应力分量

$$\left.\begin{aligned}
\sigma_{RR}&=-p+2\mu\varepsilon_{RR}\\
\sigma_{\theta\theta}&=-p+2\mu\varepsilon_{\theta\theta}\\
\sigma_{\beta\beta}&=-p+2\mu\varepsilon_{\beta\beta}\\
\tau_{R\theta}&=2\mu\varepsilon_{R\theta}=2\mu\varepsilon_{\theta R}=\tau_{\theta R}\\
\tau_{\theta\beta}&=2\mu\varepsilon_{\theta\beta}=2\mu\varepsilon_{\beta\theta}=\tau_{\beta\theta}\\
\tau_{\beta R}&=2\mu\varepsilon_{\beta R}=2\mu\varepsilon_{R\beta}=\tau_{R\beta}
\end{aligned}\right\}\tag{B-49}$$

4. 不可压缩流体的连续性方程

$$\frac{1}{R^2}\frac{\partial}{\partial R}(R^2u_R)+\frac{1}{R\sin\theta}\frac{\partial}{\partial\theta}(u_\theta\sin\theta)+\frac{1}{R\sin\theta}\frac{\partial u_\beta}{\partial\beta}=0\tag{B-50}$$

5. 不可压缩粘性流体的运动方程

$$\left.\begin{aligned}
&\frac{\mathrm{D}u_R}{\mathrm{D}t}-\frac{u_\theta^2+u_\beta^2}{R}=f_R-\frac{1}{\rho}\frac{\partial p}{\partial R}+\nu\Big[\nabla^2u_R-\frac{2u_R}{R^2}-\frac{2}{R^2\sin\theta}\frac{\partial}{\partial\theta}(u_\theta\sin\theta)\\
&\qquad-\frac{2}{R^2\sin\theta}\frac{\partial u_\beta}{\partial\beta}\Big]\\
&\frac{\mathrm{D}u_\theta}{\mathrm{D}t}+\frac{u_Ru_\theta}{R}-\frac{u_\beta^2\cot\theta}{R}=f_\theta-\frac{1}{\rho R}\frac{\partial p}{\partial\theta}+\nu\Big[\nabla^2u_\theta+\frac{2}{R^2}\frac{\partial u_R}{\partial\theta}-\frac{u_\theta}{R^2\sin^2\theta}\\
&\qquad-\frac{2\cos\theta}{R^2\sin^2\theta}\frac{\partial u_\beta}{\partial\beta}\Big]\\
&\frac{\mathrm{D}u_\beta}{\mathrm{D}t}+\frac{u_Ru_\beta}{R}+\frac{u_\theta u_\beta\cot\theta}{R}=f_\beta-\frac{1}{\rho R\sin\theta}\frac{\partial p}{\partial\beta}+\nu\Big[\nabla^2u_\beta-\frac{u_\beta}{R^2\sin^2\theta}+\frac{2}{R^2\sin\theta}\frac{\partial u_R}{\partial\beta}\\
&\qquad+\frac{2\cos\theta}{R^2\sin^2\theta}\frac{\partial u_\theta}{\partial\beta}\Big]
\end{aligned}\right\}\tag{B-51}$$

式中：

$$\frac{\mathrm{D}}{\mathrm{D}t}=\frac{\partial}{\partial t}+u_R\frac{\partial}{\partial R}+\frac{u_\theta}{R}\frac{\partial}{\partial\theta}+\frac{u_\beta}{R\sin\theta}\frac{\partial}{\partial\beta} \tag{B-52}$$

$$\nabla^2=\frac{\partial^2}{\partial R^2}+\frac{2}{R}\frac{\partial}{\partial R}+\frac{1}{R^2\sin\theta}\frac{\partial}{\partial\theta}\left(\sin\theta\frac{\partial}{\partial\theta}\right)+\frac{1}{R^2\sin^2\theta}\frac{\partial^2}{\partial\beta^2} \tag{B-53}$$

名词索引

第 1 章

第 2 章

第 3 章

第 4 章

第 5 章

第 6 章

第 7 章

附 录 A

附 录 B

人名索引

参 考 文 献

[1] Daily J W, Harleman D R F. Fluid Dynamics[M]. Reading , Massachusetts: Addison-Wesley, 1966.

[2] Raudkivi A J, Callander R A. Advanced Fluid Mechanics: An Introduction[M]. London: Edward Arnold, 1975.

[3] Janna W S. Introduction to Fluid Mechanics[M]. Boston: PWS Engineering, 1983.

[4] Çengel Y A, Cimbala J M. Fluid Mechanics: Fundamentals and Applications[M]. New York: McGraw-Hill, 2006.

[5] Schlichting H. Boundry Layer Theory[M]. 7th ed. New York: McGraw-Hill, 1979.

[6] Schlichting H, Gersten K. Boundry Layer Theory(8th Revised and Enlarged Edition)[M]. Berlin: Springer, 2000.

[7] Kundu P K. Fluid Mechanics[M]. New York: Academic Press, 1990.

[8] 王惠民. 流体力学基础[M]. 南京：河海大学出版社，1991.

[9] 陈玉璞，等. 流体动力学[M]. 南京：河海大学出版社，1990.

[10] 章梓雄，董曾南. 粘性流体力学[M]. 北京：清华大学出版社，1998.

[11] 是勋刚. 湍流[M]. 天津：天津大学出版社，1994.

[12] 周光坰，等. 流体力学[M]. 2 版. 北京：高等教育出版社，2000.

[13] 李家星，陈立德. 水力学(上、下册)[M]. 南京：河海大学出版社，1996.

[14] 成都科学技术大学水力学教研室. 水力学(上、下册)[M]. 北京：人民教育出版社，1979.